EUL VERLAG

PERSONAL, ORGANISATION UND ARBEITSBEZIEHUNGEN

Herausgegeben von Prof. Dr. Fred G. Becker, Bielefeld, Prof. Dr. Walter A. Oechsler †, Mannheim, Prof. Dr. Stefan Süß, Düsseldorf, und Prof. Dr. Maike Andresen, Bamberg

Band 53
Astrid Meißner
Lerntransfer in der betrieblichen Weiterbildung – Theoretische und empirische Exploration der Lerntransferdeterminanten im Rahmen des Training off-the-job
Lohmar – Köln 2012 • 400 S. • € 66,- (D) • ISBN 978-3-8441-0168-3

Band 54
Ellena Werning
Evaluation des Training off-the-job – Entwicklung eines Bezugsrahmens vor dem Hintergrund eines kognitiven Lernverständnisses
Lohmar – Köln 2013 • 276 S. • € 58,- (D) • ISBN 978-3-8441-0217-8

Band 55
Sascha Piezonka
Bindungsmanagement im industriellen Mittelstand – Eine explorative Studie bei Ingenieuren
Lohmar – Köln 2013 • 332 S. • € 63,- (D) • ISBN 978-3-8441-0255-0

Band 56
Johannes Becker
Employability von IT-Freelancern – Eine empirische Analyse auf Basis des Resource-based View
Lohmar – Köln 2013 • 248 S. • € 56,- (D) • ISBN 978-3-8441-0289-5

Band 57
Linda Amalou-Döpke
Personalcontrolling als Instrument des Personalmanagements in seiner Austauschbeziehung zur Unternehmensleitung – Eine empirische Analyse
Lohmar – Köln 2014 • 264 S. • € 57,- (D) • ISBN 978-3-8441-0323-6

JOSEF EUL VERLAG

HEINRICH HEINE
UNIVERSITÄT DÜSSELDORF

Heinrich-Heine-Universität Düsseldorf
Wirtschaftswissenschaftliche Fakultät

Personalcontrolling als Instrument des Personalmanagements in seiner Austauschbeziehung zur Unternehmensleitung – eine empirische Analyse

Inauguraldissertation zur Erlangung eines Doktorsgrades
an der Wirtschaftswissenschaftlichen Fakultät
der Heinrich-Heine-Universität Düsseldorf

vorgelegt von
Linda Amalou-Döpke
aus Essen
im November 2013

Erstgutachter: Univ.-Prof. Dr. Stefan Süß
Zweitgutachter: Univ.-Prof. Dr. Christoph Börner

Die Disputation erfolgte am 24.02.2014 in Düsseldorf.
D61

Reihe: Personal, Organisation und Arbeitsbeziehungen · Band 57

Herausgegeben von Prof. Dr. Fred G. Becker, Bielefeld, Prof. Dr. Walter A. Oechsler †, Mannheim, Prof. Dr. Stefan Süß, Düsseldorf, und Prof. Dr. Maike Andresen, Bamberg

Dr. Linda Amalou-Döpke

Personalcontrolling als Instrument des Personalmanagements in seiner Austauschbeziehung zur Unternehmensleitung

Eine empirische Analyse

Mit einem Geleitwort von Prof. Dr. Stefan Süß,
Heinrich-Heine-Universität Düsseldorf

EUL VERLAG

Bibliografische Information der Deutschen Nationalbibliothek

Die Deutsche Nationalbibliothek verzeichnet diese Publikation in der Deutschen Nationalbibliografie; detaillierte bibliografische Daten sind im Internet über <http://dnb.d-nb.de> abrufbar.

Dissertation, Heinrich-Heine-Universität Düsseldorf, 2014

D 61

ISBN 978-3-8441-0323-6
1. Auflage April 2014

JOSEF EUL VERLAG GmbH
Brandsberg 6
53797 Lohmar
Tel.: 0 22 05 / 90 10 6-6
Fax: 0 22 05 / 90 10 6-88
E-Mail: info@eul-verlag.de
http://www.eul-verlag.de

Bei der Herstellung unserer Bücher möchten wir die Umwelt schonen. Dieses Buch ist daher auf säurefreiem, 100% chlorfrei gebleichtem, alterungsbeständigem Papier nach DIN 6738 gedruckt.

Geleitwort

In den vergangenen Jahren ist die Rolle des Personalmanagements Gegenstand zahlreicher Diskussionen gewesen. Dabei ging es insbesondere um seinen Stellenwert im Vergleich zu anderen Funktionen im Unternehmen sowie seine Interaktion mit der Unternehmensleitung. Vielfach wurde argumentiert, dass der Stellenwert des Personalmanagements vergleichsweise gering sei. Keine besondere Rolle spielte dabei allerdings das Personalcontrolling, das seit den 1980er Jahren diskutiert wird, aber bislang selten als eine Machtquelle des Personalmanagements identifiziert wurde.

Linda Amalou-Döpke setzt ihre Arbeit genau an dieser Stelle an und untersucht den Einsatz des Personalcontrollings als Instrument des Personalmanagements im Rahmen seiner Austauschbeziehung zur Unternehmensleitung. Ist das Personalcontrolling als Machtquelle geeignet? Woraus resultiert dann genau die Macht? Wie lässt sich die Austauschbeziehung des Personalmanagements zur Unternehmensleitung durch das Personalcontrolling beeinflussen? Welche Rolle spielt das Personalmanagement generell als politischer Akteur in Unternehmen? Solche und ähnliche Fragen stellt sich die Autorin. Die Fragen sind vor dem Hintergrund der aktuellen Diskussion über den Stellenwert des Personalmanagements nicht nur höchst relevant und aktuell, sondern auch sehr innovativ.

Linda Amalou-Döpke beantwortet die angesprochenen Fragen im Rahmen ihrer Dissertation auf Basis der Resource-Dependence-Theorie. Damit bezieht sie sich auf eine etablierte theoretische Strömung der Management- und Organisationsforschung. Sie erweitert diese Theorie und schafft damit einen austauschtheoretischen Bezugsrahmen, der eine sehr umfassende und fundierte theoretische Grundlage ihrer Forschung bildet. Dies bereichert die Theoriediskussion und trägt dazu bei, das Austauschverhältnis zwischen Personalmanagement und Unternehmensleitung theoretisch zu fundieren und auf dieser Basis zu analysieren. Ganz besonders spannend wird die Arbeit, wenn Linda Amalou-Döpke den Leser in die Empirie mitnimmt. Hier generiert sie auf Basis zahlreicher leitfadengestützter Interviews sehr spannende Erkenntnisse über die von ihr analysierte Austauschbeziehung. Zudem spiegelt sie ihre Erkenntnisse an den bisherigen Ergebnissen der Personal-, Organisations- und Controllingforschung.

Damit bearbeitet Linda Amalou-Döpke ihr Thema nicht nur auf theoretisch sehr anspruchsvollem Niveau, sondern auch empirisch höchst systematisch mittels etablierter Methoden der Personalforschung. Dass die gewählte qualitative Methodik adäquat ist merkt der Leser spätestens dann, wenn plakative Interviewzitate die gewonnenen Erkenntnisse untermauern und der Leser damit teilhaben kann an politischen Austauschprozessen im Unternehmen. Linda Amalou-Döpke erlaubt dem Leser damit sehr vielfältige Eindrücke und Erkenntnisse. Man hat dann beim Lesen fast den Eindruck, Teil der Austauschbeziehungen, der politischen Auseinandersetzungen und des Kampfes um Ressourcen und Legitimation zu sein, der sich in Unternehmen abspielt. Dies zeigt, welch innovative Arbeit der Verfasserin gelungen ist!

Linda Amalou-Döpke hat sich in stringenter, systematischer sowie theoretisch und empirisch anspruchsvoller Form den besonderen Herausforderungen ihres Themas gestellt. Sie hat das

Thema in ausgezeichneter Weise theoretisch fundiert und hat anschließend eine umfassende Interviewstudie durchgeführt, die interessante und sehr lebendige Ergebnisse liefert. Dass das Personalcontrolling dabei ein Instrument ist, das dem Personalmanagement hilft, seinen Stellenwert zu verbessern, wird deutlich herausgearbeitet. Diese Erkenntnis rückt das Personalcontrolling in ein neues Licht und ist für Wissenschaft und Praxis gleichermaßen relevant. Damit schafft Linda Amalou-Döpke neues Wissen, das die wissenschaftliche Diskussion sehr bereichern wird. Aber auch dem reflektierenden Praktiker ist die Lektüre dieser Arbeit ans Herz zu legen, wird er doch vieles von dem, was er in tagtäglichen Austauschbeziehungen und Verteilungskämpfen erlebt, wiederfinden. Daher wünsche ich der Arbeit in Wissenschaft und Praxis die hohe Wahrnehmung und Verbreitung, die sie vor dem Hintergrund ihrer innovativen Erkenntnisse, aber auch ihrer theoretischen wie methodischen Klasse verdient.

Düsseldorf, im April 2014

Prof. Dr. Stefan Süß

Vorwort

Die Dissertation ist nun geschafft, aber das ist mir nicht ohne Unterstützung gelungen. Daher möchte ich mich an dieser Stelle bei den Menschen bedanken, die mich in den letzten Jahren begleitet haben.

Zunächst danke ich meinem Doktorvater, Herrn Univ.-Prof. Dr. Stefan Süß, für sein Engagement bei der Betreuung dieser Arbeit. Durch seine Hinweise sowie nicht zuletzt durch den Rahmen, den er an seinem Lehrstuhl für Doktoranden geschaffen hat, hat er zum Gelingen meiner Arbeit beigetragen. Ich danke auch Herrn Univ.-Prof. Dr. Werner Nienhüser, der mich theoretisch und empirisch geprägt hat, für seine räuberische Metapher und das hilfreiche Feedback zu meiner Forschung. Ebenfalls bedanken möchte ich mich bei Herrn Univ.-Prof. Dr. Christoph J. Börner für die freundliche Übernahme des Zweitgutachtens sowie bei Herrn Univ.-Prof. Dr. Heinz-Dieter Smeets für sein Mitwirken in der Prüfungskommission. Weiterhin danke ich allen Teilnehmern meiner Studie für die sehr interessanten Interviews.

Ein herzlicher Dank gebührt auch allen meinen Kollegen am Lehrstuhl, insbesondere Denise, Johannes, Shiva, Jost und Anne, mit denen ich viele schöne Erinnerungen teile. Auch wenn die Diss nun „weg ist“, schön, dass der Kontakt zu Euch bleibt! Danke auch den Kollegen der anderen Lehrstühle für die nette Atmosphäre und Zusammenarbeit im oeconomicum.

Ein großer Dank gilt meinen Freunden, die in den letzten Jahren all die Geschichten mit mir geteilt, mit mir gezittert und sich mit mir gefreut haben und dabei stets geduldig waren und mir immer wieder klargemacht haben, dass die Diss wichtig und gut, aber einfach auch nicht alles ist. Ich danke allen, die die Arbeit (ich kann nur „tapfer!“ sagen, wenn ich an die erste Mammutversion denke, Tobi!) gelesen und kommentiert haben und die mich so schön bei langen Frühstücken, Trainingsläufen und gemeinsamen Abenden auf andere Gedanken gebracht haben.

Der größte Dank, der geht an meine Familie: meine lieben Eltern, Miriam & Micha und Sabrina, die Lieben in Bissendorf & Co. Und ganz besonders an Christoph. Die Promotionszeit war für mich ein Marathon und Ihr alle wart für mich da: Ihr habt den Start lange mit mir diskutiert, seid dann bedingungslos mitgelaufen, Euer Puls ist mit hochgegangen, Ihr habt mich immer angefeuert, wenn nötig angeschrien, mir (seelentröstende) Verpflegung gereicht und Windschatten gegeben, Etappenziele gefeiert und am Ziel wart ihr dann auch alle da und habt Euch mit mir gefreut. Ohne Euch wär dat alles nix geworden, danke!

Essen, im April 2014

Linda Amalou-Döpke

Inhaltsverzeichnis

Abbildungsverzeichnis

Abkürzungsverzeichnis

Abb.	Abbildung
Anmerk. d. Verf.	Anmerkung der Verfasserin
Aufl.	Auflage
BDSG	Bundesdatenschutzgesetz
BU	Business Unit
bzw.	beziehungsweise
ca.	circa
CD	Compact Disc
d. h.	das heißt
DBW	Die Betriebswirtschaft
DGFP e. V.	Deutsche Gesellschaft für Personalführung e. V.
e. V.	eingetragener Verein
et al.	et alii
GRI	Global Reporting Initiative
HCM	Human Capital Management
HR	Human Resources
HRM	Human Resource Management
Hrsg.	Herausgeber
IAS	International Accounting Standards
IDW	Institut der Wirtschaftsprüfer
IFRS	International Financial Reporting Standards
IT	Informationstechnologie
KonTraG	Gesetz zur Kontrolle und Transparenz im Unternehmensbereich
KPI	Key Performance Indicator
MAXQDA	MAX Qualitative Datenanalyse
PC	Personalcontrolling
PM	Personalmanagement
S.	Seite
SOA	Sarbanes-Oxley-Act
u. a.	unter anderem
UL	Unternehmensleitung
vgl.	vergleiche
VHB	Verband der Hochschullehrer für Betriebswirtschaft e. V.
wiso-net	Deutsche Wirtschaftsdatenbank
z. B.	zum Beispiel
ZfB	Zeitschrift für Betriebswirtschaft (seit 2013 Journal of Business Economics)
ZfbF	Schmalenbachs Zeitschrift für betriebswirtschaftliche Forschung
ZfP	Zeitschrift für Personalforschung

1 Einleitung

1.1 Ausgangssituation

Seit Humankapital von Unternehmen und von der Wissenschaft als ein wichtiger (strategischer) Erfolgsfaktor erkannt wurde, hat die betriebswirtschaftliche Steuerung von Personal und personalwirtschaftlichen Prozessen an Bedeutung gewonnen (vgl. Legge/Exley 1975, S. 51; Beer 1997, S. 50; Saá-Pérez/García-Falcón 2002; Verma/Dewe 2008, S. 102). Mit dieser veränderten Wahrnehmung des Personals ging ein Wandel der personalwirtschaftlichen Funktion im Unternehmen von einer administrativ ausgerichteten Funktion zu einer unternehmerischen Managementfunktion einher. In diesem Zusammenhang kam bereits in den 1980er Jahren die Forderung nach einem ökonomischen Denken und Handeln des Personalmanagements, als Akteur der Personalmanagement-Funktion, auf. Als eine Antwort hierauf entstand das **Personalcontrolling**. Beginnend mit den ersten Publikationen 1986 und 1987 (vgl. Potthoff/Trescher 1986; Wunderer/Sailer 1987a) wird Personalcontrolling seither in der Wissenschaft diskutiert. Zudem hat es in einen Großteil der deutschsprachigen Lehrbücher für Personalwirtschaft (vgl. z. B. Drumm 2008; Berthel/Becker 2010; Scherm/Süß 2010; Oechsler 2011) sowie in Personalwörterbücher, wie z. B. Vahlens Großes Personallexikon (vgl. Festerling/Möller 2009) und das Handwörterbuch des Personalwesens (vgl. Remer 1992; Berthel 2004), Eingang gefunden. Ein Blick auf praxisnahe Veröffentlichungen zeigt zudem, dass Personalcontrolling auch in die betriebliche Praxis Einzug gehalten hat. Diese Veröffentlichungen beschäftigen sich insbesondere mit der Etablierung des Personalcontrollings in Unternehmen sowie mit Personalcontrolling-Methoden (vgl. z. B. Piber/Ranacher 2008, S. 152-155; Breuer/Kampkötter/Sliwka 2009; Brast/Krüger 2010; Geke/Werner 2010, S. 12; Gertz 2010, S. 19-20; Scherer/Hampel 2010, S. 18).

Die Ökonomisierung der Personalmanagement-Funktion fand ihren Ausdruck zunächst in einer Ökonomisierung des Personals, die auf der volkswirtschaftlichen Humankapitaltheorie basiert (vgl. Bechtel 2009, S. 464). Die betriebswirtschaftliche Adaption der Humankapitaltheorie erfolgte dann mit Blick auf rechnungslegungsspezifische Fragestellungen im Rahmen des Humankapitalmanagements, welches sich mit der Bewertung des Humankapitals als immaterieller Vermögenswert eines Unternehmens beschäftigt (vgl. Haunschild 2004, S. 887-888; Becker/Labucay/Rieger 1997, S. 39; Stein 2007, S. 300). Die Grundidee des Humankapitalmanagements fand schließlich im Rahmen der sich auf weitere Funktionsbereiche in

Unternehmen ausdehnenden Controlling-Diskussion Eingang in die Personalmanagement-Funktion (vgl. Küpper 1991, S. 224; Schlagenhaufer 1995, S. 174).

Im Zeitablauf hat sich das Verständnis von Personalcontrolling weiter entwickelt und verschiedene Erklärungsansätze für seine Ziele und Aufgaben haben sich herausgebildet. Beispielsweise wurden die ursprünglichen Planungs- und Kontrollaspekte des Personalcontrollings um Wirtschaftlichkeitsaspekte (vgl. Wunderer/Sailer 1987a, b) und eine Wertschöpfungsorientierung (vgl. Wunderer 1992) erweitert. Dabei rückte die Informationsfunktion in den Vordergrund und personalwirtschaftliche Kennzahlen wurden entwickelt (vgl. z. B. Schulte 1990). Seit den 1990er Jahren wird die bis dahin quantitative Fokussierung um qualitative personalwirtschaftliche Aspekte (z. B. Motivation, Zufriedenheit) sowie um strategische Gesichtspunkte ergänzt und entwickelt sich zu einem Instrument der langfristigen Unternehmenssicherung (vgl. Metz 1995, S. 12-13; Guest 2011, S. 4).

Aus der Breite der Diskussion resultieren unterschiedliche Personalcontrolling-Perspektiven, so dass **kein eindeutiges Verständnis über den Personalcontrolling-Begriff** herrscht: „Personal-Controlling ist kein greifbarer, abgegrenzter Begriff" (Metz 1995, S. 16; vgl. auch Hoss 1988, S. 410; Elšik 1990, S. 406; Amalou/Süß 2011, S. 50-51). Während ein enggefasstes Verständnis spezifische Aufgaben des Personalcontrollings fokussiert, gelingt bei einem weitgefassten Verständnis keine eindeutige, inhaltliche Abgrenzung vom (strategischen) Personalmanagement oder von der Personalplanung (vgl. Lisges/Schübbe 2007, S. 12; Wunderer/Jaritz 2007, S. 176; Drumm 2008, S. 608; Scherm/Süß 2010, S. 220). Dabei zeichnet sich Personalcontrolling teilweise nicht nur durch fehlende Originalität gegenüber anderen Personalmanagement-Teilfunktionen aus, sondern bedient sich auch vielfach bestehender Methoden aus Controlling oder Rechnungswesen (vgl. Remer 1992, S. 1648; Festerling/Möller 2009, S. 869). Vor dem Hintergrund dieser begrifflichen und inhaltlichen Unklarheit sowie der Adaption vorhandener Methoden wird bisweilen vermutet, dass es sich beim Personalcontrolling um eine Mode handelt, die sich nicht dauerhaft durchsetzen konnte (vgl. Tolksdorf 1995; Scherm 2011, S. 40). Das Personalcontrolling kämpft zwar – wie auch das Finanzcontrolling (vgl. Messner et al. 2008) – nach wie vor um seine Legitimität und Identität. Nach über 25 Jahren wissenschaftlicher und betrieblicher Auseinandersetzung mit Personalcontrolling kann allerdings davon ausgegangen werden, dass es sich beim Personalcontrolling weder um ein „modisches Schlagwort" (Hentze/Kammel 1996, S. 294) noch um eine Managementmode handelt. Die Diskussion zeigt vielmehr, dass Personalcontrolling ein etablierter

Bestandteil der Personalmanagement-Funktion – sowohl in den Unternehmen als auch in der Lehre und Forschung – geworden ist.

1.2 Problemstellung und Zielsetzung

Trotz der Etablierung des Personalcontrollings weist seine begriffliche und inhaltliche Diskussion Forschungslücken auf. Aus der Unklarheit darüber, wie Personalcontrolling zu definieren ist, resultieren inhaltliche Unschärfen hinsichtlich der Aufgaben des Personalcontrollings (vgl. Haunschild 1998, S. 59). Dies ist vor dem Hintergrund der vorherrschenden Begriffsvielfalt des Personalcontrollings nicht weiter verwunderlich. Das Personalcontrolling erfüllt beispielsweise Dienstleistungs-, Informations-, Beratungs- und Koordinationsfunktionen (vgl. Wunderer 2000, S. 299). Es kann der Entscheidungsvorbereitung sowie -reflexion dienen (vgl. Küpper 1991, S. 229; Scherm/Süß 2010, S. 221-222), die Handlungsfähigkeit eines Unternehmens wahren sowie den Beitrag des Personalmanagements zum Unternehmenserfolg evaluieren und transparent machen (vgl. Wunderer 1990, S. 507; Festerling/Möller 2009, S. 867). Weiterhin kann Personalcontrolling zu einer „Sinnorientierung" (Elšik 1990, S. 410) des Personalmanagements beitragen sowie Entscheidungen und Handlungen objektivieren und legitimieren (vgl. Fischer 1990, S. 386).

Diese beispielhafte Aufzählung macht deutlich, dass die Begriffsvielfalt kein Ausdruck dafür sein muss, dass Personalcontrolling keinen oder einen fragwürdigen Nutzen für Unternehmen bzw. Akteure des Personalcontrollings aufweist. Vielmehr kann die Heterogenität des Personalcontrolling-Begriffs als Ausdruck verschiedener Perspektiven verstanden werden. In Abhängigkeit von der Perspektive gestalten sich der Einsatz des Personalcontrollings und der daraus erwachsende Nutzen für die handelnden Akteure. Während sich die Literatur eingängig mit verschiedenen Zielen, Aufgaben und Methoden des Personalcontrollings beschäftigt (vgl. 2.1.2), wird die Frage nach den **Akteuren des Personalcontrollings** jedoch bisher weitestgehend ausgeklammert.

Ein Grund hierfür kann in dem Menschenbild, welches dem Controlling zugrunde liegt, gefunden werden. Wie auch das (Finanz-)Controlling basiert das Personalcontrolling meist auf einem Menschenbild, das die (vereinfachte) Annahme von Rationalität aufweist (vgl. Hentze/Kammel 1993, S. 19). Es wird unterstellt, dass durch den Einsatz des Personalcontrollings Entscheidungsprobleme überwunden und rationale Entscheidungen getroffen werden (vgl. Pietsch 2008b, S. 187-188). Den Akteuren des Personalcontrollings werden in der Folge rationale Rollen zugeschrieben, z. B. wird der Personalcontroller als ein neutraler Vermittler, Aufklärer oder Lotse verstanden (vgl. Wimmer/Neuberger 1998, S. 620; Pietsch 2003, S. 27-29; Sasse/Fink 2009, S. 45-47). Es besteht somit die Annahme, dass das Personalcontrolling von einem Akteur ausgeführt wird, dessen Handlungen durch Rationalität und Reflexion gekennzeichnet sind und der das Ziel verfolgt, das Management in der Entscheidungsfindung zu unterstützen (vgl. Wimmer/Neuberger 1998, S. 495). Dem überwiegenden Teil der Personalcontrolling-Perspektiven liegt folglich ein Controlling-Konzept zugrunde, das beispielsweise außer Acht lässt, dass Akteure in Organisationen individuelle Interessen haben und individuelle Rationalitäten voneinander abweichen können (vgl. Brandl/Welpe 2006, S. 556). Diese Perspektiven zeichnen sich dadurch aus, dass sie eine Einbeziehung von verhaltenswissenschaftlichen Annahmen und damit einhergehend von Akteuren des Personalcontrollings und ihren Interessen weitestgehend vernachlässigen. Sie reduzieren Personalcontrolling auf ein rationalistisches, ökonomisches Konzept (vgl. Bowen/Lawler 1992; Huselid 1995; Fitz-Enz 2000; Becker/Huselid/Ulrich 2001; Flamholtz/Bullen/Hua 2002; Baron/Armstrong 2007). In der vorherrschenden Personalcontrolling-Diskussion fehlt demzufolge eine systematische, **verhaltenswissenschaftliche Akteursorientierung**.

Forschungsergebnisse zum Verhalten von Akteuren in Organisationen zeigen, dass individuelles Verhalten und organisationale Prozesse durch eingeschränkte Rationalität, individuelle Interessen und Ziele sowie von Zielkonflikten, Interdependenzen und Macht beeinflusst werden (vgl. Pfeffer 1987, S. 26-27; Galang/Ferris 1997, S. 1404-1405; Drory/Vigoda-Gadot 2010, S. 194). Dies kann sich sowohl negativ als auch positiv auf die Organisation auswirken: Auf der einen Seite können politisches Verhalten und die Ausübung von Macht negative Effekte für Organisationen haben, weil sie die Zielerreichung der Organisation gefährden. Dies kann dazu führen, dass organisationale Ressourcen nicht für die Aufgabenerfüllung eingesetzt, sondern für die Verfolgung eigener Interessen genutzt werden (vgl. Neuberger 2009, S. 30-31). Auf der anderen Seite ist eine Auseinandersetzung mit Akteuren und ihrem Verhalten auch vor dem Hintergrund der positiven Effekte von politischem Verhalten relevant. Es kann beispielsweise dazu führen, dass nicht nur einige wenige Akteure ihre Ideen in der Organisation vorantreiben, sondern dass Probleme und Lösungen vieler Akteure eingebracht und dadurch Veränderungsprozesse in Gang gesetzt werden (vgl. Cohen/March/Olsen 1972; Elšik 1999, S. 87). Somit entsteht durch die Einbeziehung einer verhaltenswissenschaftlichen Perspektive ein „vollständigeres Bild von Organisationen"

(Elšik 1999, S. 105), das der Erklärung von Entscheidungen und Handlungen in Organisationen dient (vgl. Scherm/Pietsch 2007, S. 23-27; Ridder 2009, S. 37-38).

In der Controlling-Forschung finden sich bereits Hinweise auf die Berücksichtigung dieser Perspektive (vgl. Hirsch 2007, S. 204-206). Beispielsweise basiert die Behavioral-Accounting-Forschung auf verhaltenswissenschaftlichen Annahmen, insbesondere auf der Annahme beschränkter Rationalität. Im Forschungsinteresse stehen die Konsequenzen, die der Einsatz des Controllings auf das Verhalten der Akteure, z. B. der Controller, hat (vgl. Bruns 1968; Birnberg 1993; Paefgen 2008, S. 10-11; Birnberg 2011). Darüber hinaus finden sich in der Controlling-Literatur Hinweise auf das Machtpotenzial, das mit der Kontrolle von Controlling-Informationen einhergeht (vgl. z. B. Burchell et al. 1980, S. 11; Markus/Pfeffer 1983, S. 206-207). Weiterhin wird hervorgehoben, dass der soziale und organisationale Kontext des Controllings in dessen Erforschung einzubeziehen ist (vgl. z. B. Gerdin 2005, S. 298; Potter 2005, S. 267; Kilfoyle/Richardson 2011). Hierbei wird beispielsweise die Zunahme der Bedeutung des Controllings vor dem Hintergrund steigender externer Anforderungen an Organisationen betrachtet. In dieser Forschung erfüllt das Controlling nicht nur Aufgaben der Kennzahlenermittlung, vielmehr spielt es „a powerful role in organisational and social affairs. It can influence perceptions [...]" (Hopwood 1990, S. 9; vgl. auch Burchell et al. 1980, S. 6). Folglich nimmt Controlling auch Einfluss auf die gesamte Unternehmenssteuerung, indem es die Sichtweise der Unternehmensakteure lenkt. Somit widmet sich der Strang der machtorientierten Controlling-Forschung der politischen Seite des Controllings, das nicht mehr als neutral und objektiv verstanden wird, sondern „as a partial and interested language and practice, one that represents and reinforces the interests of particular occupational groups and classes" (Chapman/Cooper/Miller 2009, S. 14; vgl. auch Carruthers 1995). Dadurch etabliert sich neben der ökonomischen Perspektive auch eine verhaltenswissenschaftliche Perspektive innerhalb der Controlling-Forschung (vgl. Laughlin 1995, S. 64). Diese Erkenntnisse lassen sich jedoch aus verschiedenen Gründen, z. B. Besonderheiten des Controlling-Gegenstandes (vgl. Wright/McMahan 2011, S. 99-100; 2.1.3), nicht ohne Weiteres auf Personalcontrolling übertragen, so dass eine eigenständige personalwirtschaftliche Forschung erforderlich ist.

Die Einnahme einer **verhaltenswissenschaftlichen Perspektive des Personalcontrollings** steht jedoch noch weitestgehend aus (vgl. als Ausnahme Haunschild 1998). Vor diesem Hintergrund wird deutlich, dass ein Forschungsbedarf bezogen auf eine verhaltenswissenschaftliche Akteursorientierung im Rahmen der Personalcontrolling-Diskussion existiert. Die

Relevanz dieses Forschungsbedarfs bezieht sich nicht nur auf die Erklärung des Verhaltens von Akteuren des Personalcontrollings, sondern auch darauf, dass die Analyse einer solchen verhaltenswissenschaftlichen Perspektive des Personalcontrollings die begriffliche und inhaltliche Personalcontrolling-Diskussion vorantreibt, was sowohl für die Wissenschaft als auch die Unternehmenspraxis von Interesse ist.

Eine verhaltenswissenschaftliche Perspektive berücksichtigt Akteure, die Berührungspunkte mit dem Personalcontrolling aufweisen, ihr Verhalten und ihren Nutzen aus dem Einsatz des Personalcontrollings (vgl. Elias/Scarbrough 2004, S. 23; Zdrowomyslaw 2007, S. 60-61). Das Personalcontrolling kann in der Interaktion dieser Akteure als Instrument eingesetzt werden, das verschiedene Ressourcen – wie personalwirtschaftliche Informationen und Beratungsleistungen – liefert. Mit Blick auf verhaltenswissenschaftliche Annahmen kann konstatiert werden, dass Interaktionen bzw. Beziehungen zwischen Akteuren durch unterschiedliche Ressourcenausstattungen gekennzeichnet sind. Die Ressourcen aus dem Einsatz des Personalcontrollings können in der Folge als Grundlage für Tauschhandlungen betrachtet werden und somit Gegenstand von Macht und Abhängigkeiten sein. Jedoch sind bisher weder solche Austauschbeziehungen noch die das Personalcontrolling betreffenden Abhängigkeiten und Ressourcenausstattungen und -flüsse wissenschaftlich untersucht worden.

Diese Forschungslücke verwundert vor dem Hintergrund der praktischen Bedeutung des Personalcontrollings und der damit verbundenen (Informations-)Ressourcen. Während die Analyse von Macht und Abhängigkeiten in anderen Beiträgen zum Personalmanagement etabliert ist (vgl. z. B. Pfeffer/Cohen 1984; Pfeffer/Davis-Blake 1987; Wright/McMahan 1992, S. 311-313; Jennings 1994, S. 6-8; Hillman/Dalziel 2003; Nienhüser 2008; Ortlieb/Sieben 2008; Farndale/Hope-Hailey 2009), steht sie bezogen auf das Instrument Personalcontrolling noch aus. Die Schließung dieser Lücke kann jedoch als relevant betrachtet werden, weil mit der Erforschung von durch Macht und Abhängigkeiten geprägten Austauschbeziehungen das Verständnis über den Einsatz und den Nutzen des Personalcontrollings in Unternehmen erhöht werden kann.

Das Personalcontrolling kann in Austauschbeziehungen verschiedener Akteure eingesetzt werden. Vor dem Hintergrund, dass Personalcontrolling in der Praxis in der Regel institutionalisierter Bestandteil der Personalmanagement-Funktion ist (vgl. Elias/Scarbrough 2004, S. 30; Torrington et al. 2011, S. 664), kann das Personalmanagement als wesentlicher Akteur des Personalcontrollings verstanden werden. Studien zeigen weiterhin, dass die Unternehmensleitung neben dem Personalmanagement der Hauptempfänger von Informationen des Personalcontrollings ist (vgl. z. B. DGFP e. V. 2007, S. 15). Folglich ist die Betrachtung des Einsatzes des Personalcontrollings in der Austauschbeziehung zwischen den beiden Akteuren Personalmanagement und Unternehmensleitung besonders relevant.

Die **Austauschbeziehung zwischen Personalmanagement und Unternehmensleitung** zeichnet sich durch ein hierarchisches Machtgefälle aus, weil die Unternehmensleitung diese Beziehung (formal) dominiert. Hinzu kommt ein ökonomischer Druck (vgl. 2.2.5; 4.3.1), den die Unternehmensleitung auf die Fachbereiche im Unternehmen ausübt. Als eine Reaktion auf diesen kann das Personalmanagement das Personalcontrolling einsetzen, um seine Ressourcenausstattung und Existenz zu schützen (vgl. Scherm/Pietsch 2005). Hieraus lässt sich schließen, dass das Personalmanagement von der Unternehmensleitung abhängig ist. Mit Blick auf die personalwirtschaftlichen Informationen, die die Unternehmensleitung benötigt, kann aber auch eine Abhängigkeit der Unternehmensleitung von dem Personalmanagement vermutet werden (vgl. 4.1.2.2; 4.3.1).

Abhängigkeiten in Beziehungen zwischen Akteuren, d. h. in sozialen Beziehungen, lassen sich machttheoretisch erklären (vgl. Becker-Ritterspach/Dörrenbächer 2011, S. 542). Machttheorien betrachten nicht nur hierarchische Macht, sondern berücksichtigen auch, dass „selbst formal einflußlose Akteure die […] Freiräume in einer Organisation dazu benützen können […] Machtspiele zu inszenieren" (Walter-Busch 1996, S. 255). Insofern kann auf dieser theoretischen Basis gleichermaßen analysiert werden, inwiefern das Personalmanagement in der Beziehung zur Unternehmensleitung über Macht verfügt. Zur Erklärung der Macht zweier Akteure in einer Austauschbeziehung bietet sich folglich eine Machttheorie an, die Abhängigkeiten berücksichtigt. Derartige Dependenztheorien erklären sowohl die Beziehung zwischen Akteuren als auch die Ressourcenallokation innerhalb dieser Beziehungen (vgl. Sandner 1990, S. 26-30; Nienhüser 2008, S. 28).

Eine geeignete Dependenztheorie stellt die Resource-Dependence-Theorie dar (vgl. 3.1.3). Ihre zentrale Aussage lautet, dass Macht sich aus der Abhängigkeit eines Akteurs von den Ressourcen eines anderen Akteurs ergibt (vgl. Pfeffer/Salancik 2003). Macht wird in der Resource-Dependence-Theorie relational und bezogen auf den Austausch und die Sicherstellung von Ressourcen verstanden (vgl. Sandner/Meyer 2004, S. 1138-1139). Damit liegt eine austauschtheoretische Argumentation vor. Ziel der Akteure in einer Austauschbeziehung ist es, die eigene Unsicherheit über den überlebenswichtigen Ressourcenfluss zu verringern. Dazu reduzieren sie ihre (Ressourcen-)Abhängigkeit bzw. vergrößern ihre eigene Macht (vgl. Nienhüser 2008, S. 12).

Vor dem Hintergrund der skizzierten verhaltenswissenschaftlichen und dependenztheoretischen Überlegungen ist es das Ziel dieser Arbeit, auf Basis eines erweiterten austauschtheoretischen Bezugsrahmens den Einsatz des Personalcontrollings als Instrument des Personalmanagements zum Zweck der Ressourcenbeschaffung in der Austauschbeziehung zur Unternehmensleitung zu analysieren. Es wird sowohl theoretisch als auch empirisch untersucht, wie das Personalcontrolling durch das Personalmanagement innerhalb dieser Beziehung instrumentalisiert wird.

Die Analyse der Austauschbeziehung zwischen Unternehmensleitung und Personalmanagement liefert Erklärungen für den Einsatz des Personalcontrollings in Unternehmen. Im Besonderen werden dabei Erkenntnisse über das Personalmanagement gewonnen, das bislang vielfach als politischer Akteur in Organisationen unterschätzt wird (vgl. z. B. Legge 1978, S. x-xi; Harpaz/Meshoulam 1997, S. 122-123; Farndale/Hope-Hailey 2009, S. 399). Darüber hinaus wird hierdurch auch ein Beitrag zum Verständnis von Macht- und Entscheidungsprozessen in Organisationen geleistet, der von der konkreten Austauschbeziehung zwischen Personalmanagement und Unternehmensleitung abstrahiert werden kann, so dass Erkenntnisse zu intraorganisationalen Austauschbeziehungen geliefert werden. Dies ist insofern relevant, als die Resource-Dependence-Theorie meist Anwendung bei der Untersuchung interorganisationaler Austauschbeziehungen findet (vgl. z. B. Hillman/Withers/Collins 2009), soziale (Abhängigkeits-)Beziehungen jedoch auch innerhalb von Organisationen bestehen.

Weiterhin trägt die Arbeit zur Anknüpfung der Personalcontrolling-Forschung an die Controlling-Forschung bei und kommt damit der Forderung nach einer interdisziplinären Forschung nach (vgl. Chapman/Cooper/Miller 2009, S. 21). Diese Anknüpfung baut auf den – trotz der Unterschiede zwischen Controlling und Personalcontrolling zu findenden – Parallelen in der verhaltenswissenschaftlichen Argumentation auf, die die Wahl einer Machttheorie als theoretische Grundlage unterstützen. So ist die Verwendung von machttheoretischen Modellen und Argumenten in der Controlling-Forschung etabliert, beispielsweise findet der machttheoretische Ansatz von Foucault Anwendung (vgl. z. B. Hoskin/Macve 1986; Armstrong 1994, S. 26). Nach diesem Ansatz ergibt sich Macht aus der Anwendung von Praktiken und Techniken (vgl. Townley 1993, S. 520). Die auf das Controlling bezogene Forschungsrichtung untersucht, wie die eingesetzten Methoden und das mittels Controlling erzeugte Wissen ausgehend von der Bedeutung von Zahlen eine spezifische Sichtweise auf Organisationen begründen, indem sie Transparenz, z. B. über Akteursverhalten, schaffen (vgl. McKinlay/Pezet 2010, S. 489-490). Auch die Resource-Dependence-Theorie und die Strategic-Contingency-Theorie (vgl. 3.1.2) werden verwendet, um zu untersuchen, welche Einflussmöglichkeiten auf Entscheidungen durch Controlling möglich sind (vgl. z. B. Pfeffer 1981a, S. 184; Vaivio 2004, S. 40; Pietsch 2007a; Jones 2010), welche machtorientierten Reporting-Strategien angewendet werden (vgl. z. B. Carpenter/Feroz 2001; Verbruggen/Christiaens/Milis 2011; Länsiluoto/Järvenpää/Krumwiede 2013) oder welchen Einfluss Controlling auf die Ressourcen- bzw. Budgetallokation besitzt (vgl. z. B. Covaleski/Dirsmith 1986; Bariff/Galbraith 1978; Pfeffer/Salancik 1974). Hiernach geht mit der Kontrolle von Informationen Macht einher, „because they collect and manipulate information used in decision making" (Markus/Pfeffer 1983, S. 206). Vor diesem Hintergrund baut diese Arbeit auf einer bewährten Anwendung von Machttheorien sowohl in der personalwirtschaftlichen Forschung als auch in der Controlling-Forschung auf.

1.3 Aufbau der Arbeit

Die Arbeit gliedert sich in sieben Kapitel. Im **zweiten** Kapitel werden die Grundlagen des Personalcontrollings eingeführt. Auf Basis einer Literaturanalyse werden im nächsten Schritt die wesentlichen Perspektiven auf das Personalcontrolling (ökonomisches, strategisches, reflexionsorientiertes, legitimatorisches und politisches Personalcontrolling) identifiziert und erläutert. Zur weiteren Strukturierung werden diese Perspektiven vor dem Hintergrund ihrer Verhaltensannahmen als rational-choice-Perspektive bzw. verhaltenswissenschaftliche Perspektive zusammengefasst. Die verhaltenswissenschaftliche Perspektive wird mit Blick auf das beschriebene Forschungsdefizit als Analyseperspektive ausgewählt. In diesem Zusammenhang werden auch die zugrunde gelegten verhaltenswissenschaftlichen Annahmen dargestellt. Hieran schließen sich die Beschreibung der Akteure des Personalcontrollings und die Identifikation des Personalmanagements und der Unternehmensleitung als zentrale Akteure an.

Im **dritten** Kapitel erfolgt zunächst die Einführung der theoretischen Grundlagen der verhaltenswissenschaftlichen Perspektive. Hierzu werden Machttheorien und der Machtbegriff beschrieben und die Resource-Dependence-Theorie wird als macht- und austauschtheoretische Grundlage der weiteren Analyse ausgewählt. Es folgt die Beschreibung der theoretischen Grundlagen, des Ressourcenbegriffs und der Verhaltensannahmen. Hierbei wird auf grundlegende Begriffe, Annahmen, Determinanten und Handlungsstrategien eingegangen. Ergebnis ist ein austauschtheoretischer Bezugsrahmen. Im Anschluss werden mit Blick auf das Ziel der Arbeit theoretische Erweiterungsbedarfe des Bezugsrahmens identifiziert. Es folgen eine machttheoretische Erweiterung um Machtquellen und eine neoinstitutionalistische Erweiterung um die Bedeutung von Legitimität sowie um Handlungsstrategien als Reaktionen auf institutionelle Erwartungen. Ergebnis dieses Kapitels ist ein erweiterter austausch-theoretischer Bezugsrahmen.

Dieser Bezugsrahmen wird im **vierten** Kapitel auf den Forschungsgegenstand angewendet, so dass eine theoretische Analyse der Austauschbeziehung zwischen Personalmanagement und Unternehmensleitung erfolgt. Dabei werden Ressourceninteresse und -kontrolle als die Hauptdeterminanten des Bezugsrahmens für beide Akteure analysiert. Die Analyse beinhaltet auch eine Auseinandersetzung mit Personalcontrolling als Basis der Ressourcenkontrolle des Personalmanagements. Die theoretische Analyse erfolgt zunächst getrennt für beide Akteure und wird schließlich im Rahmen der Betrachtung ihrer Austauschbeziehung zusammengeführt. Weiterhin werden der Kontext und die Handlungsstrategien des Personalmanagements innerhalb der Austauschbeziehung zur Unternehmensleitung untersucht. Das Kapitel schließt mit einem auf den Forschungsgegenstand bezogenen Bezugsrahmen als Grundlage für die empirische Studie ab.

Das **fünfte** Kapitel beinhaltet die Beschreibung und Durchführung der empirischen Studie und geht auf die Auswahl der Forschungsmethode und des Datenerhebungsverfahrens sowie die Entwicklung des Interviewleitfadens ein. Außerdem werden Aussagen zur Planung, zur Durchführung und zur Auswertung der qualitativen Studie sowie zur Güte der Studie und der Auswertung getroffen.

Die Ergebnisse der qualitativen Studie werden im **sechsten** Kapitel beschrieben und diskutiert. Dies erfolgt in Anlehnung an das im fünften Kapitel abgeleitete Kategoriensystem. Neben dem Ressourceninteresse des Personalmanagements und der Unternehmensleitung stehen der Einsatz und der Nutzen des Personalcontrollings durch das Personalmanagement im Vordergrund. Analog zur theoretischen Analyse im vierten Kapitel geschieht dies zunächst getrennt für die beiden Akteure, um im Anschluss die gemeinsame Austauschbeziehung zwischen Personalmanagement und Unternehmensleitung zu diskutieren. Außerdem werden Ansätze für die Erklärung von Unterschieden zwischen diesen Austauschbeziehungen auf Basis der Bedeutung der Wahrnehmung und Realisierung eines Machtpotenzials gegeben. Das Kapitel mündet in eine auf dem theoretischen Bezugsrahmen basierende zusammenfassende Betrachtung der Ergebnisse der empirischen Studie.

Im **siebten** Kapitel werden Schlussfolgerungen aus der Arbeit gezogen. An dieser Stelle werden Beiträge für die Diskussion von Personalcontrolling und Personalmanagement sowie von intraorganisationalen Austauschbeziehungen dargestellt. Anschließend werden Implikationen für die Praxis aufgezeigt, um schließlich auf die Grenzen der Arbeit sowie auf weiteren Forschungsbedarf einzugehen.

2 Grundlagen, Perspektiven auf das Personalcontrolling und Auswahl der Analyseperspektive

2.1 Grundlagen des Personalcontrollings

2.1.1 Entwicklung, Gegenstand, Begriff und Einordnung in das Personalmanagement

Die **Entwicklung des Personalcontrollings** nimmt ihren Anfang in den 1980er Jahren. Seit diesem Zeitpunkt sind verschiedene Herausforderungen für das Personalmanagement zu beobachten: Demographischer Wandel, Fach- und Führungskräftemangel, neue Technologien, steigende internationale Mobilität von Arbeitskräften sowie Globalisierung und damit verbundener weltweiter Wettbewerbsdruck erhöhen die Bedeutung des Personals als wertvolle, strategische Ressource für Unternehmen (vgl. Staehle 1989; DGFP e. V. 2011). Als Folge dessen erweitert das Personalmanagement seine ehemals administrative Orientierung im Zeitablauf um eine strategische Orientierung und umfasst ein unternehmerisches Management des strategischen Wettbewerbsfaktors Personal (vgl. Becker et al. 1997, S. 39; Mulvaney/Zwahr/Baranowski 2006, S. 435; Torrington et al. 2011, S. 664).

Diese Entwicklung ist auch anhand der begrifflichen Anpassung vom Personalwesen über weitere Begriffe zum Personalmanagement nachzuvollziehen. Dadurch wird nicht nur eine verwaltende (Personaladministration) oder eine rein wirtschaftliche Bedeutung der Personalarbeit (Personalwirtschaft), sondern Personalarbeit als Managementaufgabe hervorgehoben (vgl. Scherm/Süß 2010, S. 3-4) sowie auch sprachlich eine Betonung auf die Aufgabe der Führung und Steuerung gelegt (vgl. Jung 2010, S. 880). Dabei leistet das Personalmanagement einen (strategischen) Beitrag zum Unternehmenserfolg (vgl. Gmür/Peterhoff 2005, S. 235), indem es sein Handeln auf die (langfristigen) Unternehmensziele ausrichtet. Es kommt u. a. zu einer verstärkten Einbeziehung ökonomischer Ziele in die Personalarbeit sowie zu einem erhöhten Bedarf an einer systematischen Diskussion ökonomischer Fragestellungen durch das Personalmanagement (vgl. Weber/Kabst 2009, S. 227).

In den 1980er Jahren ensteht mit dem Personalcontrolling ein Instrument, das dem Personalmanagement zu einer wirtschaftlichen Orientierung verhilft, die sich auch in ökonomischen Zielen und Kennzahlen ausdrückt (vgl. Potthoff/Trescher 1986; Wunderer/Sailer 1987a, b; Hoss 1989, S. 2, 38). Wie schon bei der Diskussion verwandter Themen zum Personalcontrolling, z. B. der Humanvermögensrechnung (vgl. z. B. Schmidt 1982; Flamholtz 1985; 2.1.4), ist dabei zunächst eine Konzentration auf Personalkosten vorherrschend, die zu einer

Einführung „betriebswirtschaftliche[n] Kalkül[s] und Rechenbarkeit" (Krüper 1989, S. 108) im Personalmanagement führt. Dementsprechend liegt der Schwerpunkt der frühen Personalcontrolling-Diskussion auf rechnungslegungsspezifischen Fragestellungen und der Integration klassischer Controlling-Funktionen (Planung, Steuerung, Kontrolle) in die Personalmanagement-Funktion (vgl. Schlagenhaufer 1995, S. 174; Verma/Dewe 2008, S. 103). In den 1990er Jahren wird das bis dahin hauptsächlich quantitative und operative Personalcontrolling um qualitative und strategische Aspekte ergänzt. Mit der Erkenntnis, dass es sich beim Personal um einen wichtigen (strategischen) Erfolgsfaktor handelt, steigt die Relevanz seines Beitrags zur Wertschöpfung und seiner ökonomischen Steuerung. In der Folge wird eine Transparenz der strategischen Bedeutung von Personal und personalwirtschaftlicher Prozesse angestrebt (vgl. Schulte 1990, S. 351). Aufgrund des wachsenden unternehmerischen Bewusstseins werden Informationen über den Wert des Personals und der Personalarbeit zunehmend wichtig (vgl. Marr/Schmidt 1992, S. 1031; Scholz 2000, S. 32-34). Aus dem Personalcontrolling als „Kontrolle der Humanressourcen als Kostenfaktoren" (Scholz 2000, S. 44-45) wird in einem nächsten Schritt ein Wertschöpfungscontrolling. Dadurch berücksichtigt Personalcontrolling, dass Personal nicht nur einen Kostenfaktor, sondern auch eine knappe Ressource mit strategischer Bedeutung darstellt (vgl. Scherm 1992b, S. 522).

Aus heutiger Sicht lassen sich daher zusammenfassend als Hauptgründe für die Existenz des Personalcontrollings die ökonomische und die strategische Orientierung des Personalmanagements und die Verdeutlichung seines Beitrags zum Unternehmenserfolg herausstellen (vgl. z. B. Bartscher/Steinmann 1990, S. 387-388; Gerpott 1995, S. 8; Festerling/Möller 2009, S. 867). Eine Rolle spielen hier auch regulatorische Einflüsse, die die Bedeutung des Personals für ein Unternehmen aufgreifen und z. B. Anforderungen an Informationspflichten von Unternehmen ableiten, etwa zur Transparenz, Risikoerfassung und Frühwarnung bezogen auf Personal oder für Kreditwürdigkeitsprüfungen durch Ratingagenturen (vgl. Gutschelhofer 1999, S. 29; Kosel/Görzig 2002; Pietsch 2006, S. 171; Zdrowomyslaw 2007, S. 58-59). Vor diesem Hintergrund rücken die Aufgaben der Evaluation und der Informationsbereitstellung in den Vordergrund und personalwirtschaftliche Kennzahlen werden entwickelt (vgl. Schulte 1990), um im Rahmen des Personalcontrollings die Frage nach „der Zielorientierung und Wirksamkeit personalwirtschaftlicher Maßnahmen" (Festerling/Möller 2009, S. 867) zu beantworten. In diesem Zusammenhang steigt das Bewusstsein über die strategische Bedeutung von Personal für Unternehmen und Personalcontrolling entwickelt sich zu einem Instrument der strategischen Personalarbeit (vgl. Wunderer/Sailer 1987b, S. 505). Damit ist Personalcontrolling nicht nur ein Instrument für das Personalmanagement, sondern dient auch strategischen Entscheidungen der Unternehmensleitung.

Grundsätzlich existieren verschiedene Ansichten über die organisatorische **Einbindung des Personalcontrollings** im Unternehmen. Personalcontrolling kann als eigenständige Stabs- oder Linienabteilung organisiert oder als Funktionsbereich sowohl an das Controlling als auch an die Personalmanagement-Funktion angebunden sein. Zudem ist eine Kombination denkbar, so dass Mitarbeiter beider Abteilungen die Personalcontrolling-Aufgaben wahrnehmen (vgl. Berthel 2004, S. 1450-1453; Gmür/Peterhoff 2005, S. 253-254). Unabhängig von der aufbauorganisatorischen Einbindung bestehen inhaltliche Schnittstellen mit verschiedenen Fachbereichen, z. B. dem Finanzcontrolling. In diesem Zusammenhang spielt die Koordinationsaufgabe des Personalcontrollings eine wesentliche Rolle (vgl. Küpper 1991). Sie dient der Abstimmung innerhalb des verantwortlichen Bereichs sowie an den Schnittstellen zu anderen Controlling-Aktivitäten im Unternehmen (vgl. Haunschild 1998, S. 259; 2.1.2). Den **Personalcontrolling-Gegenstand** bilden dabei sowohl das Personal bzw. der Personaleinsatz (faktororientiertes Personalcontrolling) als auch die Personalarbeit (prozessorientiertes Personalcontrolling) (vgl. Metz/Winnes/Knauth 1995, S. 132; Zdrowomyslaw 2007, S. 50; Festerling/Möller 2009, S. 868; Scherm/Süß 2010, S. 226-229).

Vor dem Hintergrund der aufgezeigten Entwicklung des Personalcontrollings ist es nicht erstaunlich, dass sein Begriff nicht eindeutig ist, sondern im Zeitablauf viele Verständnisse und Definitionen entstanden sind (vgl. Steinbichler 1995, S. 187-188; Wimmer/Neuberger 1998, S. 510-512; Amalou/Süß 2013a). In Abhängigkeit von der inhaltlichen Nähe zum Personalmanagement-Begriff können enggefasste von weitgefassten **Personalcontrolling-Begriffen** unterschieden werden. Ein enggefasster Begriff grenzt Personalcontrolling auf konkrete Aufgaben ein, z. B. „die auf den Erfolg der Unternehmung ausgerichtete Planung, Kontrolle und Steuerung personalwirtschaftlicher Maßnahmen” (Berthel 2004, S. 1441). In diesem Sinne dient das Personalcontrolling einer spezifischen, abgrenzbaren Teilaufgabe des Personalmanagements (vgl. Küpper 1991, S. 227), z. B. der Steuerung von personalwirtschaftlichem Aufwand und Ertrag (vgl. Klimecki/Gmür 2005, S. 409). Ein weitgefasster Begriff besteht, wenn Personalcontrolling sich nicht mit eigenständigen (neuen) Aufgaben beschäftigt, sondern „eine Zusammenfassung wichtiger bekannter Funktionen [darstellt], deren Bedeutung bisher schon anerkannt ist” (Küpper 1991, S. 226; vgl. auch Potthoff/Trescher 1986, S. 271-272; Scherm 1992a, S. 311, 321). In diesem Sinn lässt sich Personalcontrolling nicht unabhängig von anderen Personalfunktionen verstehen (vgl. Metz/Schmidt 1996, S. 270), sondern stellt eine Subsumierung personalwirtschaftlicher Aufgaben dar (vgl. Lisges/Schübbe 2007, S. 12). Personalcontrolling ist dann ein „integratives Evaluationsdenken und -rechnen zur Abschätzung von Entscheidungen zum Personalmanagement, insbesondere zu deren ökonomischen und sozialen Folgen” (Wunderer 1989, S. 244; vgl. auch Wambach 2005, S. 305). Die fehlende Abgrenzung zur Personalmanagement-Funktion in Gänze oder zu einzelnen personalwirtschaftlichen Teilfunktionen (vgl. Drumm 2008, S. 608; Scherm/Süß 2010, S. 220) spiegelt sich auch in der Verwendung nicht spezifischer bzw. nicht neuartiger Methoden wider (vgl. 2.1.2).

Für die vorliegende Arbeit wird von einem weitgefassten Personalcontrolling-Begriff ausgegangen, weil nicht spezifische Aufgaben, sondern der Einsatz des Instruments Personalcontrolling im Fokus steht: Personalcontrolling umfasst die Informationsbereitstellung sowie Koordinations- und Beratungsleistungen und bezieht sich auf die Erfassung des Wertschöpfungsbeitrags des Personals und in diesem Zuge auf das Controlling von personalwirtschaftlichen Entscheidungen und Maßnahmen, die in einem Zusammenhang mit dem Unternehmenserfolg stehen (vgl. Scherm 1992a, S. 311; Torrington et al. 2011, S. 664). Damit ist sowohl ein Controlling des Personals als auch der Personalarbeit einbezogen. Das Personalmanagement reagiert mit diesem Instrument einerseits auf den zunehmenden Kostensenkungs- und Rechtfertigungsdruck und andererseits auf das steigende unternehmerische Bewusstsein, dass Personal und Personalarbeit knappe und strategische Erfolgsfaktoren sind (vgl. Elšik 1990, S. 406-408; Becker et al. 1997, S. 39). Somit verhilft der Einsatz des Personalcontrollings dem Personalmanagement durch „obtaining, analysing and reporting on data that informs the direction of value adding strategic, investment and operational people management decisions at corporate level and at the level of frontline management” (Baron/Armstrong 2007, S. 20) zu einer wirtschaftlichen und strategischen Ausrichtung sowie Orientierung an der Unternehmensstrategie (vgl. Hoss 1989, S. 38-40; Wunderer/Schlagenhaufer 1994, S. 17; Mulvaney/Zwahr/Baranowski 2006, S. 435). Der Arbeit liegt weiterhin das Verständnis zugrunde, dass Personalcontrolling innerhalb der Personalmanagement-Funktion angesiedelt ist (vgl. Elias/Scarbrough 2004, S. 30; DGFP e. V. 2007, S. 13; Torrington et al. 2011, S. 664). Hiernach wird Personalcontrolling als Instrument des Personalmanagements verstanden und dementsprechend von Personalern eingesetzt. Von diesem funktionalen Verständnis ist das institutionelle Verständnis abzugrenzen, nach dem unter Personalcontrolling eine gesonderte Stelle oder Abteilung verstanden wird.

2.1.2 Ziele, Aufgaben und Methoden

Die Ziele und Aufgaben des Personalcontrollings haben sich im Zeitverlauf gleichermaßen zum Personalcontrolling-Begriff weiterentwickelt und existieren in einer entsprechenden Vielzahl (vgl. Scherm 1992a, S. 310). In der Literatur wird auf eine sprachliche Vermengung von Zielen und Aufgaben des Personalcontrollings hingewiesen (vgl. Gerpott 1995, S. 13-14; Haunschild 1998, S. 64; Gutschelhofer 1999, S. 33). Ihre getrennte Darstellung dient jedoch einem differenzierten Bild des Personalcontrollings.

Personalcontrolling verknüpft eine Wertschöpfungs- mit einer Verhaltensorientierung (vgl. Küpper 1991, S. 239-240; Becker/Labucay/Rieger 2007, S. 42). Durch den Einsatz des Personalcontrollings kann das Personalmanagement folglich neben seinen sozialen **Zielen** (vgl. Jung 2011, S. 12) auch ökonomische und strategische personalwirtschaftliche und unternehmerische Ziele verfolgen (vgl. Gutschelhofer 1999, S. 32). Das gelingt, indem durch den Einsatz des Personalcontrollings

- der Schaffung einer ökonomischen (Ziel-)Orientierung des Personalmanagements (vgl. Elšik 1990, S. 410; Steinbichler 1995, S. 199) sowie der Steigerung von Effizienz und Effektivität personalwirtschaftlicher Maßnahmen (vgl. Zdrowomyslaw 2007, S. 115; Armutat 2009, S. 25),
- der Bestimmung und Veranschaulichung des monetären Werts und der unternehmerischen Erfolgsbeiträge von Personal und Personalarbeit (vgl. Wunderer 1990, S. 507; Festerling/Möller 2009, S. 867),
- der (strategischen) Planung des Personaleinsatzes sowie der Steuerung zieladäquaten Verhaltens des Personals als strategischer Wettbewerbsfaktor (vgl. Hentze/Kammel 1993, S. 32-33; Jung 2011, S. 947-948),
- der Unterstützung durch Informationsversorgung und Beratung bei Entscheidungen sowie der Reflexion ihrer ökonomischen oder sozialen Folgen (vgl. Küpper 1991, S. 229; Scherm 1992a, S. 310-311; Wunderer 2000, S. 298-299; Baron/Armstrong 2007, S. 20-21),
- der Objektivierung und Legitimierung von (strategischen) Entscheidungen und Handlungen, z. B. von Investitionen in das Personal (vgl. Fischer 1990, S. 386; Haunschild 2004, S. 893) sowie
- der Stärkung der Position des Personalmanagements innerhalb des Unternehmens, z. B. im Rahmen der Budgetallokation (vgl. Marr 1989, S. 696; Gutschelhofer/Sailer 1998, S. 191),

gedient wird.

Die **Aufgaben**, die mit dem Einsatz des Personalcontrollings verbunden sind, leiten sich einerseits aus den klassischen Controlling-Aufgaben Planung, Kontrolle und Steuerung ab (vgl. Potthoff/Trescher 1986, S. 25; Wimmer/Neuberger 1998, S. 620; Berthel 2004, S. 1441) und berücksichtigen andererseits sowohl Wirtschaftlichkeits- als auch Wertschöpfungsüberlegungen des Personalmanagements (vgl. Wunderer/Sailer 1987a, b). In der Literatur finden sich zahlreiche Aufzählungen von Personalcontrolling-Aufgaben (vgl. z. B. Zdrowomyslaw 2007, S. 113-122). Sie umfassen zumeist eine Auswahl der nachfolgenden Aufgaben (vgl. Pietsch/Scherm 2000, S. 403-404; Gmür/Peterhoff 2005, S. 241-243; Wunderer/Jaritz 2007, S. 21):

- Evaluation, Bereitstellung und Interpretation von personalwirtschaftlichen Informationen zur Effizienz- und Effektivitätsüberprüfung sowie Entscheidungsunterstützung und Beratung (vgl. Hentze/Kammel 1996, S. 295-296),
- Koordination der Personalmanagement-Funktion mit dem Gesamtunternehmen sowie die Integration personalwirtschaftlicher und unternehmerischer Ziele (vgl. Küpper 1991, S. 236-237),
- Steuerung und Kontrolle sowie Schaffung von Transparenz über Chancen und Risiken bezogen auf Personal und Personalarbeit (vgl. Scherm 1992a, S. 311),
- Analyse und Bewertung der Wirkungen von personalwirtschaftlichen Entscheidungen und Maßnahmen im Sinne ihrer Reflexion (vgl. Scherm/Süß 2010, S. 221-222).

Seine Aufgaben erfüllt das Personalcontrolling unter Rückgriff auf verschiedene **Methoden**. Dabei kommt die Verbindung zum Controlling und Personalmanagement zum Ausdruck, da sich das Personalcontrolling bei der Methodenauswahl aus beiden Bereichen bedient. Wenn ökonomische Methoden im Personalcontrolling angewendet werden, ist jedoch eine Anpassung an die Besonderheiten der Controlling-Gegenstände Personal und Personalarbeit erforderlich (vgl. Festerling/Möller 2009, S. 869; 2.1.3). Neben Methoden aus dem Controlling finden sich auch selbst entwickelte Methoden beispielsweise zur Humankapitalbewertung (vgl. Scherm/Süß 2010, S. 234-236). Unabhängig von ihrer Herkunft lassen sich die Methoden des Personalcontrollings danach unterscheiden, ob sie quantitativ oder qualitativ geprägt sind:

- Die Erfassung der Wertschöpfung von Personal und Personalarbeit schließt zwar auch qualitative Aspekte ein, verfolgt jedoch vorrangig das Ziel der Quantifizierung (vgl. Wunderer/Jaritz 2007, S. 3). Dazu nutzt das Personalcontrolling **quantitative Methoden** des

Controllings (vgl. Küpper 2005, S. 469). Diese lassen sich wie folgt gruppieren (vgl. z. B. Wunderer/Jaritz 2007): (1) Analysen im Kostencontrolling werden zur Steuerung von Personalkosten und -budgets verwendet. Zur Erfassung der Wirtschaftlichkeit der Personalmaßnahmen sowie des Personaleinsatzes werden Methoden der Kosten- und Leistungsrechnung adaptiert und als Effizienzcontrolling eingesetzt (vgl. Festerling/Möller 2009, S. 869). Dieses findet seinen Ausdruck in Personalstatistiken, Kostenanalysen und Kennzahlen(systemen) (vgl. Schulte 2002). Dabei wird vorrangig das Ziel einer Quantifizierung, besser noch einer Monetarisierung verfolgt. Der Fokus richtet sich in der Regel auf vergangenheitsorientierte Daten, z. B. Personalkosten, Leistungsstunden, Fluktuationsraten oder Abwesenheitszeiten (vgl. Klimecki/Gmür 2005, S. 411). (2) Das Effektivitätscontrolling dagegen führt Aufwand und Ergebnis zusammen und betrachtet den Erfolgsbeitrag und Nutzen von Personalmaßnahmen. Es beinhaltet Investitionsrechnungen und Wertschöpfungsmessungen und geht über eine reine Kosten- und Effizienzbetrachtung hinaus. Damit halten Wirksamkeits- und Rentabilitätsberechnungen Einzug in das Personalcontrolling (vgl. Scholz 2000, S. 140-141; Wucknitz/Barlet 2004; Festerling/Möller 2009, S. 869). (3) Die Frage nach der Messbarkeit des unternehmerischen Humankapitals steht im Fokus mathematisch komplexer Modelle zur Humanvermögensrechnung bzw. Humankapitalbewertung. Sie zielen auf die Darstellung der ökonomischen Bedeutung des Personals im Sinne eines Vermögenswerts ab (vgl. Brast/Krüger 2010, S. 732). Neben diesen Modellen bestehen verschiedene andere Konzepte mit vergleichbaren Zielen, z. B. Saarbrücker Formel, Shareholder-Value-Ansatz, Stakeholder-Value-Ansatz, Workonomics-Konzept (vgl. Gebauer 2005; Pietsch 2008b, S. 180; Scherm/Süß 2010, S. 235).

- Anhand von Beispielen **qualitativer Methoden** lässt sich erkennen, dass sich das Personalcontrolling an etablierte Managementmethoden anlehnt oder bekannte personalwirtschaftliche Methoden anwendet (vgl. Haunschild 1998, S. 87). (1) Potenzial- und Portfolioanalysen beziehen sich auf die Leistung des Personals (vgl. Berthel/Becker 2010, S. 633-635). Analog zur Differenzierung von Produkten werden das Leistungspotenzial sowie das derzeitige Leistungsniveau in einer zweidimensionalen Matrix abgetragen. Auf Basis der Positionierung der Mitarbeiter innerhalb der Matrix werden personalwirtschaftliche Entscheidungen, z. B. zu Freisetzungen oder zur Personalentwicklung, getroffen. Andere qualitative Methoden, die sich auf das Personal beziehen, sind etwa (2) Leistungsbeurteilungen oder (3) Mitarbeitergespräche, bei denen Informationen wie z. B. Frühwarnsignale erfasst werden (vgl. Festerling/Möller 2009, S. 869). Solche qualitativen Informationen, im Sinne von nicht in Zahlen ausgedrückten Informationen, können z. B. auch durch

(4) Mitarbeiterbefragungen erhoben werden (vgl. Klimecki/Gmür 2005, S. 413-415). Daneben gibt es qualitative Methoden, mit denen die Personalarbeit bzw. die personalwirtschaftlichen Prozesse bewertet werden, wie beispielsweise das (5) Benchmarking (vgl. Wickel-Kirsch 2009, S. 536). Dabei werden die eigenen Prozesse und Aktivitäten mit dem Beispiel eines hervorragenden Vorbildes (best practice) innerhalb oder außerhalb des Unternehmens verglichen (vgl. Berthel 2004, S. 1448-1449). Ein weiteres Beispiel für Methoden des prozessorientierten, qualitativen Personalcontrollings ist die (6) Auditierung, bei der die Aktivitäten, Ziele und Strukturen des Personalbereichs bzw. der Personalmanagement-Funktion einer Prüfung unterzogen werden, um sowohl Verbesserungspotenziale als auch Risiken aufzudecken (vgl. Ulrich 1997b, S. 311; Jung 2011, S. 965; Oechsler 2011, S. 181).

Die Beschreibung verdeutlicht, dass Informationen über das Personal und die Personalarbeit nicht nur quantitativ dargestellt, sondern auch im Hinblick auf ihren strategischen Erfolgsbeitrag qualitativ bewertet werden können (vgl. Küpper 1991, S. 238-239; Wunderer/Schlagenhaufer 1994, S. 12-13).

2.1.3 Probleme

Die Auseinandersetzung mit den Methoden des Personalcontrollings zeigt, dass verschiedene, insbesondere quantitative Methoden, z. B. finanzorientierte Mess- und Bewertungsverfahren, angewendet werden (vgl. Pietsch 2007a, S. 253). Die Adaption von Methoden aus anderen Bereichen des Unternehmens, z. B. Rechnungswesen oder Finanzcontrolling, bringt in Kombination mit der Einbeziehung verhaltenswissenschaftlicher Annahmen verschiedene Herausforderungen für den Einsatz des Personalcontrollings mit sich. In der Literatur werden vor diesem Hintergrund Probleme aus der (1) operativen Handhabung des Personalcontrollings und (2) seiner begrifflichen Vielfalt bzw. seinen konzeptionellen Grundlagen diskutiert.

Aus der **operativen** Handhabung bzw. der Übertragung des Personalcontrollings in die Praxis ergeben sich neben

- Akzeptanzproblemen und
- Messproblemen
- Probleme aus der Zurechenbarkeit von Wertbeiträgen-

In der betrieblichen Praxis kann es zu **Akzeptanzproblemen** kommen. Sie resultieren z. B. aus Angst und Widerstand der Mitarbeiter und ihrer Interessenvertretung, wenn Personalcontrolling als Kontrollinstrument aufgefasst wird (vgl. Küpper 1991, S. 229; Haunschild 1998, S. 144). Auch auf Seiten des Managements kann eine durch Personalcontrolling erzeugte Transparenz unerwünscht sein, wenn hieraus eine Einschränkung der Entscheidungs- und Handlungsfähigkeit befürchtet wird (vgl. Gutschelhofer/Sailer 1998, S. 192; Pietsch 2008a, S. 132; Berthel/Becker 2010, S. 639-641). Weiterhin kann es an Akzeptanz des Einsatzes des Personalcontrollings mangeln, wenn das Personalmanagement eine machtvolle Stellung gegenüber dem Management erhält, weil es durch das Personalcontrolling Informationen kontrolliert, Interpretationsleistungen übernimmt und in Entscheidungen eingreifen kann (vgl. Wimmer/Neuberger 1998, S. 604). Der Einsatz des Personalcontrollings kann auch innerhalb der Personalmanagement-Funktion nicht akzeptiert sein, wenn eine ökonomische Ausrichtung der Personalmanagement-Funktion dem Selbstverständnis der Personaler, die eine ökonomische Ausrichtung ihrer Arbeit ablehnen, widerspricht (vgl. Wunderer/Schlagenhaufer 1994, S. 25). Der Widerstand, der mit Personalcontrolling einhergehen kann, spiegelt sich auch in der Diskussion um den Begriff Humankapital und seine Ernennung zum Unwort des Jahres 2004, d. h. in der Kritik einer verstärkt ökonomischen Betrachtung und Verobjektivierung menschlicher Ressourcen, wider (vgl. Stein 2007, S. 304).

Personalcontrolling ist durch **Messprobleme** gekennzeichnet, da für die Steuerung des Personals neben quantitativen Daten, z. B. Anzahl der Krankheitstage, auch qualitative Daten, z. B. über die Mitarbeitermotivation, zu berücksichtigen sind. Außerdem existieren für das Personal und für personalwirtschaftliche Aktivitäten nur näherungsweise Marktpreise (vgl. Persch 2003, S. 23; Haunschild 2004, S. 892), so dass eine adäquate, objektive Bewertung der unternehmensspezifischen Bedeutung nicht auf Messungen, sondern auf Schätzungen und Näherungswerten basiert (vgl. Krüper 1989, S. 108; Elšik 1990, S. 406; Hope-Hailey/Farndale/Truss 2005, S. 50; Baron/Armstrong 2007, S. 60-61). Weiterhin ist es schwierig, qualitative Ziele quantitativ auszudrücken, so dass auch die anschließende Messung von Zielerreichungs- oder Zielabweichungsgraden problematisch ist (vgl. Scherm 1992a, S. 311). Darüber hinaus resultieren aus unvollständigen Informationen, näherungsweiser Operationalisierung mittels Indikatoren (vgl. Martin 2006, S. 30-31) sowie aus mangelnder Objektivität eine Mehrdeutigkeit der Daten und die Notwendigkeit zu ihrer (subjektiven) Interpretation (vgl. Tsui 1990, S. 460; Pietsch 2007a, S. 253). Wenn jedoch Daten schwer zu interpretieren und Konsequenzen nur mit großer Unsicherheit zu antizipieren sind, sind die Erfüllung der Personalcontrolling-Aufgaben sowie die Akzeptanz des Personalcontrollings fraglich. Können weder die Wertbeiträge noch Zielgrößen eindeutig festgelegt und die Zielerreichung, -abweichung sowie -abweichungsgründe nicht erfasst werden, sind weder Entscheidungsunterstützung noch vergangenheitsorientierte Reflexion geschweige denn zukunftsorientierte Bewertung des strategischen Beitrags des Personals möglich.

Aus der Schwierigkeit, Daten zu erheben bzw. Ziele, Wert- und Erfolgsbeiträge genau zu messen, resultiert schließlich auch das Problem, Kausalzusammenhänge nicht sicher antizipieren und nachweisen zu können (vgl. Pietsch 2007a, S. 257). Dieses Problem drückt sich darin aus, dass „a personnel department [...] cannot demonstrate in quantifiable terms that X quantity and quality of these activities will [...] contribute [...] to the achievement of a specific organisational end" (Legge/Exley 1975, S. 55). Damit kann jedoch auch keine eindeutige **Zurechenbarkeit von Wertbeiträgen** des Personals zu einzelnen personalwirtschaftlichen Entscheidungen bzw. Maßnahmen erfolgen. Dieses Problem der „black-box" (Boxall/Purcell 2011, S. 243) besteht, weil viele verschiedene Einflüsse auf den Unternehmenserfolg wirken und nicht abzugrenzen ist, welcher Wertbeitrag genau auf das Personal und das Personalmanagement zurückzuführen ist. Derartige Attributionsprobleme sind das Ergebnis komplexer Wirkungsgeflechte. Außerdem treten Konsequenzen personalwirtschaftlicher Maßnahmen gegebenenfalls erst mit zeitlicher Verzögerung ein, so dass ihre Wirkung schwierig zu antizipieren ist, was in ein Prognoseproblem mündet (vgl. Weber 1990, S. 62; Pietsch 2008b, S. 180-182). Daher können die Daten des Personalcontrollings uneindeutig und widersprüchlich sein (vgl. Pietsch 2007a, S. 253). Hieraus ergeben sich weitere problematische Auswirkungen: Erstens ist durch die fehlende Zurechenbarkeit des Wertbeitrags von Personal und Personalarbeit zum Unternehmenserfolg die Legitimität des Personalcontrollings gefährdet. Zweitens ist es schwierig, personalwirtschaftliche Entscheidungen zu reflektieren, wenn ihre Konsequenzen nicht erfasst werden können.

Ferner ergibt sich aus der **begrifflichen Vielfalt** des Personalcontrollings ein Problem

- der Abgrenzung zur (strategischen) Personalmanagement-Funktion

und des Weiteren resultieren aus den **konzeptionellen Grundlagen** Probleme mit

- dem Rationalitätsverständnis und
- den Besonderheiten des Controlling-Gegenstands Personal.

Im Zuge der Entwicklung des Personalcontrollings hat sich eine Vielzahl an unterschiedlichen Verständnissen und Perspektiven gebildet. In diesem Zusammenhang wird deutlich, dass der weitgefasste Begriff des Personalcontrollings (vgl. 2.1.1) für unterschiedliche traditionelle, d. h. nicht neuartige personalwirtschaftliche Aufgaben im Sinne eines „Label[s]" (Metz 1995, S. 8) genutzt wird. Aufgrund der gleichen Fokussierung auf den Gegenstand Personal sowie der übergeordneten Abstimmungs- und Steuerungsfunktionen ist vor allem eine begriffliche **Abgrenzung** zur (strategischen) Personalmanagement-Funktion schwierig (vgl. Küpper 1991, S. 225-226; Drumm 2008, S. 611; 2.1.1). Darüber hinaus spiegelt sich der vielfältige Personalcontrolling-Begriff auch darin wider, dass die Methoden des Personalcontrollings nicht alle neuartig, sondern bereits teilweise in der Personalmanagement-Funktion verankert sind (vgl. Festerling/Möller 2009, S. 869; 2.1.2).

Von einem Controlling wird vollkommene **Rationalität** erwartet. Eine wesentliche Aufgabe des Personalcontrollings wird deshalb in der Sicherung und „Durchsetzung einer weitgehend objektiven, substantiellen Rationalität" (Hentze/Kammel 1993, S. 34) gesehen. Somit geht es beim Personalcontrolling um eine optimale Steuerung des Personals und der Personalmanagement-Funktion im Rahmen der verfolgten (Unternehmens-)Ziele (vgl. Gutschelhofer 1999, S. 29). Seltener werden jedoch Verhaltensannahmen wie beschränkte Informationsverarbeitungskapazität, Unsicherheit, politisches Verhalten und Macht betrachtet, die der Idee vollkommener Rationalität widersprechen (vgl. Hentze/Kammel 1993, S. 19; Gerpott 1995, S. 9; Haunschild 1998, S. 23-24). Es wird angenommen, dass der Personalcontrolling-Output objektiv ist und dem Personalmanagement zur sachlichen Information und Beratung der Entscheidungsträger dient (vgl. Pietsch 2007b). Jedoch schränken die Komplexität des Gegenstands Personal und die Bedeutung sozialer Rahmenbedingungen die Genauigkeit der Informationen ein und es besteht die „Gefahr einer Scheineindeutigkeit" (Bechtel 2009, S. 466). Daher besteht das Problem einer zweifelhaften „Exaktheit, Objektivität und Gültigkeit" (Wimmer/Neuberger 1998, S. 607; vgl. auch Déjean/Gond/Luca 2004, S. 744) personalwirtschaftlicher Messgrößen.

Schließlich resultieren Probleme aus den **Besonderheiten** des Controlling-Gegenstands Personal, denn „human resources are different from other resources in a number of ways: they have their own ambitions, they change constantly, they cannot be influenced in a straightforward and simple way, they react in surprising ways to external and internal stimuli" (Reichel/Mayrhofer 2009, S. 5). Da Personal kein passives Objekt, sondern ein aktiv handelndes Subjekt ist, besitzt das Unternehmen keine alleinigen Verfügungsrechte über das Personal und kann deshalb nicht erzwingen bzw. vollständig steuern und kontrollieren, wie sich das Personal in die unternehmerische Leistungserstellung einbringt (vgl. Ridder 2002, S. 215; Haunschild 2004, S. 892-894; Brandl/Welpe 2006, S. 545; Wright/McMahan 2011, S. 99-100). Das Personal bestimmt vielmehr selbst über seine Arbeitsleistung (vgl. Schuck 2010, S. 66) und handelt selbstbestimmt und seine individuellen Interessen verfolgend (vgl. Neuberger 2004, S. 1195-1196). Dadurch entsteht Unsicherheit über das Verhalten des Personals (vgl. Wimmer/Neuberger 1998, S. 584) und eine Leistungserfassung durch das Personalcontrolling ist erschwert. In der Folge sind Investitionen in das Personal risikoreicher als in durch Unternehmen vollständig steuerbare Güter, z. B. Produktionsanlagen (vgl. Staehle 1989, S. 389-390). Weiterhin ist nicht nur der Controlling-Gegenstand Personal „Träger von Zielen, Bedürfnissen und Wertvorstellungen" (Elšik 1990, S. 406), vielmehr trifft dies auch auf diejenigen Akteure zu, die das Personalcontrolling in einem Umfeld verschiedener Anspruchsgruppen mit unterschiedlichen Interessen ausführen. Diese Interessen können im Widerspruch zueinander stehen (vgl. Wimmer/Neuberger 1998, S. 604-605), so dass ein Personalcontrolling nicht mehr vollständig rational, sondern zu Zwecken der Manipulation und Informationszurückhaltung eingesetzt wird (vgl. Hentze/Kammel 1993, S. 35-36; Zdrowomyslaw 2007, S. 60-61; Paefgen 2008, S. 178).

2.1.4 Verwandte personalwirtschaftliche Instrumente

Im Zusammenhang zum Personalcontrolling stehen zwei weitere personalwirtschaftliche Instrumente: Humankapitalmanagement (vgl. z. B. Becker/Labucay/Rieger 2007) und Personalrisikomanagement (vgl. z. B. Paul 2011). Ihre Abgrenzung zum Personalcontrolling bzw. die Beziehung der beiden Instrumente zum Personalcontrolling lässt sich in Abhängigkeit von dem Personalcontrolling-Begriff sowie von ihrer inhaltlichen Ausprägung aufzeigen:

- In der Literatur sind drei verschiedene Verständnisse von der **Beziehung zwischen Humankapitalmanagement und Personalcontrolling** zu finden. Erstens kann Humankapitalmanagement als eigene Funktion verstanden werden, die nicht mit Personalcontrolling, sondern mit der Personalmanagement-Funktion gleichzusetzen ist (vgl. Marrewijk/Timmers 2003, S. 179-180; Scholz 2009, S. 539). Dabei werden dem Humankapitalmanagement strategische (Unterstützungs-)Aufgaben, z. B. im Strategieformulierungsprozess, zugeschrieben, so dass es „will become an essential part of corporate management on the top corporate level" (Stein 2007, S. 312). Zweitens wird das Humankapitalmanagement als Synonym des Personalcontrollings, d. h. als „alle Teilgebiete, die sich gezielt mit der wertbezogenen, monetären Gestaltung und Wirkungsanalyse der Personalarbeit befassen" (Scholz 2009, S. 539) verstanden. Drittens kann Humankapitalmanagement als ein Bestandteil des Personalcontrollings betrachtet werden (vgl. Potthoff/Trescher 1986, S. 88-92; Wunderer/Sailer 1987a, S. 225; Metz 1995, S. 85; Schulte 2002, S. 5-7; Gmür/Peterhoff 2005, S. 243-244; Wunderer/Jaritz 2007).

- Auch zur **Beziehung zwischen Personalrisikomanagement und Personalcontrolling** existieren unterschiedliche Verständnisse: Erstens wird Personalcontrolling als ein Handlungsfeld des Personalrisikomanagements verstanden (vgl. Kobi 2011, S. 63). Dabei stellt Personalcontrolling ein Kontrollsystem dar, welches die Personalrisiken offenlegt und dem Personalmanagement zur Überwachung und Steuerung des Personals dient (vgl. Paul 2011, S. 31-32). Zweitens wird umgekehrt das Personalrisikomanagement als Bestandteil des Personalcontrollings erachtet (vgl. Lecker 2009), welcher die Personalcontrolling-Aufgaben der Transparenzschaffung und der Erfassung und Bewertung von Personal bzw. Personalrisiken unterstützt (vgl. Wucknitz 2009, S. 255). Dies erfolgt etwa im Zuge der Frühwarnfunktion des Personalcontrollings, bei der es neben der Prognose von zukünftigem Leistungspotenzial (vgl. Wunderer/Sailer 1987b, S. 507) darum geht, „langfristig zu erwartende negative Einwirkungen auf die Erfolgsgrößen des Unternehmens [...]" (Weber 1990, S. 62) anzuzeigen. Damit fördert ein Personalrisikomanagement ein zukunftsorientiertes Personalcontrolling und Personalmanagement (vgl. Kobi 2002b, S. 43; Wambach 2005, S. 315). Es nutzt hierzu strategische Methoden, durch die Unsicherheiten und Risiken Berücksichtigung finden, wie beispielsweise Personalportfolios und Stärken-Schwächen-Analysen (vgl. Wunderer/Schlagenhaufer 1994, S. 13-14).

In dieser Arbeit wird von einem weiten Personalcontrolling-Begriff ausgegangen (vgl. 2.1.1), so dass Humankapitalmanagement und Personalrisikomanagement als Bestandteile des Personalcontrollings verstanden werden und auf eine Abgrenzung verzichtet wird. Die nachfolgende Auseinandersetzung mit inhaltlichen Merkmalen des Humankapitalmanagements und des Personalrisikomanagements dient dazu, die anschließende Analyse des Einsatzes des Personalcontrollings auf einer breiten begrifflichen Basis durchzuführen.

Dem **Humankapitalmanagement** liegt – wie dem Personalcontrolling – die Auffassung zugrunde, dass Personal und Personalarbeit strategische Erfolgsfaktoren für das Unternehmen sind. In diesem Zusammenhang geht es nicht nur um die Ermittlung von Personal- und Personalprozesskosten, sondern auch um das Verständnis, dass das Personal einen Vermögenswert des Unternehmens darstellt. Dieser entspricht dem Wert zukünftiger Wertbeiträge des Personals. Der Gegenstand des Humankapitalmanagements wird dabei differenziert nach verhaltenswissenschaftlichen (z. B. Qualifikation, Motivation und Potenzial betreffend) und betriebswirtschaftlichen Inhalten (z. B. Kosten-, Investitionsrechnung) (vgl. Becker 2008). Wie beim Personalcontrolling werden Informationen bereitgestellt, die der Vorbereitung von Entscheidungen und der Steuerung personalwirtschaftlicher Maßnahmen dienen sollen (vgl. Bartscher/Steinmann 1990, S. 392-393, 398; Marr/Schmidt 1992, S. 1032; Haunschild 1998, S. 37). Hierzu wird Personal als immaterieller Vermögenswert im Rahmen der Unternehmensbewertung (bilanzfähig) bewertet sowie eine monetäre Darstellung des Beitrags von Personal zum Unternehmenserfolg verfolgt (vgl. z. B. Haunschild 2004, S. 887; Brandl/Welpe 2006, S. 546; Drumm 2008, S. 617; Scholz 2009, S. 539). Dies geschieht z. B. mit Hilfe der Humanvermögensrechnung, die das Personal als eine wesentliche erfolgswirksame Unternehmensressource versteht und Personalkosten als Investitionen betrachtet (vgl. Scholz 2000, S. 356; Bechtel 2009, S. 464).

Die Bemessung des Wertschöpfungsbeitrags, den das Personal leistet, erfolgt mittels verschiedener Methoden, z. B. wert- und kostenbasierter, erfolgspotenzialorientierter, indikatorbasierter Methoden (vgl. Brandl/Welpe 2008, S. 66-67; Scherm/Süß 2010, S. 234-236). Um den Humanvermögenswert mit dem Unternehmenswert zu verknüpfen, werden Wissen, Fähigkeiten und die Motivation der Mitarbeiter zur Leistungsbereitstellung quantitativ und möglichst monetär erfasst (vgl. Pietsch 2008b, S. 179). Auf Basis des Humankapitalwerts sollen (personalwirtschaftliche) Entscheidungen, insbesondere zu weiteren Investitionen bzw. zur Ressourcenallokation getroffen werden. Die Kritik an sowohl input- als auch outputorientierten Ansätzen ist jedoch vielfältig (vgl. Scholz 2000, S. 356-358). Neben einer geringen Praxistauglichkeit und daraus resultierender geringer Akzeptanz bis hin zu einer Ablehnung der mitunter sehr komplexen Modelle (vgl. Schlagenhaufer 1995, S. 173) bestehen methodische Probleme vergleichbar mit denen des Personalcontrollings (vgl. Bartscher/Steinmann 1990, S. 396; Pietsch 2008b, S. 180-182; 2.1.3).

Das **Personalrisikomanagement** beschäftigt sich mit der Evaluierung und Bewertung von Personalrisiken. Dies erfolgt mit Blick auf eine Früherkennung operationeller Risiken, zu denen die Personalrisiken zählen (vgl. Lecker 2009, S. 180-181). Sie bezeichnen „die potentielle Schwankungsbreite des Personalwertes nach unten" (Wucknitz 2009, S. 169). Personalrisiken sind relevant, weil das Personal vermehrt als Erfolgsfaktor für die globale Wettbewerbsfähigkeit von Unternehmen erkannt und das Personalrisikomanagement als Führungsaufgabe verstanden wird. Dies ist auch auf (inter-)nationale Gesetze und Regularien (z. B. Sarbanes-

Oxley-Act, KonTraG) zurückzuführen, die eine systematische Messung, Analyse und Dokumentation beispielsweise im Rahmen von Kreditrating- und Kreditvergabeprozessen erfordern (vgl. Leidig 2007, S. 122). Mit der Beachtung von Personalrisiken hält somit eine Mitarbeiterdimension Einzug in das (finanzwirtschaftliche) Risikomanagement von Unternehmen (vgl. Kobi 2002b, S. 42). Die Risiken, die vom Personal für das Unternehmen ausgehen, sollen zum Zwecke ihrer Vermeidung bzw. Verminderung prognostiziert werden. Das Personalrisikomanagement verfolgt das übergeordnete Ziel, den Wert des Personals und schließlich den Unternehmenswert zu sichern. In diesem Sinne unterstützt es die Erfolgsorientierung des Personalcontrollings und wird dementsprechend aus ökonomischen Gründen verfolgt, so dass dem Personalrisikomanagement neben seiner Risikominderungs- eine Ertragssicherungsfunktion zukommt (vgl. Scherm 1991, S. 16; Wucknitz 2009, S. 167-169). Weitere Ziele beziehen sich z. B. auf die Schaffung von Transparenz über Risiken und ihre Kosten oder auf die Sensibilisierung des Managements für personalwirtschaftliche Aufgaben (vgl. Kobi 2011, S. 60).

In der (vor allem praxisnahen) Literatur bestehen unterschiedliche Systematisierungen von Personalrisiken. Insbesondere haben sich vier Personalrisiken etabliert, die auf Kobi (1999) zurückgehen. Es handelt sich um das Risiko falsch qualifizierter Mitarbeiter (Anpassungsrisiko), gefährdeter (Austrittsrisiko) oder fehlender Leistungsträger (Engpassrisiko) sowie zurückgehaltener Leistung (Motivationsrisiko) (vgl. Kobi 1999; Przybilla 2008, S. 10). Diese Risiken wurden um ein fünftes, das Integritäts- bzw. Loyalitätsrisiko, erweitert. Es beschreibt das Risiko, dass Mitarbeiter sich untreu verhalten und dem Unternehmen zielgerichtet Schaden zufügen (wollen), z. B. durch Verletzungen von arbeitsvertraglichen Pflichten sowie durch Wirtschaftskriminalität wie Betrug, Korruption oder Manipulation (vgl. Leidig 2008, S. 54; Przybilla 2008, S. 11-12). Diese fünf Risiken werden als beeinflussbare Personalrisiken bezeichnet. Darüber hinaus beziehen sich Personalrisiken auf die Gesundheit bzw. Fitness, das Wertesystem und den Privatbereich des Personals sowie auf ein sogenanntes „Problemfeld X" (Leidig 2002, S. 31). Diese Personalrisiken sind durch ein Unternehmen wenig oder nicht beeinflussbar, sondern betreffen die Privatsphäre des Personals. Dennoch beeinflussen sie die Leistung und das Verhalten der Mitarbeiter im Rahmen ihrer Beschäftigung (vgl. Leidig 2007, S. 128-129; Leidig 2008, S. 54-55; Przybilla 2008, S. 15-16). Neben diesen etablierten Personalrisiken finden sich weitere Risiko-Systematisierungen (vgl. z. B. Ackermann 1999, S. 66; Brand-Noé 2004, S. 49; Führing 2006, S. 50, 57-58). Dabei werden nicht nur Risiken durch das Personal berücksichtigt, sondern auch Risiken aus der Personalarbeit selbst einbezogen (vgl. Burkholder/Golas/Shapiro 2007, S. 50; Leidig 2007, S. 123; Kobi 2011, S. 62).

Durch das weitgefasste Verständnis, dass das Humankapitalmanagement und das Personalrisikomanagement Bestandteile des Personalcontrollings sind, gelingt es, insbesondere aktuelle Schwerpunkte der Ökonomisierungsdiskussion (vgl. 2.2.1) bezogen auf die Personalmanagement-Funktion in die weitere Analyse zu integrieren. Auf diese Weise kann im Folgenden auf einer breiten Basis über den Einsatz des Personalcontrollings im Unternehmen sowie die Aufgaben des Personalcontrollings diskutiert werden.

2.2 Perspektiven auf das Personalcontrolling

2.2.1 Identifizierung von Perspektiven auf das Personalcontrolling in der Literatur

Die Auseinandersetzung mit dem Personalcontrolling macht seine begriffliche Vielfalt deutlich. Um diese für das weitere Vorgehen zu systematisieren, wird die begriffliche Entwicklung des Personalcontrollings mit Hilfe einer **zweistufigen Literaturanalyse** nachvollzogen (vgl. Amalou/Süß 2011, S. 51-55). Bereits in anderen Arbeiten wurde der Personalcontrolling-Begriff diskutiert (vgl. Hentze/Kammel 1993; Metz 1995, S. 10; Haunschild 1998; Wunderer/Jaritz 2007, S. 12-13), die vorliegende Analyse verfolgt darüber hinaus das Ziel, übergeordnete Perspektiven auf das Personalcontrolling zu identifizieren. Sie wurde im November 2010 und ergänzend im August 2011 sowie im Februar 2013 durchgeführt. Ausgangspunkt der zweistufigen Analyse ist das Jahr 1986, in dem die erste Veröffentlichung zum Personalcontrolling erschienen ist (vgl. Potthoff/Trescher 1986); Endpunkt ist das Jahr 2012. Die erste Stufe umfasst eine quantitative Analyse der Verwendung des Begriffs Personalcontrolling. Die zweite Stufe fokussiert dagegen auf die inhaltliche Verwendung des Begriffs und stellt deshalb eine qualitative Analyse dar.

Zur quantitativen Analyse wurden unter Berücksichtigung unterschiedlicher Schreibweisen acht Suchbegriffe ausgewählt (Personalcontrolling/Personal-Controlling/Personal und Controlling, HR Controlling/Human Resource Controlling, Human Capital Management/Humankapitalmanagement, Humankapitalbewertung, Humanvermögensrechnung, Human Resource Accounting, Personalrisikomanagement/Personal und Risikomanagement, HR Risikomanagement). Sie zeichnen sich dadurch aus, dass sie dem in dieser Arbeit verwendeten weitgefassten Personalcontrolling-Begriff (vgl. 2.1.1; 2.1.4) zugrunde liegen und auch das Humankapitalmanagement und das Personalrisikomanagement berücksichtigen. Die Suche wurde in den wirtschaftswissenschaftlichen Datenbanken von wiso-net, das eines der größten (deutschsprachigen) Literaturangebote bietet, ausgeführt. Die Analyse der Treffer war rein quantitativ, weil nicht die inhaltliche Verwendung der Schlagworte untersucht wurde, sondern die Treffer pro Jahr – nach Bereinigung um Doppelungen – addiert wurden.

Dabei unterliegt eine Literaturanalyse mit der Datenbank wiso-net einigen Einschränkungen, insbesondere mit Blick auf eine mögliche Unvollständigkeit speziell älterer Beiträge, die nicht oder noch nicht digitalisiert und in der Datenbank berücksichtigt sind. Durch die anschließende qualitative Literaturanalyse soll diese Schwäche jedoch abgemildert werden. Das Ziel der qualitativen Prüfung bezieht sich auf die Analyse des inhaltlichen Beitrags der Veröffentlichung zur Entwicklung und Diskussion des Personalcontrolling-Begriffs. Für den gleichen Suchzeitraum (1986-2012) wurde deshalb die Verwendung der Suchbegriffe in vier wissenschaftlichen Zeitschriften betrachtet. Diese Zeitschriften wurden nach zwei Kriterien ausgewählt. Zum einen beschränkte sich die Auswahl auf deutschsprachige Zeitschriften, weil die vorliegende Arbeit, insbesondere die spätere empirische Studie, Personalcontrolling im deutschsprachigen Raum untersucht. Zum anderen folgte die Auswahl dem VHB-Jourqual-Ranking und zielte hier auf inhaltlich geeignete Zeitschriften der Kategorien A-C. Neben der Zeitschrift für Personalforschung (ZfP) (Kategorie C) wurden Schmalenbachs Zeitschrift für betriebswirtschaftliche Forschung (ZfbF) (Kategorie B), die Zeitschrift für Betriebswirtschaft (ZfB) (B) (seit 2013 Journal of Business Economics) und Die Betriebswirtschaft (DBW) (C) als allgemeine betriebswirtschaftliche Zeitschriften ausgewählt. Weil keine bis ins Jahr 1986 zurückgehenden digitalen Register verfügbar sind, erfolgte die Schlagwortsuche aus Gründen der Methodenkontinuität gesamthaft manuell in den Monats- bzw. Jahresregistern sowie den Abstracts der ausgewählten Zeitschriften. In die Auswertung wurden Veröffentlichungen einbezogen, die einen Beitrag zur wissenschaftlichen Diskussion des Personalcontrollings leisten. Dagegen blieben Publikationen unberücksichtigt, die nur im weiteren Sinne mit Personalcontrolling in Verbindung zu bringen sind, z. B. Veröffentlichungen zum Bildungscontrolling. Im Ergebnis zeigt die **quantitative Analyse** eine fast kontinuierliche Zunahme von Publikationen zum Personalcontrolling mit einigen Ausschlägen, z. B. 1990 (vgl. Abb. 1). Die Zunahme verbleibt auch, nachdem die Anzahl der Treffer in Relation zur Gesamtzahl aller Titel in wiso-net gesetzt wurde. Ein Grund für die Ausschläge kann die Veröffentlichung von Dissertationen und damit verbundene Aufsätze zum Personalcontrolling sein (vgl. z. B. Elšik 1990; Haunschild 1998; Papmehl 1999; Führing 2004; Paul 2011). Eine Analyse der Fachrichtung der Zeitschriften, die sich hauptsächlich mit Personalcontrolling beschäftigen, zeigt zudem, dass Veröffentlichungen zum Thema Personalcontrolling zunächst vor allem in Controlling-Zeitschriften erschienen. Ab ca. 1998 findet die Personalcontrolling-Diskussion jedoch hauptsächlich in personalwirtschaftlichen Zeitschriften statt. Insgesamt zeigt sich, dass Personalcontrolling und insbesondere seine Teilbereiche Humankapitalmanagement und Personalrisikomanagement – trotz eines Rückgangs im Jahre 2010 – kontinuierlich und zunehmend in der Diskussion stehen (vgl. z. B. Stein 2007; Welpe/Lutz/Barthel 2007; Brast/Krüger 2010).

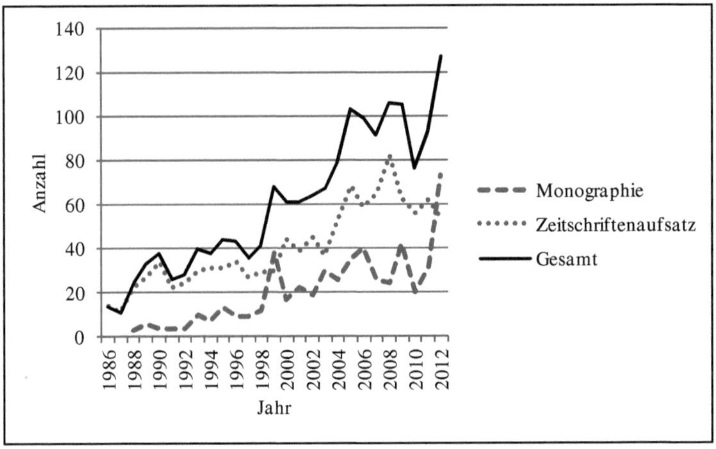

Abb. 1: Veröffentlichungen zum Personalcontrolling im Zeitablauf

Das Ergebnis der **qualitativen Analyse** macht jedoch deutlich, dass die Verschlagwortung der Veröffentlichungen mit den verwendeten Suchbegriffen nicht immer mit substantiellen Beiträgen zum Personalcontrolling einhergeht. Nicht alle Artikel, die in Ansätzen mit dem Controlling personalwirtschaftlicher Funktionen befasst sind, treiben die Personalcontrolling-Diskussion inhaltlich voran. Dies zeigt sich beispielsweise an Artikeln über Diversity Management (vgl. Rühl 2007) oder über Mitarbeiterbeteiligungen (vgl. Steger/Hartz 2008), die lediglich eine Verschlagwortung mit Personalcontrolling bzw. den anderen hier genutzten Stichwörtern besitzen, jedoch im Text nicht auf die hinter dem Stichwort stehenden Inhalte eingehen. Somit sind in der Folge der Veröffentlichung von Potthoff/Trescher (1986) bis heute zwar viele Publikationen mit dem Stichwort Personalcontrolling erschienen. Diese leisten jedoch nicht zwingend auch (substantielle) Beiträge zu seiner begrifflichen und inhaltlichen Weiterentwicklung.

Weiterhin kann festgehalten werden, dass die wissenschaftliche Diskussion zum Personalcontrolling vor allem von personalwirtschaftlichem Interesse ist. Aufgrund des finanzwirtschaftlichen Ursprungs des Controllingbegriffs wäre zu vermuten gewesen, dass die Diskussion um das Personalcontrolling auch von finanzwirtschaftlichem Interesse ist. Insgesamt ist der Umfang der wissenschaftlichen Diskussion jedoch deutlich geringer als die quantitative Analyse vermuten ließ. In der Zeitschrift für Personalforschung werden bis 2010 vereinzelt Aufsätze zum Thema Personalcontrolling veröffentlicht. Hervorzuheben sind Sonderhefte zum Personalcontrolling (1990) und zum Humankapitalmanagement (2007), die zu einer breiten Diskussion beitragen. In den allgemeinen betriebswirtschaftlichen Fachzeitschriften finden sich dagegen nur punktuell Diskussionen (vgl. z. B. in der DBW Potthoff 1987; Scherm 1992a; in der Zfbf Hamel 1987) bzw. gar keine (ZfB).

Aus der Literaturanalyse ergeben sich für die weitere Untersuchung Hinweise auf die Notwendigkeit, die bisherige Personalcontrolling-Diskussion nach fünf relevanten Personalcontrolling-Perspektiven zu systematisieren: (1) Die identifizierten Veröffentlichungen weisen darauf hin, dass die ökonomisch orientierte Diskussion zum Personalcontrolling führend ist (vgl. z. B. Bartscher/Steinmann 1990; Fischer 1999; Welpe/Lutz/Barthel 2007). Die diesem Verständnis zugrunde liegende **ökonomische Perspektive** stellt die Wertschöpfungsorientierung des Personalcontrollings heraus (vgl. 2.2.2). (2) Als weitere dominante Perspektive kann die **strategische Perspektive** abgeleitet werden, die eine unternehmerische und strategische Orientierung des Personalcontrollings hervorhebt (vgl. Elšik 1990; Weber 1990, S. 62) und die enge Abstimmung von Planung, Steuerung und Koordination personalwirtschaftlicher Maßnahmen und Personalrisiken mit den Unternehmens- und Personalmanagementzielen zum Zweck der Unternehmenszielerreichung betont (vgl. Hentze/Kammel 1996, S. 296, Führing 2004; 2.2.3). (3) Der **reflexionsorientierten Perspektive** auf das Personalcontrolling liegt die Literatur zur Führungs- und Führungsunterstützungsfunktion des Personalcontrollings (vgl. Scherm/Pietsch/Süß 2000; Pietsch/Scherm 2004a) zugrunde. Diese Perspektive hebt die Bedeutung des Personalcontrollings für eine rationale Entscheidungsfindung hervor (vgl. 2.2.4). Dagegen beschäftigen sich zwei andere Perspektiven auf das Personalcontrolling damit, dass die dem Personalcontrolling zugeschriebene Rationalität zu hinterfragen ist (vgl. Brandl/Welpe 2006): (4) Die **legitimatorische Perspektive** stellt heraus, dass Personalcontrolling dem Personalmanagement, z. B. durch die Verwendung einer Finanzsprache, zu Akzeptanz verhilft (vgl. Scherm/Pietsch 2005; 2.2.5). (5) Die **politische Perspektive** betont, dass Akteure nach Macht streben und aktiv Handlungsfreiräume in Organisationen nutzen. In diesem Sinn berücksichtigt diese Perspektive, dass der Einsatz des Personalcontrollings dazu dienen kann, Macht in der Interaktion mit anderen Akteuren zu erhalten (vgl. Wimmer/Neuberger 1998, S. 602; 2.2.6).

Im Folgenden wird auf jede der Perspektiven näher eingegangen. Zu diesem Zweck wird von einer eindeutigen Abgrenzbarkeit ausgegangen, obwohl sie weder gänzlich überschneidungsfrei noch abschließend sind, sondern Sichtweisen auf das Personalcontrolling in Abhängigkeit eines Standpunktes darstellen.

2.2.2 Ökonomische Perspektive

Der Ausgangspunkt der ökonomischen Perspektive auf das Personalcontrolling besteht in der Erwartung, dass das Personalmanagement – wie andere Funktionsbereiche im Unternehmen auch – einen **Beitrag zur Unternehmenszielerreichung** leistet und aufzeigt (vgl. Scherm 1992a, S. 311; Wright/Rowland/Ferris 1994, S. 347-348). Ausgehend davon, dass personalwirtschaftliche Prozesse zur Wertschöpfung des Unternehmens beitragen sollen (vgl. Fitz-Enz/Davison 2002, S. 25-26), besteht der Anspruch, diesen Beitrag auch zu messen. Die vermeintliche Unvereinbarkeit verhaltenswissenschaftlicher und personalspezifischer Aspekte mit quantifizierbaren Wertschöpfungsbeiträgen (vgl. 2.1.3) wird dabei (konzeptionell) aufgehoben, so dass auch qualitative Fragestellungen quantitativ gelöst werden sollen. Diese Perspektive ist vor allem geprägt durch eine erfolgswirtschaftliche Orientierung des Personalcontrollings sowie eine Wiederentdeckung des Humankapitalmanagements, so dass unter Personalcontrolling „vor allem eine ökonomische Evaluation von Personalmaßnahmen und eine Bewertung des Personals als wertschöpfende Ressource" (Gmür/Peterhoff 2005, S. 235) verstanden wird.

Dieses Verständnis von Personalcontrolling ist dadurch gekennzeichnet, dass es ökonomische Methoden in den Mittelpunkt der Betrachtung stellt, die zum Zweck der Steuerung der personalwirtschaftlichen Aktivitäten im Sinne der ökonomischen Ziele des Unternehmens eingesetzt werden (vgl. Kozica 2011, S. 162). Eine (bestenfalls monetäre) Bewertung des Personals in einem Unternehmen kann aus verschiedenen Gründen verfolgt werden, z. B. aufgrund von Unternehmensbewertungen, gesetzlichen Bestimmungen oder im Vorfeld interner Investitionsüberlegungen. Daneben steigt der Bedarf an **Informationen zum Wert des Personals** im Rahmen von Unternehmensakquisitionen bzw. Kreditwürdigkeitsprüfungen (vgl. Pietsch 2006, S. 171; Pietsch 2008b, S. 178).

Insofern verwundert es nicht, dass vor allem auf die Kosten und die Wertschöpfung von Personal und Personalarbeit fokussiert wird. Dem liegt die Annahme zugrunde, dass die Leistung von Mitarbeitern in einem eindeutigen Zweck-Mittel-Zusammenhang zum Unternehmenserfolg steht (vgl. Scholz 2000, S. 65-66; Kozica 2011, S. 153). Daher wurden im Verlauf der Personalcontrolling-Entwicklung zunächst Kosten- um Wirtschaftlichkeits- und schließlich um Rentabilitätsanalysen ergänzt (vgl. z. B. Wucknitz/Barlet 2004; Wunderer/Jaritz 2007). Diese Dreistufigkeit findet sich in der Differenzierung des Personalcontrollings in drei Ebenen nach Wunderer/Sailer 1978a, b wieder. Die Unterscheidung zwischen **Kosten-, Effizienz- und Effektivitätscontrolling** wird bis heute herangezogen und hat sich in personalwirtschaftlichen Handwörter- und Lehrbüchern manifestiert (vgl. Berthel 2004, S. 1445-1446; Festerling/Möller 2009, S. 867; Scherm/Süß 2010, S. 223-224). Dabei umfasst die unter den Begriff Controlling der Personalarbeit fallende Diskussion das Controlling von Input, Wirtschaftlichkeit und Erfolg (vgl. Gmür/Peterhoff 2005, S. 238; Klimecki/Gmür 2005, S. 411), wobei nicht das Kosten- und das Effizienzcontrolling, sondern erst das Effektivitätscontrolling die Wirkung der Personalarbeit auf den Unternehmenserfolg bewertet (vgl. Haunschild 1998, S. 235-237).

Es lässt sich festhalten, dass ein wesentlicher Beitrag der ökonomischen Perspektive des Personalcontrollings in der Ökonomisierung der Personalmanagement-Funktion besteht und sich in der Einbringung einer Finanzorientierung in einem lange administrativen Funktionsbereich äußert. Im Vordergrund steht die Reduzierung entscheidungsrelevanter Informationsdefizite des Personalmanagements und der Unternehmensleitung zum einen durch die Ermittlung der Kosten, die durch das Personal bzw. die Personalarbeit entstehen (vgl. Wunderer/Sailer 1987a, S. 225) und zum anderen durch die (monetäre) Bewertung von Leistung und Leistungspotenzial (vgl. Scholz 2000, S. 48; Berthel/Becker 2010, S. 631).

Für diese Messung nutzt ein ökonomisches Personalcontrolling neben personalwirtschaftlichen Methoden auch Methoden des Finanzcontrollings und des Rechnungswesens, z. B. Personalstatistiken und Kosten- und Investitionsrechnung (vgl. Hoss 1988, S. 412-415; Haunschild 1998, S. 58-59; Schulte 2002; Küpper 2005, S. 469; 2.1.2). Personalindikatorensysteme ergänzen eine Monetarisierung dort, wo Kostenanalysen und Kennzahlen(systeme) nicht ausreichen, um Kosten, personalwirtschaftliche Leistung und ökonomischen Erfolg abzubilden (vgl. Marr 1982, S. 52). Die Erfassung der Wertschöpfung der Personalarbeit schließt zwar auch qualitative Aspekte ein, verfolgt jedoch vorrangig das Ziel ihrer Quantifizierung (vgl. Wunderer/Jaritz 2007, S. 3).

2.2.3 Strategische Perspektive

Als Ergebnis der zunehmenden Bedeutung des Wettbewerbsfaktors Personal entwickelte sich eine **strategische Positionierung der Personalmanagement-Funktion** und des Personalmanagements als ihr Akteur (vgl. Wunderer/Sailer 1987b, S. 507; Elšik 1990; Wunderer 2000, S. 298). Diese Positionierung gewinnt an zusätzlicher Relevanz angesichts des Fach- und Führungskräftemangels und einer zunehmenden globalen Mobilität der Humanressourcen (vgl. Stein 2007, S. 296-297). Ihren Ausdruck findet diese Entwicklung in den strategischen Zielen des Personalmanagements, die in Abgrenzung zur operativen Ausrichtung der Personalwirtschaft deutlich werden: „Whereas the goals in 'personnel management' were attracting, retaining, and motivating workers, the goals of 'HRM' are concerned with the bottom line: competitiveness, profitability, survival, competitive advantage, and workforce flexibility" (Schuler 2000, S. 243). In diesem Zusammenhang finden folglich auch Themen des strategischen Managements Eingang in das Aufgabenspektrum des Personalmanagements (vgl. Elšik 1990, S. 410-411; Wunderer 2000, S. 298).

Aufgrund der strategischen Bedeutung der Personalmanagement-Funktion besteht im Unternehmen ein Interesse an der Evaluation der Personalarbeit sowie ihrer ökonomischen und sozialen Folgen (vgl. Schuler 2000, S. 257; Elšik 2009, S. 3-4). Der Einsatz eines (strategischen) Personalcontrollings kann vor diesem Hintergrund dem (strategischen) Personalmanagement dienen (vgl. Potthoff/Trescher 1986, S. 25; Huber 1998, S. 116; Scholz 2009, S. 545), indem es Informationen und Gestaltungsvorschläge für strategische Unternehmensentscheidungen liefert (vgl. Stein 2007, S. 296). Im Gegensatz zum operativen Personalcontrolling, das kurzfristige Aufgaben im Tagesgeschäft des Personalmanagements unterstützt, geht es im Rahmen des strategischen Personalcontrollings um die Unterstützung der langfristigen Unternehmensentwicklung.

Mit dem strategischen Personalcontrolling wird eine enge Abstimmung von Planung, Steuerung, Kontrolle und Koordination personalwirtschaftlicher Entscheidungen und Maßnahmen mit den Unternehmens- und Personalmanagementzielen verfolgt, die der Zielerreichung sowie der nachhaltigen Sicherung des personalwirtschaftlichen Erfolgsbeitrags dient (vgl. Hentze/Kammel 1996, S. 296; Gmür/Peterhoff 2005, S. 239; Wunderer/Jaritz 2007, S. 21). In diesem Zusammenhang ist der Einsatz des (strategischen) Personalcontrollings sowohl für das strategische Personalmanagement als auch für das strategische Management von Bedeutung (vgl. Marr 1989, S. 694). Es dient der Abstimmung von personalwirtschaftlichen mit unternehmerischen Zielen bzw. der „Einbindung der Personalarbeit in die strategische Unternehmensleitung" (Elšik 1990, S. 408). Es fördert somit die Berücksichtigung personalwirtschaftlicher Aspekte im Rahmen der strategischen Unternehmensführung (vgl. Huber 1998, S. 18) und sorgt dafür, dass die strategische Bedeutung des Personals erkannt und beachtet wird (vgl. Küpper 1991, S. 238; Wunderer 2000, S. 298). Folglich unterstützt Personalcontrolling in der strategischen Perspektive die Beteiligung des Personalmanagements an der Gestaltung strategischer Prozesse, z. B. der Formulierung und Begründung personalwirtschaftlicher Ziele (vgl. Küpper 2009, S. 2).

Um die strategischen Aufgaben zu erfüllen, wurden verschiedene **Methoden zur strategischen Steuerung des Personals bzw. der Personalarbeit** entwickelt, z. B. die Human Capital Scorecard (vgl. Becker/Huselid/Ulrich 2001) und die HR Scorecard (vgl. z. B. Fitz-Enz 2003). Sie dienen der Evaluation strategisch relevanter Informationen und „aim[...] at taking strategic control of human resources on the ground of metric-based information" (Pietsch 2007a, S. 254), z. B. durch Risikoprüfungen im Rahmen einer HR Due Diligence, die strategisch relevante Mitarbeiterpotenziale offenlegt (vgl. auch Gmür/Peterhoff 2005, S. 249-252). Dies kann beispielsweise im Rahmen eines (systematischen) Personalrisikomanagements erfolgen, indem das aus dem Finanzbereich kommende Risikomanagement auf den Risikogegenstand Personal ausgeweitet wird (vgl. Kobi 2002a; Gmür/Peterhoff 2005, S. 240-241; 2.1.4). Das Personalrisikomanagement ist von strategischer Relevanz, wenn Personalrisiken den Unternehmenserfolg, die Finanzierungsfähigkeit oder sogar das Überleben des Unternehmens gefährden. Auch ergeben sich aus institutionellen Regelungen (z. B. Basel II, KonTraG) Anforderungen und Informationsbedarfe von z. B. Banken, Investoren, Wirtschaftsprüfern und Gesetzgebern an die Unternehmensleitung zum Management von Personalrisiken (vgl. Führing 2004; Klöti 2008, S. 72-82). Ein Personalrisikomanagement steuert diese Risiken durch die Bereitstellung von Informationen für strategische Entscheidungen (vgl. Wunderer/Sailer 1987b, S. 505) und das Entwickeln personalbezogener Frühwarnsignale zur systematischen Schaffung von Transparenz und rechtzeitiger Identifizierung personalbezogener strategischer Risiken.

Personalcontrolling wird somit in der strategischen Perspektive nicht auf eine technologische Kennzahlensicht reduziert (vgl. Wunderer/Sailer 1987b, S. 509), sondern umfasst neben der operativen Aufgabe der Messung und Bewertung personalwirtschaftlicher Erfolgsbeiträge eine strategische Managementdimension, die strategische Unternehmensentscheidungen mit dem strategischen Personal(risiko)controlling verbindet.

2.2.4 Reflexionsorientierte Perspektive

Das Personalcontrolling besitzt in der reflexionsorientierten Perspektive eine **Führungs- und Führungsunterstützungsfunktion** im Hinblick auf die Analyse und Selektion personalwirtschaftlicher Entscheidungen, so dass der Einsatz des Personalcontrollings dem Personalmanagement und der Unternehmensleitung hilft, „den Überblick zu bewahren" (Scherm 1992b, S. 525). Dabei steht die systematische Reflexion und Interpretation personalwirtschaftlicher Entscheidungen im Vordergrund (vgl. Gmür/Peterhoff 2005, S. 242). Anders als in der ökonomischen Perspektive zielt diese Reflexion nicht auf eine monetäre Darstellung des Wertbeitrags von Personaleinsatz und Personalarbeit, vielmehr schafft das Personalcontrolling in der reflexionsorientierten Perspektive Transparenz bei der und über die Entscheidungsfindung und vermittelt den Eindruck eines rationalen Entscheidungsfindungsprozesses (vgl. Pietsch 2008b, S. 187). Somit steht das Controlling-Ziel Rationalität zu gewährleisten (vgl. Hentze/Kammel 1993, S. 34-36; Elšik 2004; Gmür/Peterhoff 2005, S. 235) im Mittelpunkt der reflexionsorientierten Perspektive. Dabei erfolgt durch den Einsatz des Personalcontrollings auf zweierlei Weise ein Beitrag zur Rationalitätssicherung, denn neben der rationalen Entscheidungsreflexion signalisiert der Einsatz des Personalcontrollings auch Dritten gegenüber die Rationalität der Entscheidung (vgl. Brandl/Welpe 2006, S. 551).

Ein reflexionsorientiertes Personalcontrolling besitzt somit verschiedene Aufgaben: Analog zum Finanz-Controlling nimmt Personalcontrolling eine Führungs- und Führungsunterstützungsfunktion wahr, indem es die Entscheidungsfindung unterstützt und diese möglicherweise sogar – aufgrund der Auswahl, Vorbereitung, Interpretation und Reflexion der Informationen – beeinflusst (vgl. Pietsch/Scherm 2000, S. 403-404; Pietsch 2008b, S. 187). Dabei leistet das Personalcontrolling durch kritisches Hinterfragen einen Beitrag zum organisationalen Lernen und zur Gestaltung zukünftiger Entscheidungen (vgl. Remer 1992, S. 1652). Weiterhin besitzt Personalcontrolling in der reflexionsorientierten Perspektive eine **Rationalitätssicherungs- und Steuerungsfunktion** bezogen auf die Prüfung von Management- bzw. Führungsrationalität zur Begrenzung opportunistischen Handelns (vgl. Hentze/Kammel 1993,

S. 34-36; Elšik 2004, S. 819; Pietsch 2008a) sowie eine Rationalitätssicherungsfunktion bei konfligierenden Interessen (vgl. Gmür/Peterhoff 2005, S. 255).

Die Reflexion des Personalcontrollings kann an unterschiedlichen Stellen ansetzen. Sie unterscheidet sich (1) nach dem Gegenstand der Reflexion, d. h. dem Personal(einsatz) bzw. der Personalarbeit, (2) hinsichtlich des Fokus auf Abweichungen oder Perspektiven sowie (3) im Hinblick auf die Richtung der Reflexion, d. h. in die Vergangenheit bzw. in die Zukunft.

- In der reflexionsorientierten Perspektive unterstützt das Personalcontrolling die Selektion personalwirtschaftlicher Entscheidungen im Unternehmen (vgl. Scherm/Süß 2010, S. 221). Das gilt sowohl für das Controlling des Personal(einsatzes) als auch für das Controlling der Personalarbeit (vgl. 2.1.1): Im Rahmen des **faktororientierten** Personalcontrollings werden Entscheidungen zum Personaleinsatz hinterfragt. Dabei bezieht sich die Reflexion auf die Steuerung und Kontrolle der Personalkosten und der Personalstruktur. Die Reflexion beim **prozessorientierten** Personalcontrolling bezieht sich auf Entscheidungen über personalwirtschaftliche Aktivitäten, z. B. mit Blick auf ihre Effizienz und Effektivität (vgl. Metz/Winnes/Knauth 1995, S. 132; Festerling/Möller 2009, S. 868; Scherm/Süß 2010, S. 222).
- Das reflexionsorientierte Personalcontrolling erfolgt zum einen **abweichungsorientiert** durch Soll-Ist-Vergleiche sowie durch die Analyse der Ursachen für identifizierte Abweichungen. Zum anderen ist eine **perspektivenorientierte** Reflexion möglich, bei der verschiedene Sichtweisen eingenommen werden, um Entscheidungen zu hinterfragen. Gerade die über einen Soll-Ist-Vergleich hinausgehende Reflexion von Entscheidungen bzw. Entscheidungsfolgen durch die Variation der Entscheidungsperspektive dient der Entscheidungsfindung durch Hinweise auf unterschiedliche Erwartungen, Ziele und Handlungen (vgl. Pietsch 2003, S. 23-24; Scherm/Süß 2010, S. 221).
- Die Reflexion ist sowohl **vergangenheitsorientiert** als auch **zukunftsorientiert** möglich. Basis der Reflexion sind Kennzahlen und Indikatoren (vgl. Scherm/Pietsch 2005, S. 46-48). Sie findet nicht nur mit dem Ziel einer Effektivitäts- und Erfolgsbeurteilung und entsprechender Abweichungsanalysen statt, sondern bezieht sich auch auf mögliche Gestaltungsperspektiven und -vorschläge (vgl. Pietsch/Scherm 2004a, S. 536-538). Trotz ihrer methodischen Schwächen sind dabei quantitative Evaluationen hilfreich, weil ihre Ergebnisse als Indikatoren interpretiert werden können und damit einen „Reflexionsanlaß"

(Scherm/Pietsch 2005, S. 48) für die Erklärungs- und Prognosearbeit des Personalcontrollings bieten (vgl. Bartscher/Steinmann 1990, S. 398).

Zusammengefasst werden in einer reflexionsorientierten Perspektive personalwirtschaftliche Entscheidungen und ihre Konsequenzen hinterfragt. Ein reflexionsorientiertes Personalcontrolling ist dementsprechend nicht im Sinne der ursprünglichen Personalcontrolling-Definition (vgl. Potthoff/Trescher 1986, S. 25) auf Planung, Steuerung und Kontrolle zu reduzieren. Vielmehr dient es der Komplexitätsbewältigung und unterstützt die Unternehmensleitung bei der Selektion, Interpretation und Reflexion vorhandener (Entscheidungs-)Möglichkeiten (vgl. Pietsch/Scherm 2000, S. 403-404; Pietsch/Scherm 2004a, S. 532-541; Wunderer/Jaritz 2007, S. 21).

2.2.5 Legitimatorische Perspektive

Die legitimatorische Perspektive auf das Personalcontrolling geht auf die Ökonomisierung der Personalmanagement-Funktion zurück. Durch die wachsende Relevanz von Wirtschaftlichkeitszielen steht das Personalmanagement unter einem (Rechtfertigungs-)Druck, seinen Beitrag zum Unternehmenserfolg aufzuzeigen (vgl. Gmür/Peterhoff 2005, S. 235; Nienhüser 2006, S. 43; Pietsch 2008b, S. 178). Die in diesem Kontext diskutierten Dezentralisierungs-, Virtualisierungs- oder Outsourcingaktivitäten bedrohen das Personalmanagement in seiner Existenz (vgl. Caldwell 2003, S. 1003; Mulvaney/Zwahr/Baranowski 2006, S. 434; Dilger 2010, S. 211-215). Vor diesem Hintergrund ist das Personalmanagement bestrebt, sich zu rechtfertigen und Legitimität für sich zu erlangen (vgl. z. B. Elšik 1996, S. 332; Scherm/Pietsch 2005, S. 43). Diese Legitimität geht einher mit der **Wahrnehmung der Relevanz und der Akzeptanz des Personalmanagements** und beeinflusst schließlich die Ressourcenallokation im Unternehmen (vgl. Kozica 2011, S. 154).

Um seine Existenz und den Fluss wichtiger Ressourcen zu sichern, muss das Personalmanagement nicht nur einen Beitrag zum Unternehmenserfolg erzielen, sondern diesen auch nachweisen (vgl. Neuberger 2006a, S. 25; Pietsch 2008b, S. 179). Die Besonderheiten des Personals machen es allerdings schwierig, Effektivitätsbeiträge und eindeutige Ursache-Wirkungszusammenhänge darzustellen sowie finanzwirtschaftliche, rationale Methoden im Personalmanagement zu adaptieren (vgl. Elšik 1996, S. 349; Haunschild 1998, S. 143; Pietsch 2008b, S. 181; 2.1.3). Dennoch kann es sich das Personalmanagement mit Blick auf den Rechtfertigungsdruck und den Fluss der benötigten Ressourcen nicht erlauben, auf akzeptierte und legitimitätsfördernde Methoden zu verzichten. Es ist sogar von nachrangiger Bedeutung, ob diese ökonomischen Methoden einer effektiven Messung des Wertbeitrags nutzen, sofern mit ihrem Einsatz den institutionellen Erwartungen nach rationaler Steuerung und Kontrolle entsprochen wird. Für die Erfüllung der Umwelterwartungen sind konzeptionelle oder methodische Probleme folglich nachrangig, solange das Personalmanagement in den Augen seiner Umwelt die Effizienz und Effektivität seiner Entscheidungen und Aktivitäten glaubhaft machen kann (vgl. Elšik 2004, S. 819-820).

Auf diese Erwartungen kann das Personalmanagement mit dem Einsatz des Personalcontrollings reagieren, denn dieser Einsatz entspricht den auf Rationalität bedachten Umwelterwartungen. Ein Personalmanagement jedoch, das auf Controlling verzichtet, signalisiert „Rückständigkeit, mangelnde Professionalität und unterentwickelte Managementkompetenz" (Elšik 2004, S. 819). Im Gegenzug zu einem mit den Umwelterwartungen konformen Verhalten erhält das Personalmanagement Akzeptanz und Ressourcen (vgl. Wimmer/Neuberger 1998, S. 620). Folglich dient der Einsatz des Personalcontrollings nicht mehr allein der Erzielung ökonomischer Rationalität und Reflexion (vgl. Scherm 1992a, S. 310-311; Brandl/Welpe 2006, S. 551). Vielmehr unterstützt es (zusätzlich) die Rechtfertigung personalwirtschaftlicher Entscheidungen und Aktivitäten und verbessert – aufgrund einer betriebswirtschaftlichen Orientierung – die Position des Personalmanagements im Unternehmen bzw. trägt zu seiner Existenzsicherung bei (vgl. Elšik 1996, S. 353; Pietsch/Scherm 2004b, S. 18; Bechtel 2009, S. 465).

Die legitimatorische Perspektive versteht Personalcontrolling folglich als **Reaktion auf Ökonomisierungsforderungen und Legitimationsdruck der Umwelt** des Personalmanagements. Sie stellt heraus, dass Personalcontrolling eine Legitimationsfunktion erfüllt, weil es dem Personalmanagement zu Legitimität und Ressourcenfluss verhilft (vgl. Scherm/Pietsch 2005). Diese Legitimität lässt sich darauf zurückführen, dass Controlling und deshalb auch Personalcontrolling Rationalität zugesprochen wird (vgl. Covaleski/Dirsmith 1986, S. 195; Mouritsen 1994, S. 193; Brandl/Welpe 2006, S. 549; Denis/Langley/Rouleau 2006). Die Legitimationsfunktion des Personalcontrollings drückt sich gleichsam in der Adaption einer akzeptierten, d. h. einer quantitativen, monetär geprägten Ausdrucksweise aus. Das Personalmanagement kann durch die Verwendung der herrschenden Finanzsprache seine „Legitimation gegenüber den übrigen betriebswirtschaftlichen Funktionen erhöhen" (Gmür/Peterhoff 2005, S. 254; vgl. auch Wright/Rowland/Ferris 1994, S. 351). Personalcontrolling wird in diesem

Sinne als Instrument verstanden, das die Argumentationsbasis, die Verhandlungsposition und den Ressourcenfluss des Personalmanagements durch eine akzeptierte, ökonomische Fundierung unterstützt (vgl. Marr 1989, S. 696; Pietsch 2006, S. 175-177) und Erwartungen der Umwelt über rationales Handeln erfüllt.

2.2.6 Politische Perspektive

Die politische Perspektive baut auf der verhaltenswissenschaftlichen Annahme auf, dass Akteure in Organisationen versuchen, „to promote interests and gain advantages over competitors" (Drory/Vigoda-Gadot 2010, S. 194). In diesem Sinn berücksichtigt sie das durch Eigeninteresse und beschränkte Rationalität bestimmte (Entscheidungs-)Verhalten von Akteuren sowie deren Macht in Organisationen (vgl. Wimmer/Neuberger 1998, S. 602; Bogumil/Schmid 2001, S. 31; Nienhüser 2006, S. 44). Dabei ist Politik die interessengeleitete Ausübung von Macht (vgl. Elšik 1999, S. 79; Nienhüser 2002, S. 2), die kein Besitztum, sondern eine Dimension sozialer Interaktion darstellt (vgl. Haunschild 1998, S. 117).

Mit Hilfe des Personalcontrollings unterstützt das Personalmanagement das Management bei der Steuerung des Personals im Unternehmen. Hiermit sind ein Zugang zu Informationen und die **Möglichkeit der Beeinflussung von Entscheidungen** verbunden (vgl. Wimmer/Neuberger 1998, S. 491). Folglich erhält das Personalmanagement durch Personalcontrolling Macht und kann diese dazu nutzen, seine eigenen Interessen zu verfolgen. Darüber hinaus begünstigt der Einsatz des Personalcontrollings politisches Verhalten: Als Folge der mit dem Einsatz des Personalcontrollings verbundenen (methodischen) Probleme (vgl. 2.1.3) entstehen **Handlungs- und Interpretationsfreiräume** (vgl. hierzu auch Salancik/Pfeffer 1974, S. 454; Dick 1993, S. 444; Neuberger 2009, S. 29-30). Das kann sich darin ausdrücken, dass Informationen gefiltert, manipuliert, verschleiert, getäuscht und zurückgehalten werden, um eigene Interessen zu fördern, Macht aufzubauen und Ressourcen zu kontrollieren (vgl. Wimmer/Neuberger 1998, S. 602-609, 618; Pietsch 2007b, S. 10). Somit ist es möglich, dass Informationen nicht nur unvollständig, mehrdeutig und unsicher, sondern auch von individuellen Interessen und beschränkter Rationalität geprägt sind und Entscheidungen nicht auf objektiven Grundlagen basieren (vgl. Wimmer/Neuberger 1998, S. 492; Tyson 1999, S. 45; Pietsch 2006, S. 175-176).

Folglich kann das Personalmanagement diese unvollständigen Informationen und Unsicherheiten nutzen, um seine bevorzugten Interpretationen und seine Interessen durchzusetzen. Personalcontrolling kann somit dazu verwendet werden, Macht zu erhalten und einzusetzen. Dabei ist diese Macht eingeschränkt, weil auch für das Personalmanagement das Verhalten der anderen Akteure unsicher ist. In einem politischen Umfeld werden auch die anderen Akteure Unsicherheitsquellen nutzen und versuchen die Handlungsspielräume im Sinne ihrer eigenen Interessen und ihrer Macht zu kontrollieren, so dass „Controlling-Informationen zum Ergebnis und Mittel (mikro-)politischer Spiele" (Wimmer/Neuberger 1998, S. 607) werden können. Dabei kontrollieren nicht alle Akteure die Handlungsspielräume in der Organisation im gleichen Ausmaß und die Macht der Akteure ist asymmetrisch verteilt. Entscheidungsträger werden auf diese Weise abhängig vom Personalcontrolling und von dem Akteur, der es einsetzt. Vor diesem Hintergrund kann auf Basis der Informations- und Beratungsfunktion des Personalcontrollings politischer **Einfluss auf andere Akteure im Unternehmen** ausgeübt werden und somit das Personalcontrolling ein politisches Instrument, z. B. für das Personalmanagement, darstellen (vgl. Marr 1989, S. 694; Wimmer/Neuberger 1998, S. 602-606).

Zusammenfassend betrachtet geht die politische Perspektive des Personalcontrollings davon aus, dass Akteure mit dem Einsatz des Personalcontrollings eigene Interessen und Ziele verfolgen, Macht gegenüber anderen Akteuren gewinnen, Einfluss auf Entscheidungen nehmen und damit ihre Akzeptanz und Verhandlungsposition im Unternehmen verbessern können (vgl. Mellemvik/Monsen/Olson 1988, S. 113; Wimmer/Neuberger 1998, S. 602; Pietsch 2006, S. 175; Neuberger 2009, S. 29-30).

2.2.7 Zusammenfassung der Perspektiven zu einer rational-choice-Perspektive und einer verhaltenswissenschaftlichen Perspektive

Die identifizierten fünf Perspektiven lassen sich hinsichtlich der ihnen zugrunde liegenden Annahmen über das Verhalten der Akteure des Personalcontrollings in zwei Gruppen einteilen: Die ökonomische und die strategische Perspektive beruhen auf den Annahmen, dass Akteure vollständig rational handeln und Personalcontrolling ein sachlich bzw. objektiv genutztes Instrument ist. Die reflexionsorientierte Perspektive versteht Personalcontrolling als Instru ment, das eingesetzt wird, um eine vollständige Rationalität von Entscheidungen zu gewährleisten. Allen drei Perspektiven ist somit gemein, dass sie Akteure als hauptsächlich unterstützend bzw. unparteiisch und als uneigennützig Service leistend (vgl. Sasse/Fink 2009, S. 45-47) darstellen. Dagegen basieren die legitimatorische und die politische Perspektive darauf, dass sie Annahmen verhaltenswissenschaftlicher Forschung einbeziehen und Akteuren eine einflussnehmende Rolle zuschreiben. Aus diesem Grund werden die ersten drei Perspektiven unter dem Begriff der rational-choice-Perspektive zusammengefasst, während die letzten beiden Perspektiven die verhaltenswissenschaftliche Perspektive bilden (vgl. Abb. 2).

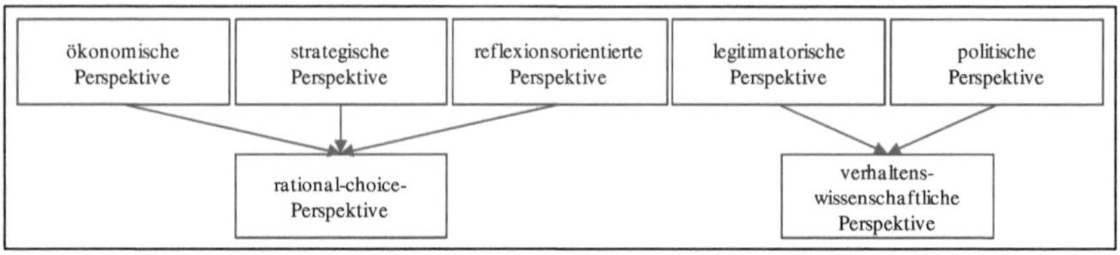

Abb. 2: Perspektiven auf das Personalcontrolling

Die **rational-choice-Perspektive** – benannt in Anlehnung an die Annahmen der gleichnamigen Theorie (vgl. hierzu Staehle 1999, S. 519-520; Felsch 2010, S. 35-45) – fokussiert in einem „widely shared belief, seldom questioned, in the efficacy of rational analysis, planning, and decision making" (Brass/Burkhardt 1993, S. 447), d. h. auf der Annahme einer vollkommenen Rationalität des Personalcontrollings. Gleichzeitig unterstellt sie, dass Akteure sich vollkommen rational verhalten. Damit einher geht das Verständnis, dass die Akteure des Personalcontrollings als „Wächter einer übergeordneten Rationalität" (Haunschild 1998, S. 282) fungieren, die auf Basis ihres Expertentums für eine rationale Entscheidungsfindung im Unternehmen sorgen. Insofern unterstützt der Einsatz des Personalcontrollings das Management, indem es ein Gegengewicht zu dessen risikofreudigen Verhalten bildet (vgl. Wimmer/Neuberger 1998, S. 620; Pietsch 2008a, S. 136). Weiterhin dient es der Sicherung von Rationalität innerhalb der Personalmanagement-Funktion (vgl. Hentze/Kammel 1993, S. 34-36; Haunschild 1998, S. 160; Baron/Armstrong 2007, S. 152-153, 158). Die rational-choice-Perspektive beschränkt sich dazu auf (personal-)ökonomische Ansätze (vgl. Kozica 2011, S. 164) und unterstellt dem das Personalcontrolling nutzenden Personalmanagement klassische Controlling-Rollen, z. B. eine Lotsen- oder Navigationsrolle (vgl. Wimmer/Neuberger 1998, S. 620; Sasse/Fink 2009, S. 43-47). Hiernach navigiert das Personalmanagement das Personal und die Personalprozesse in Richtung der Unternehmensziele und unterstützt die Zielerreichung. Es wird jedoch ausgeblendet, dass Lotsen diese Richtung zur Verfolgung eigener Interessen beeinflussen können. Vielmehr stehen die sachlichen Ziele des Personalcontrollings und seine objektive Unterstützungsfunktion im Vordergrund der rational-choice-Perspektive, während von einem subjektiven Einfluss durch Akteure und den Folgen ihres Verhaltens abstrahiert wird.

Eben diese Abkehr von den Annahmen der vollkommenen Rationalität, der Gleichheit der Interessen aller Akteure und des Vorhandenseins wohlstrukturierter Entscheidungssituationen (vgl. Wimmer/Neuberger 1998, S. 605) bildet die Basis der **verhaltenswissenschaftlichen Perspektive**. Der Einsatz des Personalcontrollings kann nach diesem Verständnis sowohl eine rationale Entscheidungsfindung und -reflexion unterstützen (vgl. Küpper 1991, S. 229; Wunderer/Schlagenhaufer 1994, S. 10) als auch der Interessenverfolgung der Akteure dienen. Somit berücksichtigt diese Perspektive ebenfalls, dass Entscheidungen mit Hilfe des Personalcontrollings legitimiert werden können und Personalcontrolling dadurch zur Existenz- und Machtsicherung beitragen kann (vgl. Haunschild 1998, S. 145; Pietsch/Scherm 2004b, S. 18). Folglich sind Entscheidungen und Verhalten von Akteuren des Personalcontrollings nicht zwingend ökonomisch rational und sachlich reflexiv, sondern politischer Natur sowie beeinflusst durch Umwelteinflüsse und -beschränkungen. Somit erfahren die Verfolgung eigener Interessen und Ziele durch die Akteure des Personalcontrollings sowie Macht, Interdependenz und Legitimationsstreben in dieser Perspektive Berücksichtigung.

2.3 Auswahl der verhaltenswissenschaftlichen Analyseperspektive und Bestimmung der zentralen Akteure des Personalcontrollings

2.3.1 Verhaltenswissenschaftliche Analyseperspektive

Die Literaturanalyse deutet darauf hin, dass die rational-choice-Perspektive weiter verbreitet ist als die verhaltenswissenschaftliche Perspektive des Personalcontrollings (vgl. hierzu auch Haunschild 1998, S. 102-104). Gleichzeitig machen aber verhaltenswissenschaftliche Organisationstheorien sowie vereinzelte (Personal-)Controllingkonzepte (vgl. Elšik 2004) die **Relevanz der Berücksichtigung von Akteuren** für die (wissenschaftliche) Personalcontrolling-Diskussion deutlich. Auch für die Praxis ist ihre Berücksichtigung von Bedeutung, weil „[t]here is [...] a danger in adopting too rational an approach in strategic HRM and ignoring the power and political dimension which define the processes of negotiation and exchange relationships in HRM" (Kamoche 1994, S. 31; vgl. auch Ferris/Judge 1991, S. 448). Organisationen sind vielmehr mit diversen Handlungsproblemen konfrontiert und eine Ausblendung von Interessen, Macht und politischem Handeln lässt keine vollständige Erklärung des Verhaltens von Akteuren zu.

Es kann daher abgeleitet werden, dass auch Personalcontrolling instrumentalisiert werden kann und dann dementsprechend keinen rein objektiven, rationalen, sondern einen politischen Nutzen erfüllt (vgl. Pietsch 2007a; Zdrowomyslaw 2007, S. 60-61; 2.2.6). Damit verbunden ist die Macht, „Pseudo-Eindeutigkeit und Transparenz vor[zu]täuschen" (Wimmer/Neuberger 1998, S. 597), Entscheidungen zu beeinflussen und Wirklichkeiten zu kreieren (vgl. Russ/Galang/Ferris 1998, S. 30-31; Farndale 2004, S. 61-64). Es können die Ressourcen(verteilung) kontrolliert und Macht aufgebaut werden (vgl. Wimmer/Neuberger 1998, S. 618-619). Folglich ist es relevant, weitergehende verhaltenswissenschaftliche Annahmen – individuelle Interessen und Ziele, Interessenkonflikte, Abhängigkeiten, Macht und knappe Ressourcen, begrenzte Rationalität sowie Unsicherheit und Steuerungslücken in schlechtstrukturierten komplexen und mehrdeutigen Entscheidungssituationen (vgl. hierzu auch Neuberger 1995, S. 190; Bogumil/Schmid 2001, S. 31; Pietsch 2008b, S. 182; Neuberger 2009, S. 29-30) – in die Personalcontrolling-Diskussion einzubeziehen (vgl. Gutschelhofer 1999, S. 22).

Die Notwendigkeit einer solchen Einbeziehung spiegelt sich bereits im personalwirtschaftlichen Spannungsfeld zwischen verhaltenswissenschaftlichen Annahmen und ökonomischer sowie strategischer Ausrichtung des Personalmanagements wider (vgl. Kozica 2011, S. 140). Vor diesem Hintergrund eignet sich die rational-choice-Perspektive nicht für die weitere Analyse, weil sie auf der Annahme basiert, dass Akteure vollkommen rational handeln. In die verhaltenswissenschaftliche Perspektive gehen dagegen sowohl das aktive, einflussnehmende, interessengeleitete Verhalten von Akteuren als auch Machtverhältnisse zwischen Akteuren ein, so dass diese im Zentrum dieser Arbeit stehen und auf diese Weise auch Annahmen der verhaltensorientierten Organisations- und Managementforschung Eingang in die Diskussion über Personalcontrolling finden sollen. Zu diesem Zweck werden zunächst die weitergehenden Annahmen über das Verhalten von Akteuren konkretisiert und eine Auswahl der zu betrachtenden Akteure des Personalcontrollings getroffen.

2.3.2 Verhaltenswissenschaftliche Annahmen über Akteure

Verhaltensannahmen stellen Annahmen über Akteure und ihr Verhalten in sozialen Prozessen dar (vgl. Neuberger 1995, S. 172-174; Nienhüser 2005, S. 363-364). Den Annahmen der verhaltenswissenschaftlichen Perspektive des Personalcontrollings liegt ein Menschenbild zugrunde, das von einem aktiv agierenden, beschränkt rationalen und seine individuellen Interessen verfolgenden Akteur ausgeht (vgl. auch Brandl/Welpe 2006, S. 547; Hirsch 2007, S. 174-175).

Das Verhalten von Akteuren ist dadurch gekennzeichnet, dass sie weitestgehend autonom und **aktiv handeln**, um ihre individuellen Interessen durchzusetzen. Handlungsspielräume sind in

Organisationen möglich, weil organisationale Regeln individuelles Verhalten nicht vollständig determinieren können. Akteure gehen aktiv mit diesen Regeln und Handlungsspielräumen um und instrumentalisieren sie im eigenen Interesse (vgl. Crozier/Friedberg 1979, S. 32-34; Scherm/Pietsch 2007, S. 85-86). Ein wesentlicher Aspekt in diesem Zusammenhang ist der Einsatz von Macht zum Zweck der Zielverfolgung. Entweder erfolgt dies, um die individuelle Situation zu verbessern (offensives Verhalten) oder um die eigene Handlungsfähigkeit zu erhalten (defensives Verhalten) (vgl. Ridder et al. 2001, S. 183).

Die Verhaltensannahme der **beschränkten Rationalität** (vgl. Simon 1957) beruht darauf, dass individuelles Wissen unvollständig ist, d. h. Akteure weder alle möglichen Entscheidungsalternativen erfassen noch die Gesamtheit aller zukünftigen Ereignisse und Konsequenzen antizipieren können. Ein Grund hierfür ist z. B. die beschränkte Informationsverarbeitungskapazität von Akteuren (vgl. Kieser/Walgenbach 2010, S. 38). Außerdem sind die Ziele von Akteuren nicht immer klar und konsistent, sondern können sich verändern, wodurch die Subjektivität der Rationalität von Entscheidungen und Handlungen weiter verstärkt wird (vgl. Ridder et al. 2001, S. 183). Dies bedeutet eine Abkehr von dem „traditionelle[n] Konzept der instrumentellen Vernunft" (Grieger 2004, S. 158). Akteure verhalten sich zwar beschränkt rational, dennoch handeln sie nach eigenem Verständnis, d. h. subjektiv rational und wählen aus den wahrgenommenen Handlungsmöglichkeiten eine zufriedenstellende Alternative (vgl. Friedberg 1988, S. 48; Haunschild 1998, S. 116, 121, 189; Scherm/Pietsch 2007, S. 84-85). Akteure streben somit nicht ein objektiv optimales Ergebnis an, sondern eines, das zweckrational ist (vgl. Weber 2010, S. 17).

Weiterhin verfolgen Akteure ihre **individuellen Interessen und Ziele** und setzen Strategien, z. B. die Bildung von Koalitionen (vgl. Neuberger 2006b, S. 190-192) zur individuellen Zielerreichung ein. Dabei sind soziale Prozesse in Organisationen dadurch gekennzeichnet, dass Interessenpluralität und -konflikte bestehen können. In der Folge ist es möglich, dass ein Akteur seine Interessen stärker verfolgt als die übergeordneten organisationalen Interessen (vgl. Crozier/Friedberg 1979, S. 32-38, 56-57; Scherm/Pietsch 2007, S. 84-86).

Mit der verhaltenswissenschaftlichen Perspektive des Personalcontrollings können vor diesem Hintergrund soziale Interaktionen zwischen den Akteuren des Personalcontrollings betrachtet werden, d. h. ihre Interaktion, Entscheidungen und Handlungen, ihre Interdependenzen und

Macht sowie die daraus erwachsenden Folgen des Personalcontrolling-Einsatzes für seine Akteure.

2.3.3 Personalmanagement und Unternehmensleitung als zentrale Akteure des Personalcontrollings

Bezogen auf den Einsatz des Personalcontrollings lassen sich eine „Vielzahl von Stakeholdern mit teilweise erheblich konfligierenden Interessen" (Pietsch 2008b, S. 179), Erwartungshaltungen und unterschiedlichem Einfluss identifizieren. Die verschiedenen Akteure des Personalcontrollings werden hierzu zunächst in organisationsinterne sowie -externe Akteure unterschieden. Dabei können Akteure neben Individuen auch kollektive Akteure darstellen, z. B. Gruppen oder organisationale Subeinheiten (vgl. Elšik 1999, S. 81).

- **Interne Akteure** können Empfänger der personalwirtschaftlichen Informationen sein, z. B. die Unternehmensleitung, aber auch Führungskräfte mit Personalverantwortung sowie andere Fachabteilungen. Weiterhin stellen Mitarbeiter und ihre Interessenvertretung Akteure des Personalcontrollings dar, weil Informationen über Mitarbeiter und ihren Einsatz im Unternehmen nicht nur Gegenstand des Personalcontrollings, sondern z. T. auch Gegenstand der betrieblichen Mitbestimmung sind (vgl. Papmehl 1999, S. 41).

- Daneben haben auch **externe Akteure** ein Interesse an Personalcontrolling, z. B. Arbeitgeberverbände und Gewerkschaften (vgl. Scherm/Pietsch 2005, S. 52). Weitere externe Akteure des Personalcontrollings finden sich im wissenschaftlichen Umfeld, z. B. an Universitäten oder in wissenschaftsnahen Verbänden (z. B. DGFP e. V.). Diese besitzen ein Interesse an der Verbreitung und Weiterentwicklung des Personalcontrollings im Rahmen von Forschung und Lehre. Auch Managementberatungen und Wirtschaftsprüfungen tragen zur inhaltlichen Diskussion, Professionalisierung und damit auch Institutionalisierung des Personalcontrollings bei und verfolgen damit verbundene Interessen. An den Informationen über den Erfolgs- und Wettbewerbsfaktor Personal sind darüber hinaus auch Investoren, Banken und andere Kapitalgeber interessiert (vgl. Haunschild 2004, S. 890). Sie fordern Berichte im Rahmen von Due Diligence- oder Bonitätsprüfungen. Dies geschieht teilweise aufgrund regulativer Anforderungen, z. B. KonTraG, Basel II, IFRS, SOA, IDW S 6 (vgl. Pietsch 2008b, S. 178; Wucknitz 2009, S. 255), so dass auch der Gesetzgeber schließlich als ein Akteur des Personalcontrollings verstanden werden kann.

In der betrieblichen Praxis ist das Personalcontrolling meist im Personalmanagement angesiedelt (vgl. 2.2.1). Außerhalb des Personalmanagements ist die Unternehmensleitung Hauptempfänger von Personalcontrolling-Informationen (vgl. DGFP e. V. 2007, S. 13-15). Aus diesem Grund werden für die weitere Analyse das Personalmanagement und die Unternehmensleitung als zentrale Akteure des Personalcontrollings in den Fokus gerückt. Wesentlich ist hier das Verständnis von Personalmanagement und Unternehmensleitung nicht als Funktionen, sondern institutionell als organisationale Subeinheiten, d. h. als kollektive Akteure.

Dabei übernimmt das **Personalmanagement** personalwirtschaftliche Aufgaben und ist mit Maßnahmen und Entscheidungen zur Realisierung personalwirtschaftlicher Ziele befasst (vgl. Meckl 2009, S. 898-899). Die **Unternehmensleitung** im Sinne des Topmanagements bildet die hierarchisch höchste Institution im Unternehmen. Sie steuert das Unternehmen, trägt formal die Verantwortung, erteilt Weisungen, trifft strategische Entscheidungen und beeinflusst die Ressourcenallokation. Sie übernimmt Managementfunktionen, die neben Führungsaufgaben auch Aufgaben der Planung, der Organisation, der Kontrolle und des Personaleinsatzes umfassen. Weiterhin repräsentiert sie das Unternehmen gegenüber der Unternehmensumwelt und bildet hier eine Schnittstelle zu organisationsinternen Akteuren. Sie vertritt die Unternehmensstrategie und -ziele sowie die daraus resultierenden ökonomischen Erwartungen und die Entscheidungen über Outsourcing-Maßnahmen und Ressourcenkürzungen (vgl. Koontz/O'Donnell 1972, S. 46-49, 56-58; Steinmann/Schreyögg 2005, S. 6-12; Brandl/Pohler 2010, S. 1027). Somit ist die Unternehmensleitung der Akteur, der als hierarchisch führende Stelle im Unternehmen den Ökonomisierungs- und Rechtfertigungsdruck auf das Personalmanagement ausübt und darüber hinaus die Verteilung von überlebenswichtigen Ressourcen verantwortet.

3 Theoretische Grundlagen der verhaltenswissenschaftlichen Perspektive und Entwicklung eines austauschtheoretischen Bezugsrahmens

3.1 Machttheoretische Grundlagen

3.1.1 Machttheorien und Machtbegriff

Als Grundlage der Analyse der verhaltenswissenschaftlichen Perspektive des Personalcontrollings soll eine Theorie gewählt werden, die erstens die Annahmen über aktiv agierende Akteure, ihre begrenzte Rationalität und ihre Verfolgung individueller Interessen einbezieht (vgl. hierzu Haunschild 1998, S. 103) und zweitens – vor dem Hintergrund des Ökonomisierungsdrucks – die Abhängigkeit des Personalmanagements von der ressourcenkontrollierenden Umwelt bzw. Unternehmensleitung berücksichtigt. Somit bietet sich eine **Dependenztheorie** an, die das Verhalten des Personalmanagements und den Einsatz des Personalcontrollings im Rahmen seiner Austauschbeziehungen zu der Unternehmensleitung erklären kann. Die Grundidee von Dependenztheorien ist, dass Akteure Ressourcen benötigen, um ihre Interessen zu verfolgen. Weil Ressourcen nur begrenzt zur Verfügung stehen, entsteht ein (Macht-)Kampf, in welchem Akteure versuchen, die für sie wichtigen Ressourcen unter ihre Kontrolle zu bringen und ihre Interessen durchzusetzen (vgl. Moldaschl/Fischer 2004, S. 129).

Dependenztheorien sind somit auch als **Machttheorien** zu verstehen. Mit Hilfe von Machttheorien können intra- und interorganisationale Beziehungen und Ressourcenallokationen erklärt werden (vgl. Sandner 1990, S. 29-30; Nienhüser 2008, S. 28). Sie können zeigen, wie „HR-Praktiken […] darauf zielen, Kontrolle über Menschen und Ressourcen auszuüben" (Grieger et al. 2010, S. 341). Machttheorien lassen sich danach unterscheiden, ob sie personenbezogen, relational oder strukturalistisch argumentieren (vgl. Sandner/Meyer 2004, S. 1137-1140). Personenbezogene Machttheorien werden hier nicht weiter betrachtet, weil die Analyseperspektive sich auf das Personalmanagement und die Unternehmensleitung als kollektive Akteure und nicht auf individuelle Akteure bezieht. Auch strukturalistische Machttheorien werden nicht betrachtet, weil nicht Macht als Ergebnis sozialer Strukturen und Systeme von Interesse ist, sondern die Austauschhandlungen zwischen Akteuren; konkret die Beziehung zwischen Personalmanagement und Unternehmensleitung und der Einsatz des Personalcontrollings in dieser Beziehung. Aus diesem Grund bietet sich die Fundierung der Analyse mit einer **relationalen Machttheorie** an.

Zu diesem Zweck werden der für diese Theorien zentrale **Machtbegriff** eingeführt und im nächsten Abschnitt relationale Machttheorien skizziert, um im Anschluss eine konkrete relationale Machtheorie auszuwählen. In der Literatur findet sich eine Vielzahl von Machtdefinitionen (vgl. Neuberger 1995, S. 52-55). Eine häufig genannte Definition geht auf Weber (1972) zurück, der Macht als „jede Chance [versteht], innerhalb einer sozialen Beziehung den eigenen Willen auch gegen Widerstreben durchzusetzen, gleichviel, worauf diese Chance beruht" (Weber 1972, S. 28). Die zentralen Merkmale dieses Machtbegriffs sind somit, dass Macht erstens relational und zweitens potenzieller Natur ist.

- Im Gegensatz zum Verständnis, dass es sich bei Macht um einen Besitz oder eine Eigenschaft handelt (vgl. Pettigrew 1974; Legge 1978; Clegg/Courpasson/Phillips 2006, S. 223), wird nach Weber (1972) von **relationaler Macht** ausgegangen. Sie lässt sich auch als Einfluss auf einen anderen Akteur bezeichnen (vgl. McNulty et al. 2011, S. 94), ist an die Abhängigkeit anderer Akteure geknüpft und erfordert eine Interaktion zwischen machtausübenden und machtunterworfenen Akteuren (vgl. Sandner 1990, S. 90-91; Neuberger 2004, S. 1201). Dementsprechend ist Macht nicht in der Person des Akteurs begründet, sondern in seinen sozialen Beziehungen. Diese finden zwischen mindestens zwei Akteuren statt und sind wechselseitig (vgl. Ridder et al. 2001, S. 187). In diesen Beziehungen treten somit voneinander abhängige Akteure in Interaktion (vgl. Friedberg 1988, S. 41; Wimmer/Neuberger 1998, S. 610-611). Dabei sind diese Beziehungen nicht nur zwischen Individuen, sondern auch zwischen Organisationen oder Gruppen denkbar (vgl. Clegg/Kornberger/Pitsis 2008, S. 256).

- Darüber hinaus ist zwischen **potenzieller Macht** und ausgeübter bzw. realisierter Macht zu unterscheiden: „Potential power is the capacity to exert influence, and includes such determinants as formal authority or membership in key decision-making groups, while enacted power refers to the actual use of that power" (Galang/Ferris 1997, S. 1410; vgl. auch Provan/Beyer/Kruytbosch 1980, S. 207-208; McNulty et al. 2011, S. 94). Verfügt ein Akteur über Macht, heißt das somit nicht, dass es auch zur Realisierung dieser Macht kommt. So ist es möglich, dass ein Akteur zwar über potenzielle Macht verfügt, jedoch mit Blick auf seine tatsächlich realisierte Macht machtlos sein kann.

Weiterhin ist der Kontext der Macht bedeutsam. Erstens kann Macht **statisch bzw. geronnen oder fließend bzw. flüssig** sein, in Abhängigkeit von der Dauer, die Macht einem bestimmten Akteur zugewiesen ist und davon, ob der Akteur selbst die Machtverteilung autonom bestimmen kann oder diese auch durch andere Akteure beeinflusst wird (vgl. Astley/Zajac 1991, S. 404; Nienhüser 2003, S. 154). Es ist folglich auch relevant, unter welchen Bedingungen diese Macht besteht (vgl. Finkelstein 1992, S. 508). Damit ist Macht dynamisch und sowohl von der Interaktion zwischen Akteuren als auch von situativen Faktoren abhängig (vgl. Haunschild 1998, S. 118; Becker-Ritterspach/Dörrenbächer 2011, S. 542). Zweitens kann zwischen formaler und informeller Macht unterschieden werden. **Formale Macht** ist z. B. Ergebnis der hierarchisch festgelegten Position eines Akteurs innerhalb einer Organisation und an diese gekoppelt. Dagegen kann **informelle Macht** u. a. das Ergebnis von Beziehungen sein. Infolgedessen kann auch ein hierarchisch unterstellter Akteur informelle Macht besitzen. Diese kann sogar größer als die formale Macht höhergestellter Akteure sein (vgl. Clegg/Kornberger/Pitsis 2008, S. 257).

Unterschiede in der Macht zwischen Akteuren lassen sich auf Machtquellen zurückführen. Dabei ist zwischen personenbezogenen und nicht-personenbezogenen, strukturellen (formalen) Machtquellen zu unterscheiden (vgl. Ibarra 1993, S. 474-476; Staehle 1999, S. 399-403; Ridder et al. 2001, S. 186-189).

- **Personenbezogene Machtquellen** beziehen sich auf „the ability to get things done the way one wants them to be done" (Salancik/Pfeffer 1977, S. 4; vgl. auch Pfeffer 1992, S. 72-75). d. h. auf persönliche Fähigkeiten, Eigenschaften und das Verhalten eines Akteurs. Werden diese dazu eingesetzt, Unsicherheit in der Organisation zu kontrollieren, verfügt ein Akteur über Macht (vgl. Becker-Rittersprach/Dörrenbächer 2011, S. 542-543).

- **Nicht-personenbezogene, strukturelle Machtquellen** sind z. B. die formale hierarchische Position innerhalb einer Organisation sowie die Zentralität dieser Position im organisationalen Netzwerk. Folglich ist die Macht hierarchisch höhergestellter Akteure über untergeordnete Akteure strukturell bedingt (vgl. Astley/Sachdeva 1984, S. 105-106). Diese Machtquellen bestehen unabhängig von einem konkreten Akteur (vgl. Koop/Grant 1993, S. 266), erwachsen aus der Organisationsstruktur und umfassen beispielsweise die Kontrollspanne einer Position bzw. ihre Bedeutung in der Organisation (vgl. Cendon/Jarvenpaa 2001, S. 123-124).

Weil die ausgewählte Analyseperspektive sich auf kollektive, nicht auf individuelle Akteure bezieht, stehen für die weitere Betrachtung die nicht-personenbezogenen, strukturellen Machtquellen im Vordergrund. Es gibt verschiedene Typisierungen dieser Machtquellen (vgl. z. B.

French/Raven 1959; Hardy 1996, S. S7; Lukes 2005). Sie sind eingängig, werden jedoch kritisch betrachtet (vgl. Sandner 1990, S. 24-26). Beispielsweise ist die klare Trennung zwischen nicht-personenbezogenen bzw. strukturellen und personenbezogenen Machtquellen analytisch und wird z. B. in der Machtbasen-Typisierung von French/Raven (1959) nicht vollständig eingehalten (vgl. Fombrun 1983, S. 494-496; Koop/Grant 1993, S. 266-267; Staehle 1999, S. 400). Weiterhin sind die Machtquellen interdependent bzw. nicht überschneidungsfrei (vgl. Astley/Sachdeva 1984; Sandner/Meyer 2004, S. 1136). Darüber hinaus ist keine Systematisierung als vollständig oder abschließend zu betrachten (vgl. Hardy/Clegg 2006, S. 757). Außerdem werden mögliche Interaktionen zwischen den Machtquellen und den Bedingungen, unter denen sie wirksam werden, häufig vernachlässigt (vgl. Astley/Sachdeva 1984, S. 104-105). Dennoch geben Machtquellen-Typisierungen einen systematischen Eindruck von möglichen Grundlagen der Macht und sind deshalb hilfreich bei der Analyse der Gründe von Macht.

3.1.2 Relationale Machttheorien

Relationale Machttheorien betrachten strukturelle Machtquellen sowie Argumente sozialer Prozesse (vgl. Cendon/Jarvenpaa 2001, S.123-125; Farndale/Hope-Hailey 2009, S. 393). Dabei gehen sie über eine einseitige Betrachtung des Machthabenden hinaus, denn sie berücksichtigen, dass die Macht eines Akteurs in der und durch die (Austausch-)Beziehung zu anderen Akteuren existiert (vgl. Clegg/Courpasson/Phillips 2006, S. 223). Damit stehen Ressourcen und (Inter-)Dependenzen im Mittelpunkt der relationalen Machttheorien (vgl. Sandner/Meyer 2004, S. 1138). Drei Theorien lassen sich unterscheiden:

Im Fokus der **mikropolitischen Theorie** stehen der Umgang mit Macht sowie die Gründe für politisches Handeln (vgl. Sandner 1990, S. 42-43). Ihr Grundgedanke basiert auf der Annahme, dass Akteure versuchen, ihre individuellen Interessen gegenüber anderen Akteuren durchzusetzen. Das aspektuale Verständnis der Mikropolitik schreibt politisches Handeln nur bestimmten Persönlichkeiten zu (vgl. Brüggemeier/Felsch 1992, S. 133-134; Scherm/Pietsch 2007, S. 79). Das konzeptuale Verständnis dagegen geht davon aus, dass alle Akteure politisch handeln und interessengeleitet sind. Folglich können auch Handlungen in Organisationen politisch sein. Dabei werden diejenigen Akteure ihre Interessen durchsetzen, die über die größte Macht verfügen (vgl. Pfeffer 1981a, S. 28), denn Macht zu besitzen, bedeutet „to influence decisions, agendas, and participation in organizational politics" (Clegg/Kornberger/Pitsis 2008, S. 265; vgl. auch Ferris/Judge 1991, S. 450). Zusammengefasst beschäftigt sich Mikropolitik mit der sozialen Einflussnahme und der Durchsetzung individueller Interessen sowie mit Machtunterschieden, wechselseitigen Abhängigkeiten, (Verteilungs-)Konflikten und Handlungen zur Existenzsicherung und Identitätsbehauptung (vgl. Brüggemeier/Felsch 1992, S. 135; Blickle 2002, S. 170-171). Ein bekannter mikropolitischer Forschungsansatz ist die strategische Organisationsanalyse von Crozier/Friedberg (1979).

Die **Strategic-Contingency-Theorie** (vgl. Hickson et al. 1971) betrachtet die Macht organisationaler Subeinheiten auf der gleichen Hierarchieebene und ihren Umgang mit Unsicherheiten der Organisation. Macht wird jenen Akteuren zugeschrieben, denen es am besten gelingt, die Organisation und ihren Ressourcenbedarf mit den strategischen Beschränkungen aus ihrer Umwelt in Einklang zu bringen, indem sie „bring in outside resources that are critically needed by the institution" (Hackman 1985, S. 62; vgl. auch Saunders 1990, S. 2). Die aus der Zuschreibung resultierende Allokation von hierarchischer Macht auf die Subeinheiten beeinflusst Entscheidungen, das Verhalten sowie die intraorganisationale Ressourcenverteilung (vgl. Salancik/Pfeffer 1977, S. 4-5, 13). Vor diesem Hintergrund nutzen Akteure ihre Macht, um ihre Interessen zu verfolgen und ihr Überleben zu sichern. Im Falle veränderter externer Beschränkungen kann sich die Machtallokation verändern. Jedoch versuchen Akteure an ihrer Macht festzuhalten, um ihre Existenz weiterhin zu sichern (vgl. Salancik/Pfeffer 1977, S. 17).

Nach der **Resource-Dependence-Theorie** prägen intraorganisationale Macht und Abhängigkeit vor dem Hintergrund von Komplexität und Unsicherheit die Handlungen von Akteuren (vgl. Pfeffer/Salancik 1978, S. 43-46; Pfeffer 1987, S. 26-27; Hillman/Withers/Collins 2009, S. 1404-1405). Sie erklärt, dass diejenigen Akteure die meiste Macht haben, die am besten mit Unsicherheit aus ihrer Umwelt umgehen können (vgl. Miner 2007, S. 337-338). Unsicherheit resultiert daraus, dass Akteure nicht alle Ressourcen selbst kontrollieren, die sie benötigen. Sie treten folglich in einen Austausch mit anderen Akteuren, um fehlende kritische, d. h. überlebenswichtige, Ressourcen zu erlangen (vgl. Pfeffer/Salancik 2003, S. 2). Beziehungen zwischen Akteuren sind daher als Austauschbeziehungen zu verstehen, die durch die Abhängigkeit eines Akteurs von den Ressourcen eines anderen Akteurs gekennzeichnet sind. Macht wird folglich relational und bezogen auf den Austausch und die Sicherstellung von Ressourcen verstanden: Aus der Abhängigkeit des einen Akteurs folgt die Macht des anderen Akteurs (vgl. Pfeffer/Salancik 2003, S. xii-xiii; Sandner/Meyer 2004, S. 1138-1139).

Ein Akteur kann in diesem Sinne innerhalb einer wechselseitigen Austauschbeziehung gleichzeitig mächtig und abhängig sein (vgl. Frooman 1999, S. 196). Ziel der Akteure ist es, ihre Abhängigkeit von anderen Akteuren zu reduzieren bzw. ihre eigene Macht zu vergrößern (vgl. Nienhüser 2008, S. 20).

3.1.3 Auswahl der Resource-Dependence-Theorie als macht- und austauschtheoretische Grundlage der Analyse

Die auszuwählende Theorie dient der Analyse von Macht und Abhängigkeiten innerhalb der Beziehung zwischen dem Personalmanagement und der Unternehmensleitung als den zentralen Akteuren des Personalcontrollings (vgl. 2.3.3). Diese Beziehung kann mit Blick auf den Einsatz des Personalcontrollings als **Austauschbeziehung** verstanden werden: Das Personalmanagement benötigt verschiedene Ressourcen und ist folglich abhängig von mächtigen Akteuren im Unternehmen. Mit dem Einsatz des Personalcontrollings geht jedoch auch „die Gewinnung von Machtmitteln, also [...] die Steuerung und Koordination von Ressourcen" (Gutschelhofer 1999, S. 22) einher. Diese Ressourcen bestehen in dem Personalcontrolling-Output, d. h. beispielsweise Informationen, Transparenz und Beratungsleistung (vgl. 2.1.2). Die Unternehmensleitung ist dagegen aufgrund ihrer hierarchischen Position mächtig im Unternehmen. Ihre Managementaufgaben umfassen neben Planung, Organisation und Kontrolle auch die Personalführung und den Personaleinsatz (vgl. Steinmann/Schreyögg 2005, S. 8-12; 2.3.3). Zur Erfüllung dieser Aufgabe benötigt sie Informationen über das Personal und die Personalarbeit, d. h. sie ist abhängig von diesen Ressourcen bzw. von den die Ressourcen kontrollierenden Akteuren. Dementsprechend ist nicht nur das Personalmanagement abhängig, sondern es ist eine wechselseitige Ressourcenabhängigkeit zwischen Personalmanagement und Unternehmensleitung denkbar.

Im Gegensatz zur Strategic-Contingency-Theorie, die auf der Ebene von Subeinheiten der gleichen Hierarchieebene argumentiert (vgl. Clegg/Courpasson/Philips 2006, S. 127-128; Farndale/Hope-Hailey 2009, S. 396; Engelen/Thalmann/Brettel 2011, S. 297), eignet sich die Resource-Dependence-Theorie auch zur Betrachtung von **Austauschbeziehungen zwischen Akteuren unterschiedlicher Hierarchiestufen**, weil sie davon ausgeht, dass jeder Akteur jeglicher Hierarchie abhängig von Ressourcen sein kann (vgl. Sandner 1999, S. 36). Nach diesem Verständnis lässt sich Ressourcenabhängigkeit in die beiden Dimensionen Machtungleichgewicht und gegenseitige Abhängigkeit unterscheiden. Diese Dimensionen können gegenläufige Effekte haben (vgl. Casciaro/Piskorski 2005, S. 170). Die Berücksichtigung dieser

Differenzierung ist u. a. mit Blick auf hierarchieübergreifende Austauschbeziehungen relevant. Formal besteht ein Machtungleichgewicht zugunsten des hierarchisch höher gestellten Akteurs. Daraus folgt die Frage, wieso dieser sich auf eine Austauschbeziehung einlässt (vgl. Casciaro/Piskorski 2005, S. 192). Die Einbeziehung der zweiten Dimension der Ressourcenabhängigkeit, die gegenseitige Abhängigkeit, leistet hier eine mögliche Erklärung: Der hierarchisch unterstellte Akteur kann Ressourcen kontrollieren, die für den höher gestellten Akteur wichtig sind. Bei wechselseitiger Abhängigkeit ist dann auch der (formal) mächtigere Akteur an einem Austausch interessiert (vgl. Casciaro/Piskorski 2005, S. 174-175).

Weiterhin kann mit der Resource-Dependence-Theorie erklärt werden, dass der Akteur Personalmanagement auf Basis seiner Ressourcenausstattung eine politische, machtvolle Position im Unternehmen einnehmen kann (vgl. Wright/McMahan 1992, S. 312; Jackson/Schuler 1995, S. 240-241). Damit eignet sie sich zur Untersuchung des Einsatzes des Personalcontrollings, das im Zuge der Existenzbedrohung des Personalmanagements Einzug in Unternehmen hält und „ensure a stable flow of resources and [...] manage problems and uncertainties associated with exchange transactions" (Tolbert 1985, S. 1). Zum Zweck der Analyse des Einsatzes des Personalcontrollings durch das Personalmanagement in seiner Beziehung zur Unternehmensleitung wird die Resource-Dependence-Theorie daher im Folgenden näher erläutert.

3.2 Resource-Dependence-Theorie

3.2.1 Grundlagen

Die Resource-Dependence-Theorie geht auf ihre Hauptvertreter Pfeffer/Salancik (1978) sowie Aldrich (1976) und Aldrich/Pfeffer (1976) zurück, die die Beziehung zwischen Organisation und Umwelt betrachten (vgl. Nienhüser 1998, S. 243-244; Grieshop 2010, S. 65-66; Wry/Cobb/Aldrich 2013, S. 443-444). Dabei greift sie auch Arbeiten von Dahl (1957) und Blau (1972) sowie Grundgedanken der Macht-Abhängigkeitstheorie von Emerson (1962) auf. Diese betrachten soziale (interpersonelle) Austauschbeziehungen von Akteuren. Die zentralen Ideen der Resource-Dependence-Theorie bestehen darin, den sozialen Kontext von Organisationen zu berücksichtigen, Strategien von Organisationen zur Förderung ihrer Autonomie und zur Durchsetzung ihrer Interessen in die **Erklärung von Austauschbeziehungen** einzubeziehen und neben Rationalitäts- und Effizienzüberlegungen auch Macht als wesentliche Determinante von organisatorischem Verhalten zu betrachten (vgl. Pfeffer/Salancik 1978; Davis/Cobb 2010, S. 23). Auf dieser Basis erklärt sie Prozesse der Ressourcenbeschaffung in Ressourcenaustauschbeziehungen (vgl. Matiaske/Leblebici/Kabst 2008, S. 6).

Aufbauend auf dem kontingenztheoretischen Verständnis, dass Organisationen offene soziale Systeme sind, bezieht die Resource-Dependence-Theorie den organisationalen Kontext in ihre Argumentation ein, um Verhalten in Organisationen zu erklären (vgl. Sandner 1990, S. 39; Knyphausen-Aufseß 2000, S. 454). Sie ist jedoch nicht nur auf interorganisationale Beziehungen anwendbar, sondern auch für die Erklärung intraorganisationaler und interpersoneller Beziehungen geeignet (vgl. Salancik/Pfeffer 1974; Kalu 1995, S. 253). Dabei können die Akteure dieser Beziehungen individuelle oder kollektive Akteure sein (vgl. Nienhüser 1998, S. 241).

Diese Akteure sind in ihrem Handeln beschränkt, weil sie nicht alle Ressourcen kontrollieren, die sie zur Verfolgung ihrer Ziele und zum Überleben benötigen (vgl. Hermesch 2002, S. 107-108). Ihr Verhalten wird folglich durch ihre **Ressourcenabhängigkeit** und die daraus resultierende **Unsicherheit** bestimmt (vgl. Pfeffer/Salancik 2003, S. 45). Die Resource-Dependence-Theorie geht davon aus, dass Akteure bestrebt sind, ihr Überleben zu sichern. Zu diesem Zweck gehen sie Austauschbeziehungen ein (vgl. Wolf 2011, S. 291-292). Sie versuchen (a) ihre Unsicherheit über die Beschaffung überlebenswichtiger Ressourcen zu reduzieren bzw. (b) an Macht zu gewinnen und den Grad der eigenen Abhängigkeit zu verringern. Akteure handeln hierzu aktiv und setzen verschiedene Strategien ein, um die für sie wichtigen Ressourcen sicherzustellen (vgl. Grieshop 2010, S. 66; Wolf 2011, S. 292-295; 3.2.5). Vor diesem Hintergrund definiert sich Macht als Ergebnis der Abhängigkeit eines Akteurs von den Ressourcen eines anderen Akteurs. Ressourcen selbst sind dementsprechend nicht mit Macht gleichzusetzen (vgl. Nienhüser 2005, S. 365).

Der Grad der Ressourcenabhängigkeit des einen Akteurs und damit der Macht des anderen Akteurs wird durch die drei Determinanten **Ressourcenwichtigkeit, Ressourcenallokation und Ressourcenkonzentration** bestimmt (vgl. Nienhüser 1998, S. 243; Pfeffer/Salancik 2003, S. 45-46; Wolf 2011, S. 291-296; 3.2.4.2). Die Abhängigkeit eines Akteurs wird als Produkt dieser Determinanten beschrieben (vgl. Pfeffer/Salancik 2003, S. 51). Folglich ist ihre Kombination wesentlich für das Ausmaß der Macht. Keine der Determinanten für sich ist hinreichend für die Ressourcenabhängigkeit, z. B. führt die Kontrolle über eine Ressource nicht zu Macht, wenn die Ressource nicht auch von Interesse ist. Gleiches gilt, wenn die

Ressource für alle Akteure im Übermaß verfügbar ist, so dass sich die Macht nicht auf einen Akteur konzentriert (vgl. Hermesch 2002, S. 100-101; Pfeffer/Salancik 2003, S. 50-51; Senge 2011, S. 44). Das Ausmaß der Unsicherheit der Akteure dagegen wird auch durch die **Ressourcenkonzentration** und darüber hinaus durch die **Ressourcenknappheit** sowie die **Interaktionsstruktur** der Akteure determiniert (vgl. Gretzinger 2008a, S. 205; 3.2.4.3).

Bevor auf diese Determinanten der Ressourcenabhängigkeit und der Unsicherheit näher eingegangen wird, ist es für das weitere Verständnis des Verhaltens von Akteuren zunächst erforderlich, sowohl den der Resource-Dependence-Theorie zugrunde liegenden Ressourcenbegriff als auch ihre grundlegenden Verhaltensannahmen einzuführen.

3.2.2 Ressourcenbegriff

Macht resultiert aus der Abhängigkeit eines Akteurs von einem anderen Akteur bzw. dessen Ressourcen. Damit basiert Macht auf der Kontrolle wichtiger Ressourcen, d. h. von Ressourcen, die für das Überleben des anderen Akteurs notwendig sind (vgl. Sandner 1990, S. 37-39). Der Ressourcenbegriff ist in der Resource-Dependence-Theorie jedoch nicht näher definiert (vgl. Knyphausen-Aufseß 2000, S. 463).

Nach einem enggefassten Verständnis wird von einem **materiellen Ressourcenbegriff** ausgegangen (vgl. Nienhüser 2008, S. 27; Grieger et al. 2010, S. 341; Senge 2011, S. 77). Ressourcen sind demnach alle Güter, die dazu verwendet werden, die Ziele eines Akteurs zu verfolgen (vgl. Hessels/Terjesen 2010, S. 207) bzw. die als wesentlich für die Erhaltung seiner Existenz gelten (vgl. Clegg/Kornberger/Pitsis 2008, S. 262; Neumayr 2010, S. 67). In diesem Sinne werden vor allem monetär zu bewertende Güter und Leistungen ausgetauscht (vgl. Senge 2011, S. 51). Monetäre Ressourcen nehmen unter allen Ressourcen eine besondere Stellung ein, weil sie sowohl konvertierbar als auch teilbar sind. Gerade die Übertragbarkeit ist mit Blick auf Austauschaktivitäten zentral (vgl. hierzu auch Matiaske 1998, S. 49). So ist es möglich, die Ressource Geld oder Budget in andere Ressourcen umzutauschen, z. B. in Mitarbeiterkapazitäten, Produktionsgüter oder Informationen. Darüber hinaus sind monetäre Ressourcen beständig, denn Geld lässt sich aufbewahren und zu einem späteren Zeitpunkt einsetzen (vgl. Pfeffer 1981a, S. 101-102).

Nach einem weitgefassten Verständnis ist der Ressourcenbegriff auch auf **immaterielle Ressourcen** anwendbar und umfasst in Organisationen „personnel, money, social legitimacy, customers, and a variety of technological and material inputs in order to continue to function" (Pfeffer 1981a, S. 101). Dieser Ressourcenbegriff umfasst alles, was als wertvoll erachtet wird (vgl. Saidel 1991, S. 544; Knyphausen-Aufseß 2000, S. 464; Nemati et al. 2010, S. 113-114). Hierunter fallen „contributions, activities, capabilities" (Pfeffer/Salancik 2003, S. 27) und Arbeitsleistungen (vgl. Pfeffer/Salancik 2003, S. 259; Wolf 2011, S. 292). Ebenfalls trifft dies auf symbolische Ressourcen zu (vgl. Nienhüser 2008, S. 27), z. B. Vertrauen (vgl. Küpper/Felsch 2000, S. 104) oder Legitimität von Handlungen und Strukturen (vgl. Clegg/Kornberger/Pitsis 2008, S. 258; Verbruggen/Christiaens/Milis 2011, S. 8).

Im Folgenden wird von einem weitgefassten Ressourcenbegriff ausgegangen, unter den z. B. Unsicherheit bzw. Unsicherheitsbewältigung, Zugang zu Informationen, Wissen bzw. Expertentum, Netzwerke, Räumlichkeiten, Legitimität, hierarchische Positionen bzw. formale Autorität und Weisungsmacht, Zugang zu Akteuren einer höheren hierarchischen Ebene, Kontrolle über Finanzmittel, Technologien, Belohnung oder Bestrafung fallen (vgl. z. B. Pfeffer 1992, S. 75-77; Oliver/Ebers 1998, S. 576; Ridder et al. 2001, S. 188). Zusammen fassend werden nachfolgend unter Ressourcen jene verstanden, mit denen Macht erzielt und erhalten werden kann, weil sie für einen Akteur in dem konkreten sozialen Kontext einer Austauschbeziehung wichtig sind (vgl. Salancik/Cooper Brindle 1997, S. 116). Die Wichtigkeit einer Ressource ist folglich nicht „context-independent" (Clegg/Kornberger/Pitsis 2008, S. 263). Damit ist mit der Kontrolle konkreter Ressourcen nicht grundsätzlich auch Macht verbunden (vgl. Clegg/Courpasson/Philips 2006, S. 127).

3.2.3 Annahmen über das Verhalten von Akteuren

Ziel der Akteure ist es, die eigene Unsicherheit zu verringern, indem sie ihre Abhängigkeit reduzieren bzw. Ressourcenkontrolle erlangen, d. h. ihre eigene Macht vergrößern (vgl. Pfeffer/Salancik 2003, S. xxiv). Im Kern der Resource-Dependence-Theorie steht die Ressourcenbeschaffung vor dem Hintergrund der Abhängigkeit der Akteure von ihrer Umwelt (vgl. Pfeffer/Salancik 2003, S. 1-3; Nienhüser 2008, S. 12). Dabei kontrolliert kein Akteur alle von ihm benötigten Ressourcen. Die beschränkte Verfügbarkeit bzw. die Knappheit von Ressourcen kann als eine **objektive Handlungsbeschränkung** verstanden werden (vgl. Nienhüser 2005, S. 367). Weiterhin betrachtet die Resource-Dependence-Theorie kognitive Prozesse (vgl. Nienhüser 2003, S. 151-154; Nienhüser 2008, S. 29). Ihr liegen drei Verhaltensannahmen im Sinne **subjektiver Handlungsbeschränkungen** zugrunde:

Als erste Annahme ist die auf das Handeln von Akteuren bezogene **beschränkte Rationalität** (vgl. Simon 1957, S. 196-197; 2.3.2) zu nennen. In der Folge ist Macht in der Resource-Dependence-Theorie kein objektiver Zustand, sondern sozial und kognitiv konstruiert. Aufgrund ihrer eingeschränkten Informationsbeschaffungs- und -verarbeitungskapazitäten sind Akteure nicht in der Lage, einen vollständigen Überblick über alle eigenen Handlungsmöglichkeiten, die anderer Akteure und über potenzielle Handlungskonsequenzen zu erlangen (vgl. Jun/Armstrong 1997, S. 107). Akteure entscheiden sich daher im Rahmen ihrer wahrgenommenen Möglichkeiten für eine subjektiv befriedigende Lösung, ohne die objektiv optimale Lösung antizipieren bzw. bewerten zu können (vgl. Simon 1957, S. 198-199; Gretzinger 2008b, S. 107). Die beschränkte Rationalität bedingt subjektive Deutungen der eigenen und fremden Interessen, Ressourcen und Ressourcenalternativen. Daraus folgt die Relevanz von Wahrnehmung und Interpretation und die damit einhergehende Gefahr, dass „[m]any organizational troubles stem from inaccurate perceptions of external demands or from patterns of dependence on the environment" (Pfeffer/Salancik 2003, S. 20; vgl. auch Bacharach/Lawler 1976, S. 123; Salancik/Cooper Brindle 1997, S. 116-117; Nienhüser 2005, S. 367-368; Nienhüser 2008, S. 27). Aufgrund von Fehleinschätzungen kann es somit sowohl zu einer Unter- als auch zu einer Überschätzung der eigenen und der fremden Abhängigkeit und Macht kommen.

Mit der Annahme begrenzter Rationalität geht mittelbar die Annahme einer beschränkten Wahrnehmungs- und Interpretationsfähigkeit von Akteuren einher (vgl. Nienhüser 2008, S. 29). Somit basiert die Einschätzung der eigenen Abhängigkeit und Macht auf der subjektiven Wahrnehmung und ist nicht objektiv (vgl. Wolfe/McGinn 2005, S. 4). Mit der Berücksichtigung wahrgenommener Macht wird von Macht als struktureller Gegebenheit bzw. als Besitztum abstrahiert. Damit stellt die Machtgrundlage eines Akteurs eine potenzielle Macht dar, die von der tatsächlich ausgeübten Macht abweichen kann (vgl. 3.1.1). So ist es möglich, dass ein Akteur A, der in einer Interdependenzbeziehung mit Akteur B mit weniger Macht als Akteur B ausgestattet ist, dennoch mächtiger ist, weil er seine Macht besser wahrnimmt und einsetzt als Akteur B bzw. Akteur B sein Machtpotenzial gegenüber Akteur A ungenutzt lässt (vgl. Lawler 1992, S. 20-21; Cendon/Jarvanpaa 2001, S. 125).

Die zweite Annahme bezieht sich auf die **subjektive Unsicherheit** über die eigene Situation und Existenz in der Gegenwart und der Zukunft (vgl. Pfeffer/Salancik 2003, S. 13; Nienhüser 2005, S. 363). Sofern wichtige Ressourcen von anderen Akteuren kontrolliert werden, besteht

Unsicherheit für alle Akteure, die diese Ressourcen benötigen (vgl. Pfeffer/Salancik 2003, S. 3). Daher wird ein Akteur versuchen, diese Unsicherheit zu reduzieren. Diese Reduktion ist jedoch mit Blick auf die eingeschränkte Wahrnehmungs- und Interpretationsfähigkeit nicht vollständig möglich.

Die Wahrnehmung eines Akteurs und seine Interpretation der Umwelt und der Machtverhältnisse in dieser Umwelt finden vor dem Hintergrund eigener Interessen statt und sind daher subjektiv. Daher finden in der dritten Annahme die **Verfolgung individueller Interessen bzw. egoistisches Handeln** Beachtung (vgl. auch 2.3.2). Akteure verfolgen Handlungen und Entscheidungen, die ihrem eigenen Nutzen, d. h. dem eigenen Machterhalt und -ausbau, dienen (vgl. Burkhardt/Brass 1990, S. 105-107). Sie sind in diesem Sinne Nutzenmaximierer (vgl. Gretzinger 2008b, S. 107) und streben danach, ihr Überleben zu sichern und ihre Abhängigkeit zu reduzieren. Sie versuchen aktiv für sie nachteilige Abhängigkeitsverhältnisse umzukehren oder abzumildern mit dem Ziel, Kontrolle über wichtige Ressourcen zu erlangen bzw. die Unsicherheit über den Ressourcenfluss zu vermindern (vgl. Senge 2005, S. 45; 3.2.5).

3.2.4 Determinanten des Akteursverhaltens in Austauschbeziehungen

3.2.4.1 Determinanten des Akteursverhaltens: Ressourcenabhängigkeit und Unsicherheit

Im Kern der Resource-Dependence-Theorie stehen Ressourcen und Austauschbeziehungen von Akteuren, die diese Ressourcen benötigen bzw. kontrollieren. Macht ist in diesem Sinne eine Funktion aus Angebot von und Nachfrage nach Ressourcen (vgl. Gretzinger 2008a, S. 203-205). Die Austauschbeziehungen können durch eine reziproke Nachfrage bzw. Abhängigkeit von den Ressourcen des anderen Akteurs gekennzeichnet sein, so dass die Akteure wechselseitig voneinander abhängig sind (vgl. Thompson 1967, S. 54; Pfeffer/Salancik 2003, S. xii-xiii, 2-3; Gerdin 2005, S. 299). Ein Machtgleichgewicht zwischen den wechselseitig abhängigen Akteuren besteht dann, wenn beide im gleichen Ausmaß voneinander abhängig sind und keiner der beiden die Entscheidungen und das Verhalten des anderen beeinflussen kann (vgl. Pfeffer/Salancik 2003, S. 53). Dagegen kommt es zur Machtdominanz bzw. zu einem Machtungleichgewicht in einer Austauschbeziehung, wenn der Austausch von Ressourcen für den einen Akteur wichtiger ist als für den anderen Akteur (vgl. Astley/Sachdeva 1984, S. 106; Senge 2005, S. 45). Der machtvolle Akteur kann das Verhalten des abhängigen Akteurs beeinflussen (vgl. Pfeffer 2005, S. 441). Wesentlich für die Macht eines Akteurs über einen anderen Akteur ist somit nicht allein eine unterschiedliche Ressourcenausstattung, sondern auch die Abhängigkeit der Akteure von fremden Ressourcen (vgl. Nienhüser 2008, S. 13). Sofern Macht nicht extrem asymmetrisch verteilt ist, d. h. entweder vollständig zentralisiert oder vollständig gleichverteilt, kommt es zu Handlungen bzw. zum Austausch zwischen Akteuren mit dem Ziel, wichtige Ressourcen für sich zu gewinnen (vgl. Pfeffer 1981a, S. 68-70). Das Verhalten eines Akteurs wird somit durch **Ressourcenabhängigkeit** sowie vor dem Hintergrund der skizzierten Verhaltensannahmen durch **Unsicherheit** beeinflusst (vgl. Abb. 3).

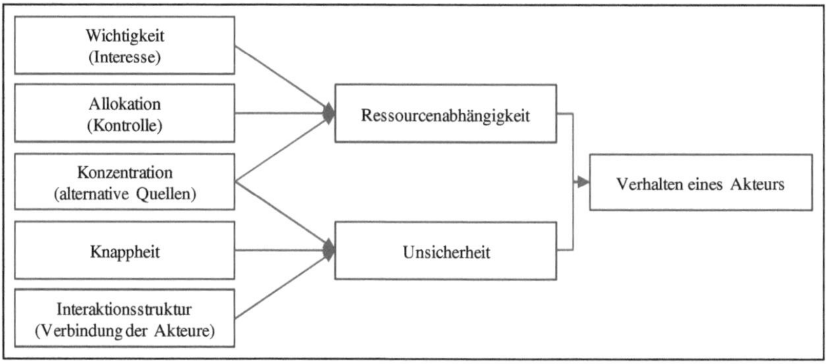

Abb. 3: Determinanten des Akteursverhaltens (in Anlehnung an Hermesch 2002, S. 103)

3.2.4.2 Determinanten der Ressourcenabhängigkeit: Wichtigkeit, Allokation und Konzentration von Ressourcen

Der Grad der Ressourcenabhängigkeit eines Akteurs und der damit verbundene Einfluss auf sein Verhalten werden durch die Ressourcenwichtigkeit, -allokation und -konzentration determiniert (vgl. Pfeffer/Salancik 2003, S. 53; vgl. auch Jun/Armstrong 1997, S. 108; Wolf 2011, S. 293; Abb. 4).

Die Resource-Dependence-Theorie geht davon aus, dass Akteure Austauschbeziehungen eingehen, um ihre Ziele – angefangen mit der Sicherung des eigenen Überlebens – zu erreichen. Hierzu sind sie bereit, Beziehungen zum Zwecke des Ressourcenaustausches aufzunehmen. Ressourcen haben jedoch keinen objektiven Wert in diesen Austauschbeziehungen, sondern werden von Akteuren unterschiedlich bewertet.

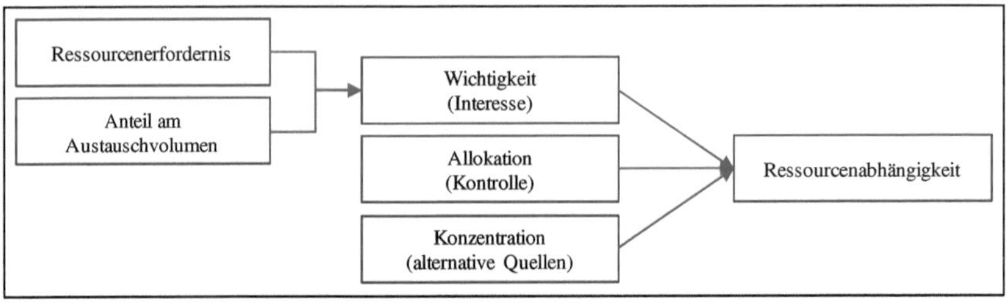

Abb. 4: Determinanten der Abhängigkeit (in Anlehnung an Hermesch 2002, S. 103)

Das Ausmaß der Wichtigkeit einer Ressource ergibt sich beispielsweise daraus, wie „ihr Fehlen das Funktionieren der Organisation gefährdet" (Nienhüser 2005, S. 365). Aus der Wichtigkeit einer Ressource erwächst das Interesse eines Akteurs, diese Ressource zu erlangen. Je wichtiger diese Ressource ist, desto höher ist die Macht über den abhängigen Akteur in der Organisation (vgl. Anderson 1982, S. 19). Die **Ressourcenwichtigkeit bzw. das Ressourceninteresse** wird im Einzelnen durch zwei Determinanten (Erfordernis einer Ressource und ihr Anteil am Austauschvolumen) bestimmt:

- Das **Erfordernis einer Ressource** („criticality", Pfeffer/Salancik 2003, S. 46) drückt sich in der Notwendigkeit einer Ressource für die Aufgabenerfüllung eines Akteurs bzw. „the effective operation of the department" (Salancik/Pfeffer 1974, S. 466; vgl. auch Hermesch 2002, S. 100) aus. Das Erfordernis einer Ressource ist jedoch dynamisch. Solange die Verfügbarkeit kritischer Ressourcen für den Akteur gesichert ist, stellt sich die Situation als unproblematisch dar. Kommt es dagegen zu einer Veränderung der Verfügbarkeit, entsteht Unsicherheit bezogen auf den Ressourcenfluss für den Akteur und damit bezogen auf sein Überleben (vgl. Pfeffer/Salancik 2003, S. 46-47). Auf der anderen Seite bedeutet dies jedoch auch, dass die Macht desjenigen Akteurs, der über diese Ressource verfügt, um so größer ist, je kritischer die eigenen Ressourcen für andere Akteure sind (vgl. Pfeffer 1981a, S. 103).

- Die Wichtigkeit einer Ressource ergibt sich weiterhin daraus, welchen **Anteil am Austauschvolumen** einer Organisation die Ressourcen eines Akteurs ausmachen, d. h. wie viele Ressourcen er anteilig zum Austausch anbietet. Je geringer der Anteil seiner Ressourcen bezogen auf alle austauschbaren Ressourcen, desto mehr muss er bei Interesse nachfragen und desto wichtiger ist der Austausch für diesen Akteur (vgl. Pfeffer/Salancik 2003, S. 46).

Austauschbeziehungen finden statt, weil Akteure Ressourcen benötigen, jedoch nicht gänzlich über sie verfügen. Aus diesem Grund ist neben der Ressourcenwichtigkeit die **Ressourcenallokation** ausschlaggebend für die Abhängigkeit bzw. Macht eines Akteurs. Mit Ressourcenallokation ist die Kontrolle über die Ressourcen und ihre Bereitstellung gemeint (vgl. Pfeffer 1981a, S. 106). Die Ressourcenallokation drückt sich in vier möglichen Kontrollarten (Besitz, Zugangskontrolle, Nutzung, Regulierung) aus (vgl. Knyphausen-Aufseß 2000, S. 465; Pfeffer/Salancik 2003, S. 48-49):

- Der **Besitz** von Ressourcen kann sich auf immaterielle und materielle Ressourcen beziehen. Das Ausmaß und die Reichweite des Besitzes oder der Besitzrechte werden durch das soziale System, in dem der Besitz stattfindet, und dessen Regeln bestimmt. Die Kontrolle durch Besitz ist somit dynamisch und kontext-spezifisch, weil sich ein Besitzrecht bei Veränderung des sozialen Systems anpasst (vgl. Pfeffer/Salancik 2003, S. 48).

- Die Kontrolle einer Ressource setzt jedoch nicht ihren Besitz voraus. Auch der Einfluss auf den Zugang zu einer Ressource bzw. auf ihre Verteilung ist als Ressourcenkontrolle zu verstehen und wirkt positiv auf die Macht des kontrollierenden Akteurs (vgl. Pfeffer/Salancik 2003, S. 48). In Organisationen können diese **Zugangskontrollen** bzw. „boundary roles" (Staehle 1988, S. 158) eine Machtquelle darstellen, die durch die Positionierung von Akteuren an Schnittstellen oder in Kommunikationskanälen entsteht (vgl. hierzu auch Crozier/Friedberg 1979, S. 51-53; 3.3).

- Ressourcenkontrolle besteht auch für die Akteure, die diese Ressourcen verwenden, ohne sie selbst zu besitzen oder ihre Verteilung zu kontrollieren. Allein durch die unmittelbare **Nutzung** entsteht eine Kontrollmöglichkeit in dem Sinne, dass die Akteure entscheiden können, wie sie die Ressourcen einsetzen bzw. bearbeiten (vgl. Pfeffer/Salancik 2003, S. 48-49).

- Schließlich erhalten Akteure mit der Möglichkeit, Regeln oder Gesetze zu bestimmen, Einfluss auf die Existenz und die Verteilung von Ressourcen. Somit beeinflusst auch die **Regulierung** von Besitz, Zugang und Nutzung die Ressourcenabhängigkeit von Akteuren und organisationales Verhalten (vgl. Pfeffer/Salancik 2003, S. 49; Wolf 2011, S. 294).

Die Wichtigkeit und Allokation von Ressourcen bestimmen jedoch nicht allein die Ressourcenabhängigkeit eines Akteurs. Vielmehr ist auch die **Ressourcenkonzentration**, d. h. die Anzahl alternativer Quellen für die Beschaffung wichtiger Ressourcen, von Bedeutung (vgl. Hermesch 2002, S. 100-101). Bei geringer Ressourcenkonzentration hat ein abhängiger

Akteur die Möglichkeit des Austausches mit vielen verschiedenen Akteuren. Das liegt daran, dass zwar eine bestimmte Ressource, nicht jedoch eine konkrete Austauschbeziehung wichtig ist. In diesem Fall sinkt die Macht einzelner ressourcenkontrollierender Akteure. Dagegen führt eine hohe Konzentration, z. B. aufgrund eines geringen verfügbaren Angebots der Ressource, zu einer erhöhten Abhängigkeit eines Akteurs von einzelnen Akteuren (vgl. Pfeffer/Salancik 2003, S. 50-51).

3.2.4.3 Determinanten der Unsicherheit: Ressourcenkonzentration, -knappheit und Interaktionsstruktur

Die Resource-Dependence-Theorie besagt, dass Akteure beschränkt rational handeln und über unvollständige Informationen verfügen (vgl. 3.2.3). In der Folge ist die Wahrnehmung der eigenen Entscheidungs- und Handlungsmöglichkeiten sowie der eigenen Umwelt subjektiv und unsicher. Vor diesem Hintergrund ist nachvollziehbar, dass „uncertainty coping ability can be defined as a critical resource in the organization" (Pfeffer 1981a, S. 109). Diese **Unsicherheit** bezieht sich auf die Ressourcenbeschaffung (vgl. Pfeffer/Salancik 2003, S. 66-68; Steinmann/Schreyögg 2005, S. 70; Nienhüser 2008, S. 12-13). Ihr Ausmaß variiert in Abhängigkeit von der Fähigkeit eines Akteurs, zukünftige Entwicklungen und ihre Konsequenzen für die Organisation zu antizipieren, um adäquate Entscheidungen, z. B. mit Blick auf die Bestandssicherung des Akteurs, treffen zu können (vgl. Hermesch 2002, S. 101). In der Folge haben diejenigen Akteure Macht (über andere Akteure), die die Unsicherheit bewältigen bzw. kontrollieren können (vgl. Kalu 1995, S. 253). Nach diesem Verständnis handelt es sich nicht um objektive Unsicherheit, vielmehr sind die Wahrnehmung und Interpretation der eigenen und der fremden Ressourcenkontrolle und -abhängigkeit maßgeblich für die (subjektive) Einschätzung der Unsicherheit (vgl. Nienhüser 2008, S. 12).

Das Ausmaß subjektiver Unsicherheit wächst mit steigender Ressourcenknappheit und -konzentration (vgl. Gretzinger 2008a, S. 205). Dementsprechend kann es zu Fehleinschätzungen und -interpretationen der wahrgenommenen Unsicherheit kommen: „Organizations may misread interdependence, misinterpret demands, remain committed to past practices, or fail to see the various conflicts in demands" (Pfeffer/Salancik 2003, S. 89; vgl. auch Hermesch 2002, S. 102). Folglich sind die Umwelt und der Kontext der Austauschbeziehung als relevant für die Unsicherheit zu verstehen (vgl. Astley/Sachdeva 1984, S. 106). Die Unsicherheit wird durch die drei Kontext-Dimensionen Ressourcenkonzentration, Ressourcenknappheit und die Interaktionsstruktur beeinflusst (vgl.Gretzinger 2008a, S. 205; Abb. 5).

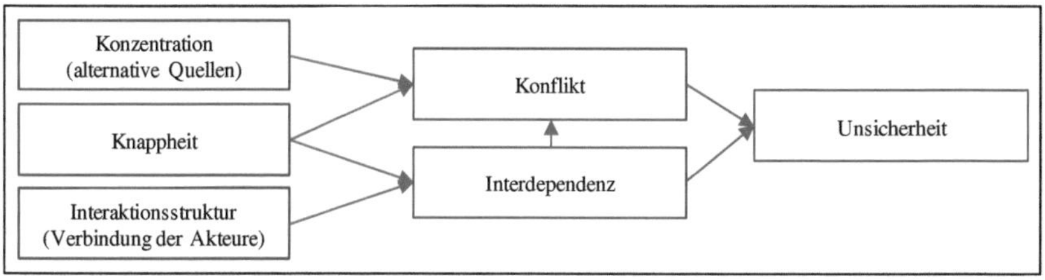

Abb. 5: Determinanten der Unsicherheit (in Anlehnung an Pfeffer/Salancik 2003, S. 68)

Dabei beschreibt **Konzentration** das Ausmaß der Streuung von Macht in der Organisationsumwelt und damit die Verteilung der Ressourcenkontrolle auf die Akteure. Eine hohe Konzentration der Ressourcenkontrolle geht folglich mit einer geringen Anzahl an alternativen Ressourcenquellen einher (vgl. 3.2.4.2). **Knappheit** bezieht sich auf das absolute Vorhandensein wichtiger Ressourcen, d. h. auf die Ressourcengesamtheit unabhängig von ihrer Verteilung. Wenn die Nachfrage aller Akteure nach einer wichtigen Ressource größer ist als ihr Angebot, entsteht Knappheit (vgl. Salancik/Pfeffer 1974, S. 465). Die **Interaktionsstruktur** umfasst die Anzahl und Art der Beziehungen zwischen Akteuren und steht für die Komplexität ihrer Verbindungen (vgl. Pfeffer/Salancik 2003, S. 68; Kempf 2007, S. 38). Diese drei Dimensionen stellen strukturelle Merkmale des Kontextes einer Austauschbeziehung dar. Sie wirken jedoch nicht unmittelbar auf die Unsicherheit der Ressourcenbeschaffung, sondern mittelbar über ihren Einfluss auf Konflikte und Interdependenzen zwischen den Akteuren (vgl. Hermesch 2002, S. 108).

Die Knappheit wichtiger Ressourcen führt gekoppelt an ein hohes Ausmaß an Interaktion zwischen den Akteuren zur **Interdependenz** der Akteure in der Austauschbeziehung (vgl. Rößl/Gratzl/Schopf 2006, S. 49-50). Diese drückt sich darin aus, dass Akteure im Rahmen einer Situation oder einer Handlung derart miteinander verbunden sind, dass „what happens to one organizational actor affects what happens to others" (Pfeffer 1981a, S. 68). Knappheit führt zusammen mit einer hohen Konzentration, d. h. einer geringen Anzahl an alternativen Ressourcenquellen, zu **Konflikten** zwischen den abhängigen Akteuren (vgl. Pfeffer 1981a, S. 69-70). Diese Konflikte werden durch das Ausmaß der Interdependenz dieser Akteure weiter verstärkt und erhöhen die Unsicherheit der Akteure über die Beschaffung der Ressourcen (vgl. Hermesch 2002, S. 102).

3.2.5 Handlungsstrategien ressourcenabhängiger Akteure

Kein Akteur verfügt über alle für ihn erforderlichen Ressourcen, so dass er mit anderen Akteuren interagiert. Diese Interaktion ist dann effektiv, wenn es ihm gelingt, die fehlenden Ressourcen zu erhalten. Somit kommt dem Verhalten der Akteure innerhalb ihrer Austauschbeziehungen eine zentrale Bedeutung für die Ressourcenbeschaffung zu. Die Interaktionsstruktur sowie Knappheit, Wichtigkeit, Allokation und Konzentration von Ressourcen sind zentrale Determinanten der Ressourcenabhängigkeit und Unsicherheit, die gemeinsam auf das Verhalten von Akteuren wirken (vgl. 3.2.4). Darüber hinaus werden weitere **verhaltensbeeinflussende Bedingungen** herausgestellt, die insbesondere das Verhalten der abhängigen Akteure beeinflussen (vgl. Miner 2007, S. 338). Zusammengefasst kommt ein abhängiger Akteur Forderungen eines anderen Akteurs nach,

- je mehr (1) er diese Forderungen wahrnimmt, (2) er die gewünschten Ressourcen von dem anderen Akteur erhält, (3) die Ressourcen kritisch, d. h. wichtig für ihn sind, (4) der andere Akteur Transparenz über die Konformität des abhängigen Akteurs mit seinen Forderungen besitzt, (5) der abhängige Akteur die erwünschte Konformität erzeugen kann und je mehr (6) der abhängige Akteur seine Existenz sichern will sowie
- je weniger (7) alternative Ressourcenquellen zur Verfügung stehen, (8) der abhängige Akteur im Gegenzug die wichtigen Ressourcen kontrolliert, die der andere Akteur benötigt, (9) Widersprüche zwischen den Forderungen verschiedener anderer Akteure bestehen und je weniger (10) Einfluss der abhängige Akteur auf den anderen Akteur und seine Forderung besitzt (vgl. Pfeffer/Salancik 2003, S. 44; Nienhüser 2004, S. 94).

Die Erlangung eigener Macht beeinflusst folglich die Interaktion eines Akteurs mit anderen Akteuren derart, dass ein Akteur mit zunehmender Macht Forderungen anderer Akteure weniger beachtet (vgl. Salancik/Pfeffer 1977, S. 19). Hieraus wird jedoch deutlich, dass ein Akteur nicht ausschließlich passiv agiert. Vielmehr basiert die Theorie auf dem Verständnis, dass Akteure innerhalb der Austauschbeziehungen **aktiv handeln** (vgl. 2.3.2). So nutzen sie aktiv Möglichkeiten, um ihre Abhängigkeit zu reduzieren und „will attempt to manage the constraints and uncertainty that result from the need to acquire resources from the environment" (Pfeffer/Salancik 2003, S. xxiv; vgl. auch Hillman/Withers/Collins 2009, S. 1404). Weiterhin verhalten Akteure sich aktiv, da Ressourceninteresse und -kontrolle nicht stabil, sondern kontextabhängig sind (vgl. 3.2.4.3). Akteure versuchen deshalb die für sie erforderlichen Ressourcen bei sich verändernden Umweltbeschränkungen zu kontrollieren sowie ihr Überleben in komplexen Umwelten zu sichern. Hierzu verhandeln sie, passen sich Veränderungen an und streben aktiv die Reduzierung ihrer Unsicherheiten an (vgl. Anderson 1982, S. 19).

Diese aktiven Handlungen können im Rahmen von **Balancierungsoperationen** erfolgen (vgl. Emerson 1962, S. 35-36). Diese sind unilaterale Strategien, die auf den anderen Akteur als Quelle von Unsicherheit abzielen (vgl. Casciaro/Piskorski 2005, S. 167). Infolgedessen können Akteure mit Hilfe der Balancierungsoperationen ihre Unsicherheit bezogen auf den Ressourcenfluss verringern. Das bewerkstelligen sie, indem sie versuchen, ihre Abhängigkeit zu reduzieren bzw. ihre Macht zu vergrößern, d. h. die Machtbalance zu ihren Gunsten zu verändern (vgl. Nienhüser 1998, S. 243). Folglich zielen die Akteure aktiv auf eine Veränderung des Werts der Austauschbeziehung bzw. der Verfügbarkeit von Alternativen (vgl. Molm 1989, S. 1395; Nienhüser 2003, S. 147). Sie erreichen dies durch (1) den Verzicht auf die bzw. die Entwertung der wichtigen Ressourcen, (2) die Erschließung alternativer Ressourcenquellen, (3) die Erhöhung der Wichtigkeit der eigenen Ressourcen oder (4) die Reduzierung alternativer Quellen für die eigenen Ressourcen (vgl. Emerson 1962, S. 35). Dabei ist die Annahme eingeschränkter Rationalität bzw. beschränkter Wahrnehmungs- und Interpretationsfähigkeiten zu beachten (vgl. 3.2.3). So ist es nicht nötig, dass die Ressourcen eines Akteurs B für einen Akteur A tatsächlich wichtig sind oder werden. Ausreichend ist, wenn Akteur B erreicht, dass seine Ressourcen für Akteur A wichtig erscheinen (vgl. Emerson 1962, S. 35).

Auf diesen Balancierungsoperationen aufbauend werden in der Resource-Dependence-Theorie **Handlungsstrategien** im Sinne eines „Managements der Ressourcen- und Austauschbeziehungen mit der Umwelt" (Nienhüser 2005, S. 368) beschrieben. Sie bezwecken (1) die Erlangung von Kontrolle über Ressourcen, um die eigene Abhängigkeit von anderen Akteuren zu verringern bzw. (Inter-)Dependenz zu erzeugen (Anpassung an die Umwelt), (2) die Schaffung von kollektiven, interorganisationalen Strukturen (Verhandlung mit der Umwelt) oder (3) die Beeinflussung der anderen Akteure durch rechtliche Aktivitäten (Gestaltung der Umwelt) (vgl. Handfield 1993, S. 291; Drees/Heugens 2013, S. 1669). Dabei werden zur Anpassung zwei Handlungsstrategien und zur Verhandlung und Gestaltung jeweils eine Handlungsstrategie beschrieben (vgl. Hermesch 2002, S. 97-99; Pfeffer/Salancik 2003, S. 92-256; Miner 2007, S. 340-345). Die Anpassung an die Umwelt erfolgt zum einen durch Forderungserfüllung zum Zweck der Ressourcenbeschaffung (**Konformität und Adaption**). Zum anderen soll durch die Schaffung alternativer Ressourcenquellen die eigene Ressourcenabhängigkeit vermieden werden (**Vermeidung bzw. Kontrolle der Umwelt**). Die Verhandlung bzw. **Kooperation mit der Umwelt** und damit eine Beeinflussung der Ressourcenverteilung gelingt dagegen, indem diejenigen Akteure dominiert werden, die wichtige Ressourcen kontrollieren (vgl. Nienhüser 2005, S. 370). Diese Strategie kann sich in verschiedenen Aktionen niederschlagen, mit denen der „context of control" (Pfeffer/Salancik 2003, S. 113) beherrscht werden soll: Spielarten von Unternehmensverbindungen bzw. –zusammenschlüssen wie vertikaler (z. B. Fusionen) und horizontaler Integration (z. B. Joint Ventures) oder Diversifikationen sind hier denkbar. Weiterhin werden personelle Verflechtungen bzw. Kooptation mit dem Ziel der Einflussnahme auf Entscheidungs- oder Kontrollgremien, z. B. durch die Besetzung der Position des Aufsichtsratsvorsitzenden oder durch Einfluss auf die Managementnachfolge, als Strategien verstanden. Auf die Gestaltung der Umwelt wiederum nehmen Akteure mittels **Lobbyismus bzw. politischem Handeln** Einfluss, beispielsweise durch Änderungen gesetzlicher Regeln (vgl. Hillman/Withers/Collins 2009, S. 1411-1414).

3.2.6 Austauschtheoretischer Bezugsrahmen und seine Erweiterungsbedarfe

Zusammenfassend liefert die Argumentation der Resource-Dependence-Theorie einen Bezugsrahmen zur Analyse von Austauschbeziehungen zwischen zwei Akteuren (A und B), die jeweils Ressourcen kontrollieren, welche für den anderen Akteur von Interesse sind, von diesem selbst jedoch nicht kontrolliert werden. Infolgedessen gehen sie eine Austauschbeziehung ein, die geprägt ist von Macht und Abhängigkeit. Dabei entspricht das Ausmaß der Abhängigkeit des einen Akteurs der Macht des anderen Akteurs. Wenn die Abhängigkeit wechselseitig ist, besitzen beide Akteure Macht über den jeweils anderen Akteur (vgl. Abb. 6).

Trotz einer positiven Bewertung des Beitrags der Resource-Dependence-Theorie zur Erklärung organisationalen Verhaltens (vgl. Miner 2007, S. 346-347) ist die Theorie nicht frei von Kritik (vgl. hierzu z. B. Clegg/Rura-Polley 1998, S. 541; Schreyögg 2000, S. 483; Kempf 2007, S. 42-44; Steimle 2008, S. 164-169; Hillman/Withers/Collins 2009, S. 1420). Diese soll hier jedoch nicht in Gänze betrachtet werden, vielmehr wird auf die für die angestrebte Analyse relevanten Kritikpunkte eingegangen, um gezielt die hieraus resultierenden theoretischen Schwächen des Bezugsrahmens zu beheben.

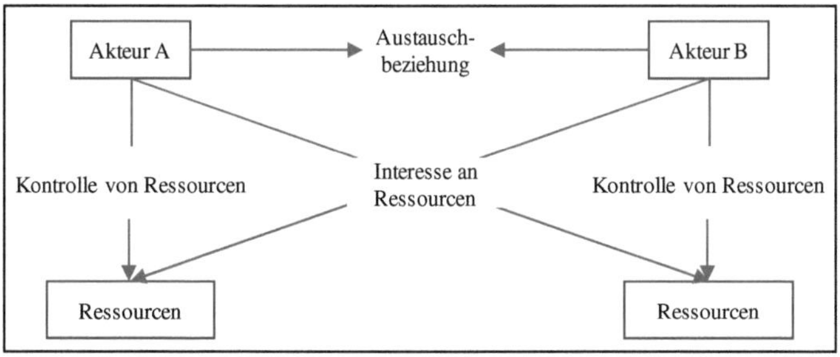

Abb. 6: Austauschtheoretischer Bezugsrahmen (in Anlehnung an Nienhüser 2003, S. 146)

Hierzu wird der Bezugsrahmen z. B. hinsichtlich des Entstehens von Austauschbeziehungen sowie der Gründe für Ressourceninteressen oder -kontrolle erweitert. Diese Erweiterungen beziehen sich konkret auf (1) Machtquellen und (2) die Bedeutung von Legitimität sowie (3) auf intraorganisational anwendbare Handlungsstrategien von Akteuren. Sie werden machttheoretisch bzw. neoinstitutionalistisch fundiert, wobei die Anschlussfähigkeit insbesondere des Soziologischen Neoinstitutionalismus an die Resource-Dependence-Theorie berücksichtigt wird.

Die erste Erweiterung ist erforderlich, weil die Resource-Dependence-Theorie von einem „vertikalen Ressourcenfluß" (Schreyögg 2000, S. 483) im Sinne einer Top-Down-Machtverteilung ausgeht und dadurch die Komplexität intraorganisationaler Dependenzen nicht vollständig erfasst (vgl. hierzu auch Senge 2005, S. 196-197). Eine derartige Verkürzung des Machtbegriffs auf Autorität blendet informellen Einfluss durch Akteure aus (vgl. Bacharach/Aiken 1976, S. 627), obwohl sich in Organisationen nicht nur hierarchische, sondern auch nicht-hierarchisch bedingte, auf der Funktion des Akteurs beruhende Abhängigkeiten finden (vgl. Sandner 1990, S. 39; Küpper/Felsch 2000, S. 102; Vigoda 2003, S. 14). Horizontale Dependenzen oder Bottom-up-Beziehungen, die auf anderen als formalen Machtquellen beruhen, bleiben außen vor (vgl. Astley/Sachdeva 1984, S. 108; Vigoda 2003, S. 12). Eine Erweiterung des Bezugsrahmens um nicht nur auf die hierarchische Position abgestellte **Machtquellen** (vgl. French/Raven 1959, S. 163-164; Hickson et al. 1971, S. 219-222; Crozier/Friedberg 1979, S. 50-55) dient vor diesem Hintergrund der Erklärung der Gründe für die Ressourcenkontrolle eines Akteurs. Durch die Betrachtung struktureller Machtquellen lassen sich hierarchisch bedingte Macht sowie nicht-hierarchisch bedingte, funktionale Macht als Ergebnis aufgabenbezogener Interdependenz zwischen organisationalen Akteuren in die Analyse einbeziehen (vgl. Sandner 1990, S. 39; Schreyögg 2000, S. 483). Dabei unterstützt diese

Erweiterung nicht nur die Erklärung der Gründe für die Macht der Akteure, sondern noch einen weiteren Aspekt in Austauchbeziehungen: Die Erweiterung dient der Konkretisierung des vergleichsweise unspezifischen Ressourcenbegriffs der Resource-Dependence-Theorie (vgl. Knyphausen-Aufseß 2000, S. 463; Nienhüser 2008, S. 27; 3.2.2). Dies ist möglich, indem Ressourcen konkret danach unterschieden werden, worauf sie sich begründen (z. B. formale Position) bzw. worin sie bestehen (z. B. Belohnung).

Bei der Erweiterung eines theoretischen Bezugsrahmens ist die **Anschlussfähigkeit der machttheoretischen Argumente an die Resource-Dependence-Theorie** zu betrachten, da die Frage möglicher Inkommensurabilitätsprobleme (vgl. Steinmann/Scherer 1994, S. 3) bei der Verknüpfung verschiedener Theorien zu reflektieren ist. Auf diese Weise wird gewährleistet, dass diesem Bezugsrahmen Begrifflichkeiten zugrunde liegen, die eine Integration der theoretischen Argumente zulassen. Hinsichtlich der machttheoretischen Ergänzung ist festzuhalten, dass die hinzugezogenen Theorien auf einem relationalen Machtbegriff aufsetzen und somit ein gemeinsames Begriffsverständnis teilen (vgl. Nienhüser 2008, S. 20). Ferner ist ein Rückgriff auf vorhandene Machtquellen-Typisierungen bereits in der der Resource-Dependence-Theorie zugrunde liegenden Macht-Abhängigkeitstheorie angelegt (vgl. Emerson 1962, S. 33). Vor diesem Hintergrund wird von einer Anschlussfähigkeit der Theorien ausgegangen.

Die Erweiterung des Bezugsrahmens um Machtquellen zur Erklärung der Ressourcenkontrolle der Akteure A und B wird in der Abbildung 7 des nunmehr machttheoretisch erweiterten Bezugsrahmens dargestellt.

Gegenstand der zweiten Erweiterung des Bezugsrahmens ist die **Wahrnehmung der Akteure**. Obwohl die Theorie kognitive Beschränkungen berücksichtigt (vgl. Pfeffer/Salancik 2003, S. 20; 3.2.3), hebt sie nur mittelbar über die Annahme der begrenzten Rationalität hervor, dass Macht und Abhängigkeit nicht objektiv begründet, sondern Phänomene der subjektiven Zuschreibung und Wahrnehmung sind (vgl. Bacharach/Lawler 1976; Gebert 1998, S. 264). Die Berücksichtigung der Wahrnehmung ist jedoch von Relevanz, da die eigene Abhängigkeit von einem Akteur erst erkannt bzw. dessen Macht erst zugeschrieben wird, wenn wahrgenommen wird, dass ein anderer Akteur die für einen selbst interessanten Ressourcen kontrolliert (vgl. Clegg/Rura-Polley 1998, S. 540). Weiterhin ist aus der Entscheidungsforschung bekannt, dass die Entscheidungen eines Akteurs – hierunter fällt auch das Eingehen einer Austauschbeziehung – davon abhängig sind, worauf dieser Akteur seine Aufmerksamkeit richtet, d. h. was der Akteur wahrnimmt (vgl. Ocasio 1997, S. 190; Barnett 2008, S. 622; Sullivan 2010, S. 435).

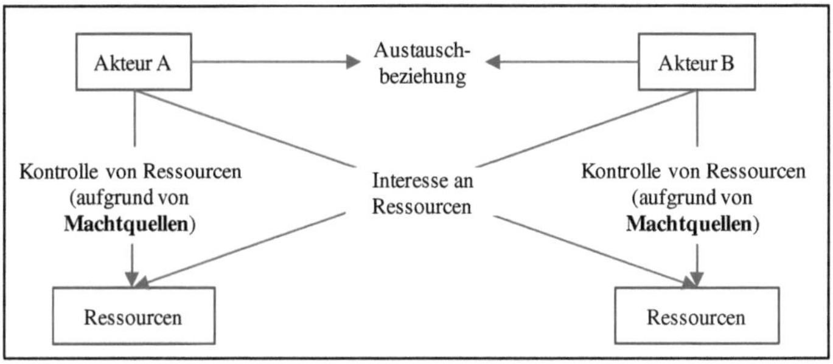

Abb. 7: Machttheoretische Erweiterung des Bezugsrahmens

Im organisationalen Kontext spiegelt sich die Wahrnehmung von Akteuren in der **Zuschreibung von Legitimität** wider (vgl. Suchman 1995). Eine Theorie, die sich mit Legitimität beschäftigt, ist der Soziologische Neoinstitutionalismus. In dieser Theorie wird erklärt, dass Akteure ihre Existenz sichern und die benötigten Ressourcen erhalten, wenn sie sich konform zu den Vorstellungen ihrer Umwelt verhalten. Diese Konformität führt zur Zuschreibung von Legitimität (vgl. Walgenbach 2006, S. 357-358). Der damit verbundene instrumentelle Charakter geht über das Legitimitätsverständnis der Resource-Dependence-Theorie hinaus, die Legitimität als immaterielle Ressource versteht (vgl. Pfeffer/Salancik 2003, S. 194; Verbruggen/Christiaens/Milis 2011, S. 8). Vielmehr ist Legitimität „an important resource for gaining other resources" (Zimmerman/Zeitz 2002, S. 414; vgl. auch Stelzer 2008, S. 4) und beeinflusst das Zustandekommen der Austauschbeziehung und den Zugang zu Ressourcen. In diesem Sinne wird Legitimität als Voraussetzung für das Zustandekommen von Austauschbeziehungen verstanden.

Deutlich wird dies am Beispiel eines Räubers (vgl. Nienhüser 2003, S. 145; Amalou/Süß 2013b). Der Räuber benötigt keine Legitimitätszuschreibung, weil er und sein „Tauschangebot" wahrgenommen werden. Wäre nicht bekannt, dass der Räuber z. B. durch den Einsatz seiner Waffe eine wichtige Ressource für seinen Austauschpartner – dessen Leben – kontrolliert, würde kein Austausch zustande kommen und die Macht des Räubers wäre gering. Folglich ist bedeutsam, dass dem Austauschpartner die Ressourcenkontrolle bekannt ist, d. h., dass er sie wahrnimmt. Auch im organisationalen Kontext gilt, dass Austauschbeziehungen zustande kommen können, sofern die Ressourcenkontrolle und die Akteure wahrgenommen werden.

Diese Wahrnehmung kann durch eine Legitimitäts-zuschreibung unterstützt werden. Für das Beispiel des Personalmanagements ist diese Zuschreibung erforderlich, weil es – anders als der Räuber – damit zu kämpfen hat, als Austauschpartner wahrgenommen zu werden (vgl. z. B. Harpaz/Meshoulam 1997, S. 122-124; Kelly/Gennard 2001, S. 3; Farndale/Hope-Hailey 2009, S. 399). Es bedarf also eines Signals, um diese Wahrnehmung zu erzeugen. Dieses Signal ist im Fall des Räubers sein offensichtliches Drohpotenzial, das als solches nicht weiter hinterfragt wird. Das lässt sich auf den organisationalen Kontext beziehen: Wer im Unternehmen akzeptiert, d. h. legitimiert, ist, besitzt ein solches Signal und wird wahrgenommen. Dieses Signal in Form zugeschriebener Legitimität bedarf noch keines Austausches; auch der Räuber muss seine Drohung nicht erst wahr machen, um die Bedrohung wahrnehmbar zu machen. Deshalb entspricht diese zugeschriebene Legitimität im Vorfeld der organisationalen Austauschbeziehung im positiven Sinne der Signalwirkung der ausgestreckten Pistole des Räubers. Dabei ist Legitimität nicht objektiv gegeben, sondern stellt ein soziales Konstrukt aus subjektiver Zuschreibung durch die relevanten Akteure dar: „Legitimacy is a conferred status and, therefore, always controlled by those outside the organization" (Pfeffer/Salancik 2003, S. 194; vgl. auch Süß 2009, S. 54-55). Hieraus erwächst die Bedeutung der Zuschreibung von Legitimität für das Zustandekommen und die Aufrechterhaltung der Austauschbeziehung, weil nur wahrgenommene Abhängigkeit und Macht zu Austauschhandlungen führen: „Erlebte Abhängigkeitsgrade leben von Zuschreibungen [...]" (Gebert 1998, S. 264; vgl. auch Steimle 2008, S. 145-146). Vor diesem Hintergrund besitzt Legitimität eine „Doppelrolle", weil sie nicht nur Ressource, sondern auch Instrument zur Wahrnehmungsbeeinflussung und Voraussetzung für Ressourcenaustausch sein kann.

Die dritte Erweiterung bezieht sich auf **Handlungsstrategien von Akteuren**. Diese werden in der Resource-Dependence-Theorie zwar berücksichtigt (vgl. Pfeffer/Salancik 2003, S. 92-256; 3.2.5), sind jedoch auf interorganisationale Austauschbeziehungen bezogen (z. B. auf Merger, Joint Ventures) und nicht uneingeschränkt auf intraorganisationale Beziehungen übertragbar. Eine differenzierte Betrachtung passiver und aktiver Handlungsweisen von Akteuren in Austauschbeziehungen liefert Oliver (1991) mit ihrer Analyse strategischer Reaktionsmöglichkeiten. Sie zeigt verschiedene Handlungsstrategien als Reaktion auf Druck und Abhängigkeit auf und bildet diese in einem Kontinuum von passiver Konformität bis hin zu aktivem Widerstand ab (vgl. Oliver 1991, S. 151). Die Einbettung dieser Handlungsstrategien in den existierenden Bezugsrahmen ist möglich, da diese Strategien sowohl aus dem

Soziologischen Neoinstitutionalismus als auch aus der Resource-Dependence-Theorie abgeleitet werden.

Diese Erweiterung dient nicht nur der Einbeziehung systematisierter Handlungsstrategien, sondern auch der Einbeziehung des Kontextes einer Austauschbeziehung in die Analyse. Die Betrachtung des Kontextes wird auch in der Resource-Dependence-Theorie als wesentlich erachtet (vgl. 3.2.4), dennoch fehlen Hinweise darauf, in welchen Kontexten bestimmte Handlungsstrategien zu erwarten sind (vgl. Kempf 2007, S. 42). Mit Hilfe der Erweiterung kann jedoch erklärt werden, unter welchen Bedingungen verschiedene Handlungsstrategien zum Einsatz kommen, d. h. wovon passives oder aktives, machtorientiertes Verhalten der Akteure in Austauschbeziehungen abhängt. Folglich werden die zweite und die dritte Erweiterung des Bezugsrahmens auf Basis des Soziologischen Neoinstitutionalismus argumentiert und führen zu einer Einbeziehung sowohl der Bedeutung von Legitimität und Wahrnehmung für die Austauschbeziehung zwischen zwei Akteuren (A und B) als auch der von diesen Akteuren vorgenommenen Handlungsstrategien (vgl. Abb. 8).

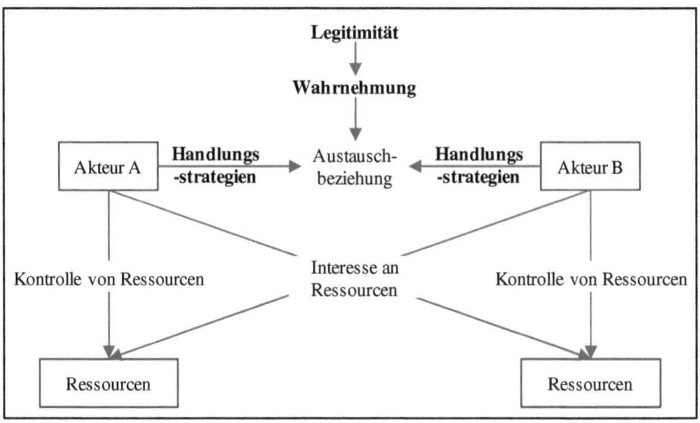

Abb. 8: Neoinstitutionalistische Erweiterung des Bezugsrahmens

Analog zur ersten theoretischen Erweiterung des Bezugsrahmens kann auf Basis einer Vielzahl von Arbeiten auch die Anschlussfähigkeit der neoinstitutionalistischen Argumente an die Resource-Dependence-Theorie festgestellt werden (vgl. hierzu z. B. Dowling/Pfeffer 1975; Zucker 1987, S. 448, 451, 457; Tolbert/Zucker 1996, S. 179-180; Zinn/Weech/Brannon 1998, S. 264; Pfeffer 2005, S. 452; Hessels/Terjesen 2010, S. 205-206; 3.2.6). Beide Theorien argumentieren auf Basis der Bedeutung externer Ressourcen und dem Einfluss externer Akteure bzw. der externen Umwelt auf das Akteursverhalten (vgl. Tolbert 1985, S. 1; Zinn/Weech/Brannon 1998, S. 264; Sherer/Lee 2002, S. 102; Pfeffer/Salancik 2003, S. xiii, 24; Hillman/Withers/Collins 2009, S. 1416-1418). Es besteht ein gemeinsames Verständnis darüber, dass Akteure die externen Anforderungen nicht unberücksichtigt lassen, sondern „the choices of an organization are limited by external pressures" (Verbruggen/Christiaens/Milis 2011, S. 8). Dabei wird insbesondere die argumentative Nähe des Zwangsisomorphismus und der Ressourcenabhängigkeit der Resource-Dependence-Theorie herausgestellt (vgl. Carpenter/Feroz 2001, S. 571; Wry/Cobb/Aldrich 2013, S. 461-462). Das Überleben der Akteure ist in beiden Theorien von ihrer Fähigkeit abhängig, ihre Unsicherheit zu reduzieren, weshalb sie versuchen, externe Erwartungen zu erkennen und ihnen (bei Abhängigkeit) zu entsprechen. Die Wahl ihrer Handlungsstrategien sind dementsprechend geprägt von ihrem Interesse an Stabilität, Legitimität und Ressourcen (vgl. Oliver 1991, S. 146-151; Harrell-Cook/Ferris 1997, S. 323; Pfeffer/Salancik 2003, S. 2).

3.3 Machttheoretische Erweiterung des Bezugsrahmens

Trotz der zentralen Bedeutung der Ressourcenausstattung für die Macht und Abhängigkeit eines Akteurs wird der Machtbegriff in der Resource-Dependence-Theorie nicht differenziert betrachtet. Diese Lücke im Bezugsrahmen wird durch seine Erweiterung um Machtquellen geschlossen. Die Betrachtung differenzierter Machtquellen-Typisierungen liefert eine Erklärung dafür, weshalb Akteure Ressourcen kontrollieren und Macht zugeschrieben bekommen: Machtquellen stellen die Basis für die Kontrolle über Ressourcen dar und aus der Ressourcenkontrolle resultiert schließlich Macht (vgl. Wolf 2011, S. 296). Insofern sind Machtquellen wie auch die Kontrolle über Ressourcen konstituierend für die Macht eines Akteurs über einen anderen Akteur (vgl. Küpper/Felsch 2000, S. 101) (vgl. Abb. 9).

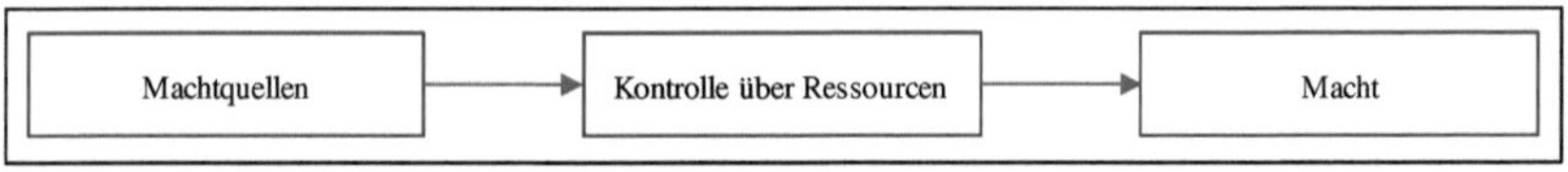

Abb. 9: Beziehung zwischen Machtquellen, Ressourcenkontrolle und Macht

Dem Bezugsrahmen liegt ein Machtbegriff zugrunde, nach dem Macht sowohl strukturell – d. h. nicht-personenbezogen – als auch relational ist (vgl. McNulty et al. 2011, S. 94). Strukturelle und relationale Macht lassen sich mit den Machtbasen der Machtbasen-Theorie von French/Raven (1959) – folgend als Machtquellen bezeichnet – abbilden, die eine der bekanntesten und ältesten Typisierungen von Machtquellen darstellt (vgl. Ward 1998, S. 364;

Nienhüser 2003, S. 154-159) und deren grundlegende Aussagen auch in spätere Typisierungen eingegangen sind (vgl. z. B. Hardy 1996, S. S7). Trotz der Schwächen dieser Typisierung (vgl. Sandner 1990, S. 22-27; Tjosvold 1990, S. 250; 3.1.1) gilt sie als alltagstauglich und übersichtlich (vgl. Knoblach/Fink 2012, S. 749). Nachfolgend werden die Machtquellen aus der Machtbasen-Theorie in einem ersten Schritt eingeführt, um sie in einem zweiten Schritt um die Machtquellen zu ergänzen, die für die Analyse von Austauschbeziehungen von zusätzlicher Relevanz sind. Dabei werden jedoch individuelle Fähigkeiten bzw. zwischenmenschliche Interaktion weitestgehend ausgeklammert, was dem Fokus dieser Arbeit auf kollektive Akteure geschuldet ist (vgl. 2.3.3; 7.5).

Die **Machtbasen-Theorie** (vgl. French/Raven 1959) umfasst fünf Machtquellen: Belohnungs, Bestrafungs-, Experten-/Informations-, Identifikations- sowie Legitimationsmacht (vgl. Sandner 1990, S. 17; Raven 1993). Sie sind insbesondere in zwei zentrale Determinanten der Resource-Dependence-Theorie integrierbar, die der (sozialen) Ressourcenabhängigkeit sowie die der Ressourcenkontrolle (vgl. hierzu auch Emerson 1962, S. 33). Im Einzelnen bezieht sich Belohnungs- und Bestrafungsmacht auf die Interaktion mit einem weiteren Akteur. Sie besteht jedoch nicht uneingeschränkt bzw. kontextunabhängig, d. h. nicht jederzeit oder jedem Akteur gegenüber. Weiterhin ist sie nicht nur aus der formalen Position eines Akteurs abzuleiten, sondern kann auch durch informelle Strukturen begründet sein (vgl. Clegg/Kornberger/Pitsis 2008, S. 257). In Verbindung mit der Argumentation der Resource-Dependence-Theorie ist diese Machtquelle dann effektiv, d. h. führt zu Macht, wenn der Gegenstand der Belohnung oder Bestrafung wichtig für den Austauschpartner ist. Auch die Machtquellen Expertentum und Informationsmacht sind effektiv, sofern sie in einer Austauschbeziehung zur Kontrolle von wichtigen Ressourcen beitragen, z. B. zu einem Wissensvorsprung (vgl. Jones/Bouncken 2008, S. 912-913). Ein wesentlicher Aspekt dieser Macht ist der Zugang zu spezialisierten Informationen und zu Wissen (vgl. Crozier 1964). Dagegen entsteht Identifikations- bzw. Vorbildmacht, wenn ein Akteur das Verhalten vorgibt, an dem sich andere Akteure orientieren, weil sie wie das Vorbild sein wollen (vgl. Staehle 1999, S. 400; Nienhüser 2003, S. 158-159). (Formale) Legitimationsmacht schließlich begründet die Macht auf einer formalen Position. Dabei kann aus der formalen Legitimationsmacht der Zugang zu weiteren Machtquellen resultieren, so dass sich eine Machtquellenhierarchie mit der übergeordneten Positionsmacht bzw. formalen Legitimationsmacht und den untergeordneten weiteren Machtquellen ergibt (vgl. French/Raven 1959, S. 158-161; 4.1.1).

Diese Machtquellen-Typisierung nach French/Raven (1959) vernachlässigt jedoch wichtige organisationale Machtgrundlagen (vgl. Nienhüser 2003, S. 159-160). Deshalb werden weitere relevante Machtquellen in den Bezugsrahmen einbezogen. Dabei wird nicht das Ziel einer Vervollständigung der Typisierung verfolgt. Vielmehr werden Machtquellen ergänzt, die der Analyse von Austauschbeziehungen dienlich sind. Hierzu erfolgt die Ableitung von Machtquellen aus den beiden Machttheorien, der Strategischen Organisationsanalyse und der Strategic-Contingency-Theorie, die aufgrund ihres gemeinsamen Machtbegriffs mit der Resource-Dependence-Theorie bereits im Rahmen der Theorieauswahl betrachtet wurden (vgl. 3.1.2).

Nach der **Strategischen Organisationsanalyse** (vgl. Crozier/Friedberg 1979) nutzen Akteure zur Verfolgung ihrer Interessen Handlungsspielräume aus Ungewissheitszonen, die sich daraus ergeben, dass nicht alle organisationalen Strukturen und Prozesse vollständig festgelegt und Ressourcen ungleich verteilt sind (vgl. Crozier 1964). Die Kontrolle der Ungewissheitszonen und damit die Macht eines Akteurs basiert auf vier Machtquellen: Expertentum, Kontrolle von Umweltschnittstellen, Kontrolle von Informations- und Kommunikationskanälen sowie Nutzung und Kontrolle organisationaler Regeln (vgl. Crozier/Friedberg 1979, S. 49-55; Bogumil/Schmid 2001, S. 58). Dabei wird Macht erst durch die Anwendung dieser Kontrolle, nicht allein durch ihr Vorhandensein ausgeübt (vgl. Süß 2009, S. 134). Die Anwendung findet im Rahmen von Spielen durch aktives, selbstbestimmtes Verhalten zur Realisierung individueller Interessen statt. Spiele sind gekennzeichnet durch knappe Ressourcen, Unsicherheit über den Spielausgang – die mit zunehmender Macht jedoch sinkt – beschränkte Rationalität der Akteure, ihrer Eigennützigkeit sowie ihrer Interdependenz (vgl. Scherm/Pietsch 2007, S. 87). Unter Beachtung der organisationalen Regeln, Strukturen und Prozesse werden hierzu verschiedene Handlungsstrategien verfolgt, z. B. sind Akteure bereit, Koalitionen einzugehen (vgl. Sandner 1990, S. 43; Neuberger 1995, S. 208-212).

Die **Strategic-Contingency-Theorie** (vgl. Hinings et al. 1974) konzentriert sich auf die „Machtausübung auf gleicher hierarchischer Ebene" (Sandner 1990, S. 30), d. h. auf horizontale Macht organisationaler Subeinheiten. Ihre Machtquellen berücksichtigen Macht als Ergebnis der Position in der Organisation bzw. des Organisationskontextes (vgl. Becker-Ritterspach/Dörrenbächer 2011, S. 542). Für die Macht einer Subeinheit ist es entscheidend, bei gegebener (1) Zentralität in der Organisation und (2) Nichtsubstituierbarkeit der eigenen Leistung, die (3) Unsicherheit der Organisation bewältigen zu können (vgl. Pfeffer 1981a, S. 110; Farndale/Hope-Hailey 2009, S. 394). Ausschlaggebend für Macht ist die Realisierung des Machtpotenzials aus allen drei Machtquellen (vgl. Hickson et al. 1971, S. 219-222; Pfeffer 1981a, S. 111):

- Die Machtquelle Zentralität wird ablauforganisatorisch verstanden, denn sie bezieht sich auf „the degree to which its activities are interlinked into the system" (Hickson et al. 1971, S. 221; vgl. auch Hackman 1985, S. 73), d. h. die Einbindung einer Subeinheit in organisatorische Prozesse. Zentralität besitzt zwei Dimensionen: Ihre Reichweite zeigt sich in dem Ausmaß der Verflechtung oder der Interdependenz mit anderen Subeinheiten bezogen auf die Aufgabenerfüllung. Ihre Unmittelbarkeit bezieht sich auf die Wichtigkeit der Tätigkeiten der Subeinheiten und ihre Auswirkung auf andere Subeinheiten sowie mit Blick auf die Unternehmenszielerreichung (vgl. Saunders/Scamell 1982, S. 193; Kaiser/Ross 1994, S. 302-303).

- Die Machtquelle Nicht-Substituierbarkeit bezieht sich dagegen darauf, dass eine Ressource nicht durch eine andere Ressource ersetzt werden kann. Folglich resultiert diese Macht aus der Einzigartigkeit bzw. Seltenheit einer Ressource. Damit grenzt sich diese Machtquelle von den alternativen Ressourcenquellen der Resource-Dependence-Theorie ab, da diese sich auf den die Ressourcen kontrollierenden Akteur, nicht auf die Ressource beziehen (vgl. 3.2.4.2).

- Die Fähigkeit, Unsicherheit zu bewältigen, wird als wesentliche Machtquelle betrachtet (vgl. Clegg/Kornberger/Pitsis 2008, S. 258). Unsicherheit bezieht sich auf fehlende Informationen über zukünftige Ereignisse, so dass ihre Bewältigung umfasst, in welchem Ausmaß die Unvorhersehbarkeit reduziert werden kann. Das kann beispielsweise durch Informationsbereitstellung erfolgen (vgl. Saunders 1981, S. 435).

Der durch die theoretischen Erweiterungen erläuterte Begriff der Machtquelle erlaubt in der Folge insbesondere ein Verständnis der Gründe für die Macht des einen Akteurs über den anderen Akteur und unterstützt die im Bezugsrahmen verankerte Möglichkeit nicht-hierarchisch begründeter Macht.

3.4 Neoinstitutionalistische Erweiterung des Bezugsrahmens

3.4.1 Soziologischer Neoinstitutionalismus

Auf Basis des Soziologischen Neoinstitutionalismus erfolgen die zweite und dritte Erweiterung des Bezugsrahmens (vgl. 3.2.6). Der Soziologische Neoinstitutionalismus berücksichtigt die Einflüsse der Umwelt auf die Strukturen und Prozesse in Organisationen und stellt heraus, dass „not everything that happens is necessarily intended and [...] not all outcomes are the result of conscious decision processes" (Wright/McMahan 1992, S. 314; vgl. auch Meyer/Rowan 1977, S. 343; Elšik 1996, S. 334; Walgenbach 2002, S. 159-160). Mit dem **Makroinstitutionalismus** und dem **Mikroinstitutionalismus** existieren zwei Forschungsrichtungen der Theorie. Während nach der mikroinstitutionalistischen Argumentation Akteure Einfluss auf ihre Umwelten ausüben, indem sie aktiv Institutionen hervorbringen (vgl. Zucker 1977), betrachtet der Makroinstitutionalismus, dass Akteure sich (passiv) den institutionellen Einflüssen ihrer Umwelt beugen (vgl. Süß 2009, S. 52). Aufgrund seiner Parallelen zur Argumentation der Resource-Dependence-Theorie (vgl. 3.2.6) steht der Makroinstitutionalismus im Weiteren im Vordergrund.

Die Theorie erklärt, dass ein organisationaler Akteur nicht nur nach Effizienz- und Effektivitätsgesichtspunkten handelt, sondern auch von Erwartungen seiner Umwelt beeinflusst wird und Praktiken, Regeln, Strukturen und Prozesse adaptiert, die gesellschaftlich als rational oder modern anerkannt sind (vgl. Walgenbach 1998, S. 272-273). Der Grund für dieses Verhalten und für den Einfluss der Umwelt liegt in seiner Abhängigkeit von den Ressourcen seiner Umwelt. Seine Konformität mit den Umwelterwartungen führt zur Legitimitätszuschreibung und in der Folge zum Fluss (überlebenswichtiger) Ressourcen (vgl. Walgenbach/Beck 2003, S. 498-499; Wilkens/Lang/Winkler 2003, S. 191; Walgenbach 2006, S. 357-358).

Der Prozess, in dem sich diese Umwelterwartungen als anerkannt verfestigen, heißt **Institutionalisierung**. Die mit den Erwartungen verbundenen Vorstellungen werden dabei zu **Institutionen**. Sie bezeichnen Vorstellungen darüber, welche Regeln, Prozesse und Strukturen gesellschaftlich geteilt, d. h. als sinnvoll, rational und richtig erachtet, und wie Fakten behandelt werden (vgl. Jepperson 1991, S. 144-145; Walgenbach 2006, S. 355-356). Mit diesen Institutionen verbunden sind **institutionelle Logiken**, d. h. grundsätzliche Prinzipien für das Handeln der Akteure, die nicht hinterfragt werden (vgl. Friedland/Alford 1991, S. 248-253). In Abhängigkeit von Effizienzanforderungen bzw. institutionellen Regeln können **institutionelle und technische Umwelten** (in unterschiedlichen Ausprägungen und Mischformen) unterschieden werden: In technischen Umwelten überleben Akteure, die die technischen Anforderungen effizient erfüllen. Dagegen hängt in institutionellen Umwelten ihr Überleben von ihrer Konformität mit den Umweltanforderungen ab (vgl. Meyer/Rowan 1977, S. 354).

Institutionen können **Rationalitätsmythen** darstellen, wenn die mit ihnen verbundenen gesellschaftlichen Vorstellungen in einem hohen Maß institutionalisiert sind, d. h. generellen Erwartungen entsprechen und als rational, objektiv, richtig und verbindlich verstanden, aber nicht reflektiert und hinterfragt werden (vgl. Meyer/Rowan 1977, S. 343-344; Elšik 1996, S. 336; Scherm/Pietsch 2005, S. 49-50). Zusammenfassend sind vier wesentliche Merkmale von Rationalitätsmythen auszumachen: Obwohl sie allgemein anerkannt sind (Taken-for-granted-Charakter) und sich in eindeutigen Botschaften ausdrücken (Bezug auf akzeptierte Normensysteme und deren Sprache), vermitteln sie keine konkreten Regeln (hoher Allgemeinheitsgrad und Generalisierung), die eine Überprüfung des unterstellten Ziel-Mittel-Zusammenhangs (Vermeidung der empirischen Überprüfung) ermöglichen (vgl. Elšik 1996, S. 341; Scherm/Pietsch 2005, S. 51).

Institutionen können weiterhin Ursache der Angleichung von Akteuren bzw. ihres Verhaltens sein. Diese Akteure, die miteinander interagieren und gleichen gesellschaftlichen Einflüssen unterliegen, bewegen sich in einem gemeinsamen organisationalen Feld (vgl. Walgenbach 2006, S. 368-369). Vor dem Hintergrund eines solchen Feldes orientieren sich die Akteure aneinander. In der Folge reduzieren sich die Unterschiede zwischen ihnen und es kommt zur Strukturgleichheit, d. h. zur **Isomorphie**. Es existieren drei Mechanismen, die zu Isomorphie führen (vgl. Meyer/Rowan 1977, S. 348-349; DiMaggio/Powell 1983, S. 150; Elšik 2004, S. 811): (1) Zwangsisomorphismus basiert auf dem Druck der Umwelt, von welcher der Akteur abhängig ist (vgl. Mizruchi/Fein 1999, S. 657; Verbruggen/Christiaens/Milis 2011, S. 8). Ein Beispiel für druckausübende Mechanismen sind Gesetze (vgl. Walgenbach 2006, S. 370). (2) Mimetischer Isomorphismus resultiert aus der Imitation von Strukturen, Prozessen und Praktiken anderer Akteure. Dies erfolgt mit dem Ziel, Unsicherheit zu reduzieren und richtet sich nach einem Vorbild, das als erfolgreich und legitimiert erachtet wird. Dagegen ist (3) normativer Isomorphismus das Ergebnis zunehmender Professionalisierung. Die Vereinheitlichung ist Resultat von Normen, die über Netzwerke und Ausbildung verbreitet werden (vgl. Elšik 1996, S. 338; Walgenbach 2002, S. 161-162; Walgenbach 2006, S. 369-375).

Die Adaption institutionalisierter Regeln bzw. die Konformität mit Rationalitätsmythen der Umwelt führt zu Legitimität, Ressourcenfluss und somit Existenzsicherung für die Akteure (vgl. Walgenbach 2006, S. 366-367). Dabei können jedoch zwei grundsätzliche Probleme auftauchen. Zum einen können Konflikte zwischen den institutionellen Anforderungen ihrer

Umwelt und den technischen Erfordernissen ihrer Aufgabe bestehen. Dies ist der Fall, wenn Rationalitätsmythen sich nicht mit den Anforderungen der Arbeitsabläufe vereinbaren lassen. Zum anderen agieren Akteure in unterschiedlichen Umwelten mit möglicherweise widersprüchlichen Erwartungen und Rationalitätsmythen, so dass es zwischen diesen zu Konflikten kommen kann. Demnach ist die Adaption bzw. die Erfüllung aller Erwartungen nicht möglich (vgl. Meyer/Rowan 1977, S. 355-357; Elšik 1996, S. 335). Im Umgang mit Konflikten zwischen institutionalisierten Regeln und strukturellen Anforderungen bzw. zwischen konfligierenden Umwelterwartungen verfügen Akteure über verschiedene **Reaktionsmöglichkeiten bzw. Handlungsstrategien**. Neben Adaption, Ablehnung und Versprechen der Adaption existieren zwei Lösungen, die zu einer symbolischen Anpassung führen: „Entkopplung und Vertrauensbildung" (Elšik 1996, S. 347). Akteure können anstatt einer Übernahme der Rationalitätsmythen die tatsächlichen von den erwarteten Prozessen entkoppeln oder Vertrauen schaffen. Folglich erwecken sie nur den Anschein der Konformität mit Umwelterwartungen, tatsächlich aber entkoppeln sie ihre Strukturen davon. Damit diese Entkopplung nicht augenscheinlich wird, bauen sie Legitimationsfassaden und eine Aura des Vertrauens auf, hinter denen sie agieren (vgl. Meyer/Rowan 1977, S. 356-357).

3.4.2 Organisationale Legitimität

Ein zentraler Begriff im Soziologischen Neoinstitutionalismus ist die organisationale Legitimität. Beginnend mit Weber (1972) und seinem Verständnis von Macht und Herrschaft als Legitimitätsquellen existiert eine Vielzahl von Begriffsverständnissen (vgl. Weber 1972, S. 28-29; Stelzer 2008, S. 5-6; Süß 2009, S. 54-55). Dabei herrscht Einigkeit darüber, dass die Zuschreibung von Konformität mit sozialen bzw. gesellschaftlichen Werten, Normen und Regeln ein Kernelement der Legitimität darstellt (vgl. Fallgatter/Brink 2008, S. 305). Damit ist Legitimität die Reaktion der Umwelt auf die wahrgenommene Konformität des Akteurs (vgl. Stelzer 2008, S. 7). Schreiben die Umwelten einem Akteur Legitimität zu, akzeptieren sie seine Nutzung der (begrenzt) verfügbaren Ressourcen (vgl. Elšik 1996, S. 345). Legitimität geht somit mit Wahrnehmung, Anerkennung, Rechtfertigung und Unterstützung durch die Umwelt einher und schützt Akteure vor existentieller Bedrohung (vgl. Elsbach 1994, S. 57-58; Pfeffer/Salancik 2003, S. 193; Tuschke 2005, S. 36). Folglich ist Legitimität „a generalized perception or assumption that the actions of an entity are desirable, proper, or appropriate within some socially constructed system of norms, values, beliefs, and definetions" (Suchman 1995, S. 574). Im Einzelnen lassen sich verschiedene Formen dieses Legitimitätsbegriffs unterscheiden (vgl. Zimmerman/Zeitz 2002, S. 418-420).

Kognitive Legitimität beruht auf der „Verständlichkeit und Selbstverständlichkeit" (Elšik 1996, S. 346) organisationalen Verhaltens (vgl. Aldrich/Fiol 1994, S. 648). Sie resultiert einerseits aus der positiven Bewertung der Wirkung und der Zuschreibung von Verständlichkeit, Vorhersehbarkeit und Sinnstiftung der Aktivitäten des Akteurs (vgl. Suchman 1995, S. 582). Andererseits ergibt sich kognitive Legitimität aus Verhalten, das von der Umwelt als selbstverständlich akzeptiert und nicht hinterfragt wird und daher in (maximale) Legitimitätszuschreibung mündet (vgl. Süß 2009, S. 55).

Soziopolitische Legitimität beschreibt die Legitimität, die ein Akteur besitzt, wenn dieser seine Konformität mit anerkannten gesellschaftlichen Vorstellungen vermittelt (vgl. Fallgatter/Brink 2008, S. 306). Mit ihr verbunden ist die Akzeptanz mächtiger Akteure (vgl. Rao 1994, S. 30). Die soziopolitische Legitimität lässt sich weiterhin in pragmatische und moralische Legitimität unterscheiden: **Pragmatische Legitimität** wird durch bewusste Investition in die Erhöhung von Legitimität erzielt und besitzt einen instrumentellen Charakter (vgl. Elšik 1996, S. 346). Sie ist Ergebnis zweckrationaler Entscheidungen des Akteurs und zielt auf Austauschhandlungen des Akteurs mit seiner Umwelt, weshalb auch von Austauschlegitimität die Rede ist. Diese erinnert an die Austauschbeziehungen der Resource-Dependence-Theorie (vgl. Suchman 1995, S. 578). Andere Formen der pragmatischen Legitimität sind die Einflusslegitimität, die zugeschrieben wird, wenn sich die Umwelt von dem Akteur Vorteile für übergeordnete Ziele erhofft. Dagegen ist die dispositionelle Legitimität Resultat der Zuschreibung guter Charaktereigenschaften des Akteurs (vgl. Suchman 1995, S. 578-579). **Moralische Legitimität** ergibt sich aus der Erfüllung moralischer Umwelterwartungen über gesellschaftlich richtiges Verhalten (vgl. Süß 2009, S. 55). Akteure, die den normativen Erwartungen entsprechen, werden als wünschenswert erachtet, daher ist auch von normativer Legitimität die Rede (vgl. Elšik 1996, S. 346). Sie umfasst vier Formen in Abhängigkeit des Gegenstands auf den die Erwartungen bezogen werden: Bewertung von Ergebnissen und Konsequenzen („consequential legitimacy"), von Techniken und Prozeduren („procedural legitimacy"), von Strukturen („structural legitimacy") sowie von Management und Führungspersonen („personal legitimacy") (vgl. Suchman 1995, S. 579).

Für die Analyse einer Austauschbeziehung zwischen zwei Akteuren ist vor diesem Hintergrund insbesondere die pragmatische (Austausch-)Legitimität relevant, wenn die Zuschreibung von Legitimität Instrument für das Zustandekommen von Austauschbeziehungen ist. Auch die kognitive Legitimität im Sinne der Zuschreibung von Sinnstiftung ist mit Blick auf die Bewertung der Wichtigkeit der Ressourcen eines Akteurs anwendbar: Werden Ressourcen von einem Akteur als sinnvoll und wichtig erachtet, sind sie für diesen Akteur von Interesse (vgl. 4.1.2; 4.2.3).

3.4.3 Handlungsstrategien und ihr Kontext

3.4.3.1 Handlungsstrategien als Reaktionen auf institutionellen Druck

Sowohl die Resource-Dependence-Theorie als auch der Neoinstitutionalismus berücksichtigen, dass nicht alle Entscheidungen und Handlungen von Akteuren Ergebnisse rationaler Entscheidungsprozesse sind, sondern von (externen) Umwelten beeinflusst werden können. Durch diese Verbindung der Argumente des Neoinstitutionalismus und der Resource-Dependence-Theorie wächst die Bandbreite der Handlungsstrategien von passiver Konformität bis hin zu aktivem Widerstand bzw. „from conforming to resistant, [...] from preconscious to controlling, from impotent to influential, and from habitual to opportunistic" (Oliver 1991, S. 151). Akteure sind folglich nicht darauf beschränkt, passiv auf den Umwelteinfluss zu reagieren und sich konform zu verhalten, vielmehr können sie mit aktiven, einflussnehmenden Strategien ihre eigenen Interessen verfolgen und ihre Abhängigkeit reduzieren (vgl. Oliver 1991, S. 149; Wright/McMahan 1992, S. 314; Goodstein 1994, S. 350-351).

Diese Bandbreite von Handlungsstrategien (vgl. Oliver 1991, S. 152; Walgenbach/Meyer 2008, S. 124) setzt sowohl auf den Handlungsstrategien, wie sie in der Resource-Dependence-Theorie abgeleitet werden (Konformität und Adaption, Vermeidung bzw. Kontrolle der Umwelt, Verhandlung bzw. Kooperation mit der Umwelt, Lobbyismus bzw. politisches Handeln, vgl. Pfeffer/Salancik 2003, S. 92-256; 3.2.5), als auch auf den im Makroinstitutionalismus beschriebenen Strategien (Adaption, Adaptionsversprechen, Ablehnung, Entkopplung und Vertrauensbildung, vgl. Meyer/Rowan 1977, S. 356-357; 3.4.1) auf und verknüpft sie zu einer neuen Systematik von Handlungsstrategien. Ergebnis sind fünf **Handlungsstrategien**, die in jeweils drei Taktiken Ausdruck finden und Möglichkeiten der Reaktion von Akteuren auf Druck und Abhängigkeit aufzeigen: Sie können sich (1) für eine **Einwilligung** mit externen Erwartungen entscheiden und sie durch Habitualisierung, Imitation oder Einverständnis erfüllen. Alternativ können sie versuchen, einen (2) **Kompromiss** zu finden, indem sie einen solchen zwischen den institutionellen Erwartungen und den technischen Anforderungen aushandeln, einen Ausgleich finden oder diesen Konflikt beruhigen. Berücksichtigt sind auch aktivere Strategien der (3) **Vermeidung** der Übernahme von institutionellen, widersprüchlichen Regeln durch Verheimlichung, Abpuffern oder Verlagerung von Aktivitäten im Sinne von Flucht. Noch aktivere Strategien stellen (4) **Manipulation** durch Kooptation, Einflussnahme oder Kontrolle und (5) **Widerstand** durch Zurückweisung, Herausforderung oder Attackieren dar (vgl. Oliver 1991, S. 152). Die vorgenommene Abgrenzung dieser Strategien und Taktiken ist analytischer Natur, sie bilden vielmehr ein Kontinuum und in der Praxis sind Zwischenformen oder andere Überschneidungen denkbar (vgl. Elšik 2004, S. 813-816).

Abschließend kann festgehalten werden, dass durch die von Oliver (1991) vorgenommene Verknüpfung beider Theorieverständnisse ein etablierter Erklärungsansatz für das Verhalten von Akteuren vorliegt, der den Kontext der Akteure einbezieht und auch auf intraorganisationale Beziehungen und damit in dieser Arbeit anwendbar ist (vgl. Zinn/Weech/Brannon 1998, S. 264; Sherer/Lee 2002, S. 102). Auf die Kontextfaktoren, die erklären, unter welchen Umständen die einzelnen Strategien wahrscheinlich sind, geht der folgende Abschnitt ein.

3.4.3.2 Kontext der Handlungsstrategien

Die Handlungsstrategien eines Akteurs variieren in Abhängigkeit des institutionellen Kontextes (vgl. Oliver 1991, S. 146). Hierzu kann nach den situativen Bedingungen unterschieden werden, in denen sich Akteure passiv anpassen oder eine aktive Strategie wählen (vgl. Goodstein 1994, S. 351-352). In Abhängigkeit des Kontextes kann auch eine Mischstrategie gewählt werden, wenn z. B. die Regeln adaptiert werden, die einen technischen Nutzen schaffen, während die Regeln zurückgewiesen oder entkoppelt werden, die der Effizienz und Effektivität der Handlungen schaden (vgl. Walgenbach/Beck 2003, S. 505). Um ein vollständiges Verständnis des Verhaltens von Akteuren zu erhalten, sind die Handlungsstrategien folglich vor dem Kontext der Beziehung des Akteurs zu seiner Umwelt zu betrachten.

Oliver (1991) führt fünf Kontextfaktoren mit jeweils zwei Dimensionen als kontextuale Voraussetzungen (antecedents) für die Handlungsstrategien Einwilligung, Kompromiss, Vermeidung, Manipulation und Widerstand ein (vgl. Goodstein 1994, S. 352). Die Kontextfaktoren reflektieren

- wieso der institutionelle Druck besteht (Ursache, cause),
- von wem dieser ausgeht (Umwelt, constituents),
- worin er besteht (Inhalt, content),
- wie er durchgesetzt wird (Durchgriff, control) und
- in welchem Zusammenhang er auftritt (Kontext, context).

Auf diese Weise geben die Kontextfaktoren Aufschluss über das Ausmaß des institutionellen Drucks und die Wahrscheinlichkeit für aktiven Widerstand (vgl. Oliver 1991, S. 159-160).

Insbesondere die drei Kontextfaktoren (und ihre jeweiligen zwei Dimensionen) **Ursache** (Erwartung über erzielbare Legitimität oder ökonomische Vorteile), **Umwelt** (widersprüchliche Erwartungen, Abhängigkeit von der Umwelt) und **Kontext** (Unsicherheit über die Umwelt, Fragmentierung der Umwelt) sind auf Argumente der Resource-Dependence-Theorie zu rückzuführen. So sind z. B. mit den Ursachedimensionen „erzielbare Legitimität" oder „ökonomische Vorteile", nichts anderes als Ressourcen gemeint, deren Vorliegen die Austauschbeziehungen beeinflusst. Auch die Umweltdimension „Abhängigkeit" ist ein zentraler Kontextfaktor der Resource-Dependence-Theorie (vgl. 3.2.4.2). Vor diesem Hintergrund sind auf Konformität ausgerichtete Handlungsstrategien wahrscheinlicher, je größer die Abhängigkeit eines Akteurs von seiner Umwelt ist (vgl. Oliver 1991, S. 164). Ferner ist auch die Kontextdimension „Unsicherheit" wesentlich in der Resource-Dependence-Theorie (vgl. 3.2.4.3). Hohe Unsicherheit geht mit großer Abhängigkeit eines Akteurs einher. Es wird argumentiert, dass ein Akteur bei hoher Unsicherheit und Abhängigkeit eher passive Handlungsstrategien zeigen wird, um den Ressourcenfluss zu sichern, d. h. die Unsicherheit darüber zu reduzieren. Kann die Unsicherheit reduziert werden, steigt die Wahrscheinlichkeit für Widerstand (vgl. Oliver 1991, S. 170). Folglich ist die Wahrscheinlichkeit für eine aktive Strategie eine Frage der Macht der Akteure (vgl. Medcof 2001, S. 1008).

Zusammenfassend ergibt sich folgendes Bild über die Wahl von Handlungsstrategien in Abhängigkeit von den Kontextfaktoren: Widerstand und Manipulation als aktive Handlungsstrategien sind zu erwarten, (1) je widersprüchlicher die Erwartungen der Umwelt sind, (2) je größer die Einschränkung der Handlungsfähigkeit bei Konformität wäre sowie (3) je fragmentierter die Umwelt ist. Dagegen sind die passiven Strategien Einwilligung, Kompromissbildung und Vermeidung zu erwarten, wenn (1) hieraus ein (legitimatorischer oder ökonomischer) Vorteil erwartet wird, (2) die Abhängigkeit von der Umwelt groß ist, (3) eine hohe Übereinstimmung der Anforderungen mit den eigenen Zielen vorliegt, (4) die Forderungen der Umwelt rechtlich durchsetzbar sind, (5) eine hohe Verbreitung der geforderten Praktiken vorliegt sowie (6) ein hohes Maß an Unsicherheit herrscht (vgl. Oliver 1991, S. 159-172; Elšik 2004, S. 813).

Auf Basis dieses Verständnisses über die Wahl von Handlungsstrategien in Abhängigkeit von verschiedenen Kontextfaktoren enthält der theoretische Bezugsrahmen nun auch Argumente, mit denen das konkrete Verhalten zweier Akteure innerhalb ihrer Austauschbeziehung erklärt werden kann (vgl. 4.3.2; 6.5.5).

3.5 Erweiterter austauschtheoretischer Bezugsrahmen

Der theoretische Bezugsrahmen erklärt die Beziehung zwischen zwei Akteuren A und B, die sich für Ressourcen des jeweils anderen Akteurs interessieren. Beide Akteure sind in der Folge wechselseitig abhängig und mächtig und treten zum Ressourcentausch in eine Austauschbeziehung. Zur differenzierten Betrachtung dieser Austauschbeziehung wurde der Bezugsrahmen um Machtquellen, Legitimität, Wahrnehmung und Handlungsstrategien erweitert. Diese Erweiterungen werden zur Veranschaulichung in einer aus den vorangegangenen Abbildungen 6-8 zusammengefassten Abbildung 10 auf Basis des ursprünglichen theoretischen Bezugsrahmens (vgl. 3.2.6) zusammengeführt.

Im Ergebnis können mit Hilfe der Erweiterung um **Machtquellen** verschiedene Fragen über Macht und Ressourcen in Austauschbeziehungen geklärt werden: (1) Die Darstellung von (hierarchieunabhängigen) Gründen für Ressourcenkontrolle und damit verbundener potenzieller Macht beantwortet die Frage „[w]here does their power come from?" (Legge 1978, S. 29). (2) Mit der Konkretisierung des Ressourcenbegriffs lässt sich die Frage „was macht mächtig?" (Nienhüser 2003, S. 154) erläutern. Damit verbunden ist die Erklärung darüber „what kind of power others have" (Krackhardt 1990, S. 342).

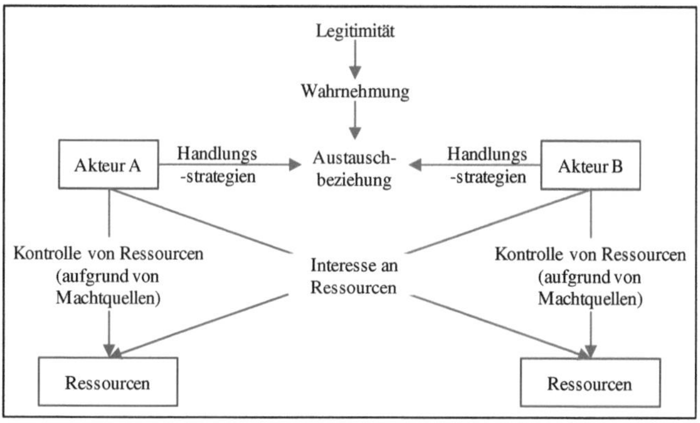

Abb. 10: Erweiterter austauschtheoretischer Bezugsrahmen

Die Erweiterung um organisationale **Legitimität** bringt die Bedeutung von **Wahrnehmung** in den Bezugsrahmen ein. Legitimität besitzt nach diesem Verständnis eine instrumentelle Bedeutung für die Ressourcenbeschaffung. Sie geht mit der Anerkennung des akzeptierten Verhaltens eines Akteurs (kognitive Legitimität) sowie mit einer Austauschlegitimität (pragmatische Legitimität) bezogen auf Austauschhandlungen eines Akteurs mit seiner Umwelt einher (vgl. 3.4.2). Diese Legitimitätszuschreibung bewirkt einen Reputationsgewinn im Sinne eines „outcome of the process of legitimation" (Rao 1994, S. 31). In der Folge wird der Akteur und damit auch seine Macht und Abhängigkeit von anderen Akteuren wahrgenommen. Damit kann Legitimität aufgrund ihres Einflusses auf die Wahrnehmung der Akteure als Voraussetzung für das Zustandekommen von Austauschbeziehungen verstanden werden. Auf Basis dieser Erweiterung des Bezugsrahmens wird die Bedeutung von Legitimität und Wahrnehmung im Folgenden in die Analyse der konkreten Austauschbeziehung zwischen Personalmanagement und Unternehmensleitung untersucht (vgl. 4.2.3.2; 6.3.3; 7.2.1).

Durch die Einbeziehung der aus der Resource-Dependence-Theorie und dem Neoinstitutionalismus abgeleiteten strategischen Reaktionsmöglichkeiten und Kontextfaktoren nach Oliver (1991) gelingt eine differenzierte Betrachtung der **Handlungsstrategien** der Akteure A und B innerhalb einer intraorganisationalen Austauschbeziehung. In der Folge können passive und aktive Strategien der Unternehmensleitung und des Personalmanagements analysiert werden.

Für die theoretische Analyse der Macht und Ressourcenabhängigkeit von Personalmanagement und Unternehmensleitung werden in Kapitel 4 die Elemente des Bezugsrahmens diskutiert. Hierzu wird zunächst unabhängig voneinander untersucht, welche Ressourcen die beiden Akteure kontrollieren (vgl. 4.1.1; 4.2.1) und welche dieser Ressourcen für den jeweils anderen von Interesse sind (vgl. 4.1.2; 4.2.2). Dabei steht das Personalcontrolling im Fokus der Analyse der Ressourcen des Personalmanagements. In einem Zwischenschritt werden beide Seiten der Austauschbeziehung und ihre Ressourcenkontrolle sowie ihr Ressourceninteresse zusammengebracht (vgl. 4.3). Auf dieser Grundlage werden die Handlungsstrategien des Personalmanagements innerhalb dieser Austauschbeziehung betrachtet. Dies erfolgt mit Blick auf den Kontext der Austauschbeziehung.

4 Analyse der Austauschbeziehung zwischen Personalmanagement und Unternehmensleitung

4.1 Ressourcenkontrolle und -interesse der Unternehmensleitung

4.1.1 Machtquellen und Ressourcen der Unternehmensleitung

Die **Ressourcenkontrolle der Unternehmensleitung** (UL) lässt sich mit ihrer strukturellen Macht erklären. Diese resultiert aus der formalen, führenden hierarchischen Position und der damit verbundenen Bedeutung dieser Position für die Aufgabenerfüllung des Unternehmens. Damit ist sie formal derjenige intraorganisationale Akteur mit dem größten Machtpotenzial, denn „those with more authority will have more power, on the average, than those with less authority" (Krackhardt 1990, S. 345; vgl. auch Finkelstein 1992, S. 508; Staehle 1999, S. 399). Diese **Positionsmacht** resultiert somit daraus, dass die Macht der Unternehmensleitung, über das Unternehmen, seine Akteure und Prozesse zu bestimmen, akzeptiert wird. Diese Akzeptanz beruht auf im Unternehmen vorhandenen Strukturen, Werten und Normen (vgl. French/Raven 1959, S. 158-161; Nienhüser 2003, S. 157-158). Dabei kann Positionsmacht als übergeordnete Machtquelle von Akteuren der höchsten Hierarchiestufe bezeichnet werden, weil auf ihr die Zuschreibung weiterer Machtquellen basiert (vgl. French/Raven 1959, S. 161; Frost/Stahelski 1988, S. 386; Carson/Carson/Roe 1993, S. 1152, 1159; Ward 1998, S. 365). So ist mit Positionsmacht die Macht verbunden, über organisationale Ressourcen zu verfügen, zu denen beispielsweise Informationen, Zugang zu anderen Ressourcen oder Legitimität zählen (vgl. Hillman/Withers/Collins 2009, S. 1411). Dementsprechend lassen sich aus ihr Belohnungs-/Bestrafungsmacht, Kontrolle von Umweltschnittstellen, Informationskanälen und organisatorischen Regeln, Unsicherheitsbewältigung, Zentralität, Nicht-Substituierbarkeit als (untergeordnete) Machtquellen ableiten. Diese Machtquellen der Unternehmensleitung, die dazu führen, dass die Unternehmensleitung Ressourcen kontrolliert, sind in Abbildung 11 dargestellt. Diese Abbildung ist eine von mehreren in den folgenden Abschnitten dargestellten Teilabbildungen (Abb. 12-20). Diese Teilabbildungen fließen am Ende des theoretischen Kapitels 4 in die gesamthafte Abbildung 21 des Bezugsrahmens für die empirische Studie ein.

Die (untergeordneten) Machtquellen lassen sich anhand der formalen Verantwortung der Unternehmensleitung für das Unternehmen und in diesem Zusammenhang wahrgenommener Managerrollen (vgl. Mintzberg 1973, S. 54-99; Staehle 1991, S. 14-15; Staehle 1999, S. 83-

84; Brandl/Welpe 2008, S. 71-73; Macharzina/Wolf 2010, S. 636-641) veranschaulichen. So koordiniert, führt und repräsentiert die Unternehmensleitung das Unternehmen im Rahmen ihrer interpersonellen Rolle (vgl. Brandl/Welpe 2008, S. 71). Damit geht die Macht einher, formale Weisungen und Sanktionen gegenüber hierarchisch unterstellten Akteuren auszusprechen (vgl. Knoblach/Fink 2012, S. 751).

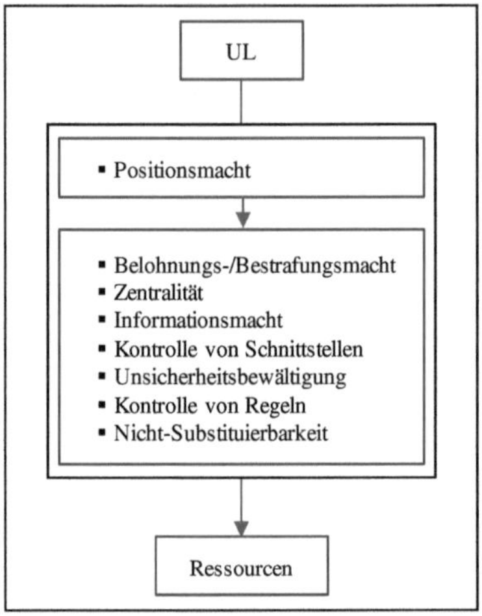

Abb. 11: Machtquellen der Unternehmensleitung

Die **Belohnungs- bzw. Bestrafungsmacht** bezieht sich auf Ressourcen, z. B. Budget, Personal, Räumlichkeiten, Privilegien, den Zugang zu Informationen, Kommunikation und zu Netzwerken (vgl. Pfeffer 1992, S. 75-77) sowie Karrieren (vgl. Tsui 1990, S. 477). Sie ist davon abhängig, wie wichtig die Sanktion für den unterstellten Akteur ist, wie er ihre Eintrittswahrscheinlichkeit und die Sanktionsfähigkeit des anderen Akteurs einschätzt (vgl. Nienhüser 2003, S. 156-157). Sowohl im Hinblick auf materielle als auch auf immaterielle Ressourcen, z. B. Legitimität, besitzt die Unternehmensleitung auf Grundlage ihrer hierarchischen Autorität formal die größte Machtbasis (vgl. hierzu auch Krackhardt 1990, S. 345).

Mit der interpersonellen Rolle geht gleichsam die Machtquelle der **Zentralität** einher. Zentralität bezieht sich darauf, ob ein Akteur im Rahmen von organisatorischen Prozessen und Entscheidungen umgangen werden kann (vgl. Hickson et al. 1971, S. 221-222; Brass/Burkhardt 1993, S. 446). Die hierarchische Position kann die Zentralität eines Akteurs innerhalb einer organisationalen Struktur begründen (vgl. Brass/Burkhardt 1993, S. 441; Ibarra 1993,

S. 476). Aus der weitestgehenden Entscheidungsgewalt folgt ein hohes Maß an Einbindung in wesentliche Entscheidungen im Unternehmen und dementsprechend an Zentralität der Unternehmensleitung (vgl. hierzu auch Krackhardt 1990, S. 346). Mit der hierarchischen Position der Unternehmensleitung sind weiterhin die gegenüber anderen Akteuren im Unternehmen größten Weisungsbefugnisse verbunden, weil sich ihre (insbesondere strategischen) Entscheidungen auf andere Stellen des Unternehmens auswirken (vgl. Macharzina/Wolf 2010, S. 40-44).

Im Rahmen ihrer Informationsrolle sowie bedingt durch ihre zentrale Position in Entscheidungsprozessen und durch ihre Steuerungsaufgabe kontrolliert die Unternehmensleitung insbesondere Informationskanäle und -flüsse. Diese **Informationsmacht** beruht darauf, dass, „the content of and access to information systems throughout the organisation is likely to be controlled by the most senior levels of the organisation" (Farndale 2004, S. 64; vgl. auch Brandl/Welpe 2008, S. 72). Auf Basis ihrer Aufgabe der internen und externen Kommunikation und Repräsentation kann die Unternehmensleitung Informationen verändern, zurückhalten, filtern oder zur Verfolgung eigener Ziele verwenden (vgl. hierzu auch Macharzina/Wolf 2010, S. 40-44). Mit dem Zugang zu und der Vermittlung zwischen internen und externen Umwelten geht weiterhin die **Kontrolle von Umweltschnittstellen** einher, denn „[d]irectors [...] bring resources to the firm, such as [...] access to key constituents (e.g. suppliers, buyers, public policy decision makers, social groups)" (Hillman/Cannella/Paetzhold 2000, S. 238). Diese Macht kann auch als Prozessmacht verstanden werden, weil mit ihr der Zugang zu (Entscheidungs-)Prozessen und die Gestaltung der Entscheidungen kontrolliert werden (vgl. Hardy 1996, S. S7-S8; Hardy/Leiba-O'Sullivan 1998, S. 452).

Ein wichtiger Aspekt im Rahmen der Kontrolle von Informationskanälen bzw. -systemen ist die **Unsicherheitsbewältigung** (vgl. Crozier/Friedberg 1979; Pfeffer/Salancik 2003, S. 277). Unsicherheit bezeichnet den Mangel an Informationen über Ereignisse in der Zukunft. Die Fähigkeit, Unsicherheit zu bewältigen, geht somit einher mit der Fähigkeit, wichtige Ressourcen zu beschaffen (vgl. Hickson et al. 1971, S. 219-220; Sandner 1990, S. 30-31). Die Bewältigung von Unsicherheit in Form von komplexen und wenig strukturierten Problemen ist eine wichtige Aufgabe der Unternehmensleitung (vgl. Macharzina/Wolf 2010, S. 41, 43; McNulty et al. 2011, S. 95), die für die Steuerung und Existenzsicherung des Unternehmens verantwortlich ist. Hierzu kontrolliert sie insbesondere externe Zugänge zu Ressourcenquellen (vgl. Zald 1969; Hillman/Cannella/Paetzhold 2000, S. 236).

Die Unternehmensleitung übernimmt außerdem eine Entscheidungsrolle gegenüber der internen und externen Umwelt des Unternehmens, die auch die Zuteilung von Ressourcen sowie die **Kontrolle organisatorischer Regeln** (vgl. Crozier/Friedberg 1979, S. 51-54) betrifft. Als Folge hat die Unternehmensleitung die Macht „to manage uncertainty by controlling (to a degree) the behavior of their subordinates" (Finkelstein 1992, S. 509). Sie besitzt wesentlichen Einfluss auf die Formulierung und Inhalte von Entscheidungen über Strategien und andere Regelwerke in der Organisation, die deren Aufbau und Ablauf betreffen (vgl. Macharzina/Wolf 2010, S. 42-44). Damit nimmt die Unternehmensleitung eine entscheidende Rolle in der Beeinflussung des Verhaltens und der Machtverhältnisse innerhalb der Organisation ein. Sie entscheidet formal, was und wer wichtig ist, welche Regeln bzw. Ziele verfolgt werden und welche Ressourcenausstattung jeder Akteur erhält (vgl. Harpaz/Meshoulam 1997, S. 124).

Mit Blick auf die Aufbauorganisation lässt sich weiterhin feststellen, dass die Unternehmensleitung durch ihre führende Leitungsposition einzigartig im Unternehmen ist. Formal geht damit eine **Nicht-Substituierbarkeit** ihrer Leistungen einher (vgl. Hickson et al. 1971, S. 220-221). Jedoch ist es möglich, dass ihre Leistungen formal – z. B. durch Delegation – oder informell durch andere Organisationsmitglieder ausgeführt werden können. Die Macht der Unternehmensleitung ist somit auch vom Kontext ihrer Austauschbeziehung, insbesondere von alternativen Ressourcenquellen (vgl. 3.2.4.2), abhängig und daher dynamisch. Nicht nur ihre Nicht-Substituierbarkeit, auch das Ausmaß ihrer Zentralität kann mit der Organisationsgestaltung variieren, z. B. durch einen hohen Grad an hierarchischer Abstimmung oder der Nutzung von Delegation und Dezentralisierung (vgl. Macharzina/Wolf 2010, S. 646). Delegiert die Unternehmensleitung Managementaufgaben oder die Kontrolle über Machtquellen bzw. kontrollieren auch andere Akteure (informell) Belohnungen, Bestrafungen, Umweltschnittstellen, Informationsflüsse und organisatorische Regeln, geht zwar nicht die formale Positionsmacht auf diese anderen Akteure über. Dennoch kontrollieren diese anderen Akteure dann ihrerseits auch Machtquellen, so dass die Macht der Unternehmensleitung geschmälert wird, weil die Ressourcenkonzentration sinkt.

4.1.2 Interesse der Unternehmensleitung an Ressourcen

4.1.2.1 Ressourcenorientierte Herleitung des Interesses der Unternehmensleitung an Ressourcen

Um abzuleiten, welche Ressourcen für die Unternehmensleitung von Interesse sind, bietet sich der Rückgriff auf einen Forschungszweig an, der sich explizit mit Ressourcen im Unternehmenskontext auseinandersetzt. Dabei stehen die Ressourcen im Fokus, die für das Unternehmen bzw. den Erfolg des Unternehmens relevant sind. Diesem Forschungszweig liegt der Resource-Based-View (vgl. Penrose 1959; Wernerfelt 1984) zugrunde.

Wenn der Resource-Based-View an dieser Stelle zur Argumentation eingesetzt wird, dann handelt es sich nicht um eine zusätzliche theoretische Erweiterung des Bezugsrahmens. Vielmehr dient diese Theorie hier ausschließlich der fundierten Begründung der **Herleitung des konkreten Ressourceninteresses der Unternehmensleitung**. Dazu bietet es sich an, auf eine anerkannte und etablierte Theorie bzw. auf fundierte empirische Erkenntnisse zurückzugreifen. Der Resource-Based-View stellt eine solche etablierte Theorie dar (vgl. Barney/Ketchen/Wright 2011, S. 1300), die zwar nicht für die Analyse jedes anderen Akteurs gleichermaßen anwendbar ist, aber in hohem Maße für die Betrachtung der Unternehmensleitung und der für sie wichtigen Ressourcen geeignet wäre. Insofern dient der Resource-Based-View hier als Argumentationshilfe. Die Eignung der Theorie ergibt sich daraus, dass auf ihrer Basis diskutiert werden kann, welche Ressourcen für die Wettbewerbsfähigkeit eines Unternehmens wichtig sind. Damit stehen implizit auch die Akteure im Betrachtungsfeld der Theorie, die am Erhalt der Wettbewerbsfähigkeit des Unternehmens interessiert sind. Eben dies trifft auf die Unternehmensleitung zu.

Das (formale) Ressourceninteresse der Unternehmensleitung lässt sich auf Basis ihrer **Managementaufgaben** aufzeigen. Die wesentliche Aufgabe der Unternehmensleitung besteht in der Steuerung des Unternehmens. Damit verbunden sind die Verfolgung der Unternehmensziele sowie die Sicherung der Überlebens- bzw. Wettbewerbsfähigkeit des Unternehmens (vgl. Ridder et al. 2001, S. 184). Weiterhin ist sie bestrebt, den externen Ressourcenfluss für das Unternehmen zu sichern. Zu ihren Aufgaben gehört in diesem Zusammenhang auch die Demonstration eines positiven Eindrucks des Unternehmens gegenüber ihren Stakeholdern und Shareholdern, damit die Unternehmensführung als rational erkannt wird und die Adaption legitimierter Aktivitäten für die Unternehmensumwelt nachvollziehbar ist (vgl.

Pfeffer 1981b, S. 4). Um diese Aufgaben zu erfüllen, benötigt die Unternehmensleitung verschiedene Ressourcen, die sie beschaffen muss, sofern sie sie nicht selbst kontrolliert. Es lässt sich folgern, dass sie zu diesem Zweck an Ressourcen interessiert ist, die zum Aufbau von Wettbewerbsvorteilen beitragen oder selbst Wettbewerbsvorteile darstellen und mit denen sie Unsicherheiten, z. B. Unternehmensrisiken, bewältigen kann (vgl. Finkelstein 1992, S. 510).

Gemäß des Resource-Based-Views erzielen Unternehmen Wettbewerbsvorteile, wenn es ihnen gelingt, wertvolle (strategisch relevante) Ressourcen zu besitzen und zu nutzen, über die ihre Wettbewerber nicht verfügen. Langfristige Wettbewerbsvorteile von Unternehmen sind nach diesem Verständnis vor allem auf unternehmensspezifische, intangible Ressourcen zurückzuführen, die in der Regel intern, d. h. selbst generiert werden (vgl. Schreyögg 2000, S. 483). Unternehmen, die solche Ressourcen aufbauen, sind demnach nachhaltig wettbewerbsfähiger als Unternehmen, denen dies nicht gelingt (vgl. Barney 1991, S. 105-106; Martin 2003, S. 5). Somit ist es also das Ziel eines Unternehmens und damit auch das formale Ziel seines Repräsentanten, der Unternehmensleitung, diese strategischen Ressourcen aufzubauen, zu erhalten und zu steuern.

Strategisch relevante Ressourcen zeichnen sich durch Knappheit, eingeschränkte Imitierbarkeit, fehlende Substituierbarkeit sowie durch einen Wert für das Unternehmen aus (vgl. Steinmann/Schreyögg 2005, S. 214-215). Sie stellen ein Unterscheidungs- bzw. Alleinstellungsmerkmal von Unternehmen dar und können finanzieller, technologischer, physischer, personeller oder organisationaler Art sein (vgl. Barney 1991, S. 101; Grant 1991, S. 119). Sie können folglich sowohl tangibel als auch intagibel sein, z. B. geographische Lage, informelle Beziehungen, Unternehmensstruktur, Prozesse, Erfahrung, Fähigkeiten, Informationen, Wissen (vgl. Wright/McMahan/McWilliams 1994, S. 303; Macharzina/Wolf 2010, S. 66-67). Insbesondere intangible Ressourcen sind jedoch nicht leicht zu identifizieren und zu beschaffen, da „[t]hese resources originate […] from complex interaction relationships of various social groups, organizations and individuals" (Moldaschl/Fischer 2004, S. 130; vgl. auch Stock-Homburg 2010, S. 51). Sie sind somit nicht extern beschaffbar, sondern werden intern erzeugt.

Vor diesem Hintergrund bietet sich der Resource-Based-View an, um herzuleiten, welche Ressourcen für die Unternehmensleitung wichtig sind. Trotz unterschiedlicher Annahmen über das Verhalten von Akteuren (vgl. Festing 2004, S. 215-216) wird der Resource-Based-

View als anschlussfähig an die Argumente der Resource-Dependence-Theorie betrachtet (vgl. Knyphausen-Aufseß 2000; Medcof 2001, S. 1002; Hillman/Withers/Collins 2009, S. 1417) und kann deshalb verwendet werden, um die Argumentation zum Ressourceninteresse der Unternehmensleitung zu unterstützen. Im Folgenden wird mit Blick auf den Gegenstand der Arbeit das Interesse der Unternehmensleitung an der konkreten Ressource Personal auf Basis des Resource-Based-View abgeleitet.

4.1.2.2 Interesse der Unternehmensleitung an der Ressource Personal

Aufgrund verschiedener Veränderungen im Unternehmenskontext, z. B. Wettbewerbsverschärfung, Wertewandel, demographische und gesellschaftliche Veränderungen, steigt die **Bedeutung der Ressource Personal**, so dass diese Ressource und ihr Wert in das Bewusstsein der Unternehmen gelangt (vgl. Pfeffer 1994, S. 10-11; Kaufman 2010, S. 292; Wright/McMahan 2011). Damit Personal eine strategische Ressource und einen nachhaltigen Wettbewerbsvorteil für ein Unternehmen darstellt, ist es zum einen nicht als ein Kostenfaktor zu betrachten. Vielmehr ist es auch als Investitionsobjekt zu verstehen, mit dem es gelingt, unternehmensspezifische Qualifikationen zu schaffen (vgl. Ridder 2009, S. 75). Zum anderen gelten dann für die Ressource Personal die gleichen Voraussetzungen wie für andere Ressourcen: Soll es sich beim Personal um eine strategische Ressource handeln, muss es dem Unternehmen einen Wert bringen, einzigartig oder selten, nicht imitierbar und nicht substituierbar für andere Unternehmen sein (vgl. Wright/McMahan 1992, S. 301). Diverse wissenschaftliche Publikationen kommen zu dem Schluss, dass diese vier Kriterien tatsächlich auf die Ressource Personal zutreffen können (vgl. z. B. Wright/Dunford/Snell 2001, S. 703-704; Saá-Pérez/Garcia-Falcon 2002, S. 124-125; Festing 2004, S. 207-208; Stock-Homburg 2010, S. 52-53). Personal wird in der Folge als „die zentrale Ressource für den strategischen Erfolg" (Gmür 2003, S. 29) eines Unternehmens bezeichnet. Es wird damit als eine wesentliche Unternehmensressource und Erfolgsquelle identifiziert (vgl. Klimecki et al. 2003, S. 79), „auf deren Basis sich nachhaltige Wettbewerbsvorteile realisieren lassen" (Elšik 2009, S. 9). Vor diesem Hintergrund sind das Personal sowie seine Steuerung und die damit verbundenen Entscheidungen wichtig für Unternehmen und deshalb auch für die Unternehmensleitung (vgl. Ferris et al. 1999, S. 397; Grieger 2004, S. 425-426; Wry/Cobb/Aldrich 2013, S. 472).

Aus dem Interesse an der Ressource Personal kann auch das **Interesse an Informationen über das Personal** abgeleitet werden (vgl. Metz/Schmidt 1996, S. 268; Winkler/König/Kleinmann 2013, S. 227): Wenn Personal eine strategische Ressource ist und einen Einfluss auf den Erfolg des Unternehmens besitzt, dann ist die Unternehmensleitung nicht nur an der Ressource, sondern auch an einem effizienten und effektiven Management dieser Ressource interessiert: „People and how we manage them are becoming more important" (Pfeffer 1994, S. 10; vgl. auch Weber 1990, S. 61; Marr/Schmidt 1992, S. 1031; Lado/Wilson 1994; Becker/Gerhart 1996; Schneider 2008, S. 13-14). Hieraus ergibt sich ein zunehmendes Interesse an der Steuerung und an dem Wert des Personals: Dieses Interesse kann mit Informationen über das Personal befriedigt werden. Die Unternehmensleitung benötigt diese Informationen vor dem Hintergrund ihrer Managementaufgaben, um z. B. gesamtunternehmerische Entscheidungen über die Personalführung und den Personaleinsatz zu treffen (vgl. z. B. Mia/Chenhall 1994; Steinmann/Schreyögg 2005, S. 6-12; 2.3.3). Weiterhin sind diese Informationen für die Unternehmensleitung aufgrund externer (regulatorischer) Anforderungen relevant, z. B. an ein Risikomanagement, an eine Due Diligence Prüfung oder an die Erfassung und Bewertung immaterieller Vermögenswerte (vgl. Leidig 2007, S. 122; Pietsch 2008b, S. 178). Zusammengefasst stellen Informationen über Personal eine Ressource dar, an der die Unternehmensleitung (UL) interessiert ist und die von anderen Akteuren (z. B. Akteur B) kontrolliert wird (vgl. Abb. 12).

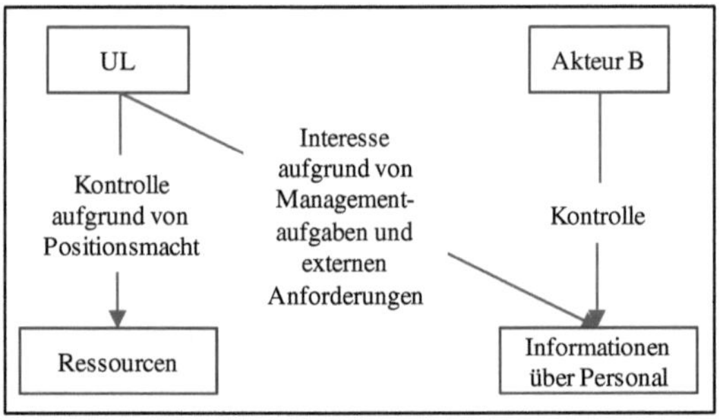

Abb. 12: Ressourceninteresse der Unternehmensleitung

4.2 Ressourcenkontrolle und -interesse des Personalmanagements

4.2.1 Machtquellen des Personalmanagements

Dem Personalmanagement wird innerhalb einer Organisation im Vergleich zu anderen Akteuren nur ein geringes Maß an „significant authority, power and influence at crucial points in the organisation relative to other management functions, such as finance" (Kelly/Gennard 2001, S. 3) zugesprochen. Dies lässt sich damit erklären, dass zum einen das Personalmanagement teilweise ausschließlich administrative Aufgaben übernimmt und zum anderen die Steuerung des Personals auch dezentral, z. B. durch Linienvorgesetzte, erfolgen kann (vgl. Farndale/Hope-Hailey 2009, S. 398-299). Trotz fehlender formaler Macht besteht in der Literatur dennoch die Vermutung, dass das Personalmanagement im Unternehmen Einfluss hat bzw. nehmen kann (vgl. Galang/Ferris 1997, S. 1404). Beispielsweise kann das Personalmanagement gegenüber den Akteuren im Unternehmen Macht besitzen, die von personalwirtschaftlichen Aktivitäten, z. B. Rekrutierung, abhängig sind (vgl. Jackson/Schuler 1995, S. 240-241).

Aufbauend auf der Argumentation der Resource-Dependence-Theorie wird deutlich, dass das Personalmanagement Macht über andere Akteure haben kann: Das Personalmanagement kann das Verhalten eines anderen Akteurs umso mehr beeinflussen bzw. seine Interessen umso mehr durchsetzen, je mehr wichtige Ressourcen es kontrolliert, von denen der andere Akteur abhängig ist und je weniger diese Ressourcen von dritten Akteuren zu bekommen sind. Dabei ist die Austauschbeziehung zwischen dem Personalmanagement und einem anderen Akteur umso intensiver, je größer das Machtgleichgewicht in dieser Beziehung ist (vgl. hierzu auch Tsui 1990, S. 459-460; 3.2.4.1).

Um ein Verständnis dafür zu bekommen, worauf die Macht bzw. Ressourcenkontrolle des Personalmanagements basiert und welche Ressourcen kontrolliert werden, wird – analog zur Unternehmensleitung – analysiert, welche **Machtquellen** dem Personalmanagement zur Verfügung stehen. Anders jedoch als bei der Unternehmensleitung ist die Macht des Personalmanagements nicht unmittelbar auf seine hierarchische Position zurückzuführen. Vielmehr lässt sich seine Macht in seiner personalwirtschaftlichen Aufgabe begründen und darin, dass „durch bestimmtes Wissen oder Fähigkeiten zur Ressourcensicherung" (Nienhüser 2005, S. 362) des Unternehmens beigetragen wird. Hieraus lässt sich ableiten, dass die Macht des Personalmanagements mit seinem Expertenwissen und seiner Kontrolle von Informationen über das Personal und die Personalarbeit verbunden ist.

Für das weitere Verständnis ist es hilfreich, den Informations- und den Wissensbegriff zu klären. Beide Begriffe stehen in einer Beziehung, die auf einer Begriffshierarchie beruht. Diese beginnt mit Zeichen, auf denen Daten, Informationen und Wissen aufbauen (vgl. Probst/Raub/Romhardt 2010, S. 16). Dabei bestehen Zeichen aus Buchstaben, Ziffern und Sonderzeichen und bilden das kleinste Element bzw. die unterste Stufe der Begriffshierarchie (vgl. Rehäuser/Krcmar 1996, S. 3-6). Durch die Verwendung von Syntaxregeln entstehen aus Zeichen Daten. Aus Daten, die auf einen konkreten Kontext oder ein bestimmtes Problem bezogen werden, ergeben sich Informationen. Die Interpretation der Daten erfolgt empfängerbezogen, d. h. der Empfänger der Interpretationsleistung, also der Information, nutzt diese zur Bewältigung eines spezifischen Problems. Informationen sind damit sowohl empfänger- als auch situationsbezogen (vgl. Scherm/Pietsch 2007, S. 301). Werden Informationen im Rahmen eines bestimmten Handlungsfeldes verarbeitet und dabei „anchored on the commitment and beliefs of its holder" (Nonaka 1994, S. 15; vgl. auch Probst/Raub/Romhardt 2010, S. 16), wird von Wissen gesprochen. Der Wissensbegriff lässt sich weiter klassifizieren: Eine häufige Unterscheidung in Abhängigkeit der Übertragbarkeit erfolgt in implizites und explizites Wissen. Während explizites Wissen geteilt werden kann und anderen Akteuren zugänglich ist, bezeichnet implizites Wissen individuelles Wissen, das auf Erfahrungen beruht und dem Wissensträger selbst nicht vollständig bewusst ist, so dass dieser es nicht in Gänze teilen und kommunizieren kann (vgl. Scherm/Pietsch 2007, S. 302). Diese klare Abgrenzung der Begriffsebenen ist jedoch vor allem analytischer Art. Als tragfähiger gilt die Vorstellung eines Kontinuums von Daten über Informationen zu Wissen (vgl. Probst/Raub/Romhardt 2010, S. 18). In der Folge ist zu differenzieren, was im Weiteren als Ressource zu verstehen ist. Wissen bietet sich zunächst nicht als Ressource an, weil insbesondere implizites Wissen an Akteure gebunden (vgl. Probst/Raub/Romhardt 2010, S. 24), nicht vollständig auf andere Akteure übertragbar (vgl. Nonaka 1994, S. 16) und damit nicht als Austauschressource geeignet ist. Explizites Wissen, im Sinne von Fakten (vgl. Scherm/Pietsch 2007, S. 302), ist jedoch dem Informationsbegriff nahe und weist auf die fließenden Übergänge des vorgestellten Begriffskontinuums hin.

Vor diesem Hintergrund werden Informationen als Ressource des Personalmanagements und wird **Informationsmacht** als Machtquelle verstanden (vgl. Tyson/Fell 1986, S. 56; Burkholder/Golas/Shapiro 2007, S. 225). Informationsmacht ist gekennzeichnet durch die Kontrolle von Informationen bzw. über Informationssysteme (vgl. Salancik/Pfeffer 1977, S. 19; Neuberger 1995, S. 133; Harpaz/Meshoulam 1997, S. 108). Mit dieser Informationsmacht verbunden ist auch die Nutzung von Informationen, z. B. ihre Interpretation im Sinne eines „management of meaning" (Buchanan/Badham 2008, S. 77; vgl. auch Hardy 1996, S. S7-S8; Clegg/Kornberger/Pitsis 2008, S. 258). Somit hat ein Personalmanagement Macht, wenn Informationen zur wichtigen Ressource für andere Akteure im Unternehmen werden. Dabei sind Informationen dann besonders wichtig, wenn der Gegenstand der Informationen wichtig ist, denn „the more important a problem is, the more important it becomes to have information about the problem, and the more important are those who control or gather the information" (Pfeffer/Salancik 2003, S. 77). Mit der Informationsmacht gehen außerdem verschiedene weitere, untergeordnete Machtquellen einher (vgl. Abb. 13), die im Folgenden näher betrachtet werden.

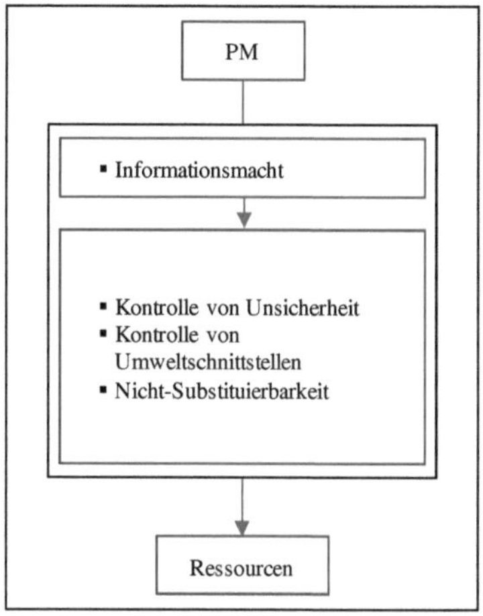

Abb. 13: Machtquellen des Personalmanagements

Auf Basis der Kontrolle von Informationen kann das Personalmanagement **Unsicherheiten** des Unternehmens kontrollieren bzw. bewältigen, die den Erfolgsfaktor Personal betreffen und auf dieser Grundlage seine Macht ausweiten: „Given the possible 'human capital shortage' that many organizations fear, human resources could become a more scarce resource than they are now. If [...] HRM function can demonstrate an ability to obtain these scarce resources, then the function's internal political power may increase substantially" (Wright/McMahan 1992, S. 313; vgl. auch Jennings 1994, S. 3-4). Dabei kann das Personalmanagement Informationen über Personal verändern, steuern und zurückhalten. Es kontrolliert somit Handlungsspielräume bzw. Unsicherheiten bezogen auf das Personal, z. B. Personalrisiken. Dementsprechend resultiert für das Personalmanagement aus dieser Machtquelle die Möglichkeit, Einfluss zu nehmen und den eigenen Zugang zu Ressourcen zu erleichtern (vgl. Galang/Ferris 1997, S. 1411).

Das Personalmanagement kann Informationen selbst erstellen oder diese durch seine Schnittstellen zu relevanten Umwelten bzw. durch seine Kontrolle formaler und informeller Netzwerke (z. B. Bewerberpools, Arbeitskreise) erhalten (vgl. hierzu auch Pfeffer 1981a, S. 130). Es kann damit nicht nur den Fluss personalbezogener Informationen, sondern auch wesentliche personalrelevante **Umweltschnittstellen** sowie Informations- und Kommunikationskanäle kontrollieren, weil „[t]he influence of the boundary spanner is believed to result from the ability to handle critical contingencies for the organization, and from the dependence that evolves upon the boundary spanner as an interpreter of the external environment" (Russ/Galang/Ferris 1998, S. 130; vgl. auch Crozier/Friedberg 1979, S. 50; Wright 2008, S. 1074). Vor diesem Hintergrund kann das Personalmanagement aufgrund seiner Schnittstellenfunktion Macht erlangen.

Können personalwirtschaftliche Informationen nicht durch andere Akteure im Unternehmen geliefert werden, d. h. gibt es keine alternativen Quellen für diese Informationen im Unternehmen, kann gleichzeitig die Machtquelle der **Nicht-Substituierbarkeit** vorliegen. Das ist dann der Fall, wenn das Personalmanagement den alleinigen Zugang zu Personaldaten besitzt und die durch sie zur Verfügung gestellten Personaldaten einzigartige Ressourcen darstellen. Das ist insbesondere vor dem Hintergrund des gesetzlichen Schutzes von personengebundenen Daten (vgl. §32 BDSG) anzunehmen. In diesem Fall sind Akteure im Unternehmen, die personalwirtschaftliche Informationen benötigen, vom Personalmanagement abhängig. Durch die (gesetzlich bedingte) Ressourcenkonzentration und Einzigartigkeit der Ressource erhält das Personalmanagement Macht, weil es als einziger Akteur im Unternehmen die Unsicherheit bezüglich des Personals kontrolliert.

4.2.2 Informationen und Personalcontrolling als Ressourcen des Personalmanagements

4.2.2.1 Informationen als Ressource

Die Ausführungen zur Informationsmacht als Machtquelle des Personalmanagements zeigen, dass das Personalmanagement mit **Informationen über das Personal** Ressourcen kontrollieren kann, die für andere Akteure wichtig sind. Diese Informationen kann das Personalmanagement durch den Einsatz des Personalcontrollings erheben, sammeln, aufbereiten, analysieren, interpretieren und bereitstellen (vgl. Wunderer 1990, S. 508; Baron/Armstrong 2007, S. 59-61; 2.1.2). Abbildung 14 als Teilabbildung des Bezugsrahmens (vgl. 4.1; 4.4) bildet diesen Zusammenhang ab.

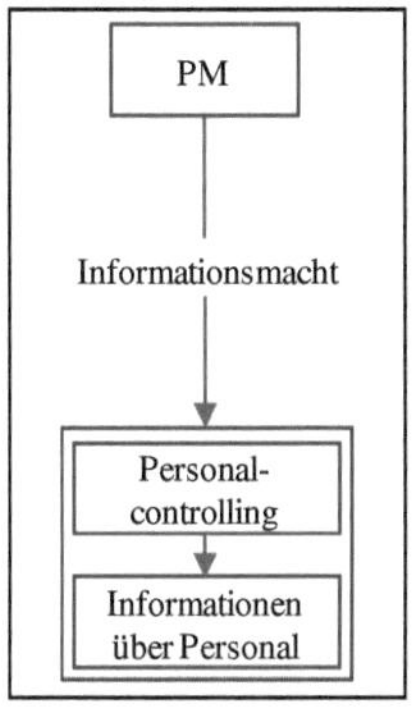

Abb. 14: Informationen als Ressource des Personalmanagements

Außerdem werden im Unternehmen personalwirtschaftliche Instrumente gebraucht, um Herausforderungen des Unternehmens zu interpretieren und damit verbundene Unsicherheit zu bewältigen (vgl. Salancik/Pfeffer 1977, S. 19; Pfeffer 1981a, S. 109; Jennings 1994, S. 7; Clegg/Kornberger/Pitsis 2008, S. 260). Mit **Informationen aus dem Einsatz des Personalcontrollings** kann das Personalmanagement weiterhin personalbezogene Unsicherheiten des Unternehmens reduzieren, weil Personalcontrolling auf Reflexion und Schaffung von Transparenz abzielt (vgl. Wunderer/Schlagenhaufer 1994, S. 19-20; Metz 1995, S. 41; Zdrowomyslaw 2007, S. 114-122). Beispielsweise können mit Hilfe von Personalcontrolling-Informationen aus Vorhersagen (z. B. Forecasts) oder vergangenheits-orientierten Abweichungsanalysen (z. B. Soll-Ist-Abweichungen) Konsequenzen antizipiert werden (vgl. auch Farndale 2004, S. 36). Folglich unterstützt der Einsatz des Personalcontrollings das Personalmanagement in seiner Kontrolle der Ressource Informationen und dient seiner Macht, weil „HR leaders who emphasize numbers tended to see the biggest gain in the power and effectiveness of their HR functions" (Lawler/Jamrog/Boudreau 2011, S. 41). Voraussetzung für diese Macht ist, dass Informationen aus dem Einsatz des Personalcontrollings und die Reduktion personalwirtschaftlicher Unsicherheit wichtige Ressourcen für andere Akteure darstellen, d. h. Interesse und in der Folge Abhängigkeit bestehen. Unsicherheit bezogen auf nicht wichtige Ressourcen führt nicht zu Macht, da die Nichtverfügbarkeit von unwichtigen Ressourcen unkritisch ist (vgl. Nienhüser 2008, S. 12-13; 3.2.1).

Es lässt sich festhalten, dass das Personalmanagement durch den Einsatz des Personalcontrollings eine wichtige Ressource in Form von Informationen über das Personal kontrolliert. Die Macht des Personalmanagements hängt jedoch auch davon ab, ob es im Unternehmen alternative Ressourcenquellen gibt (vgl. 3.2.4). Ein Personalcontrolling, das nicht durch das Personalmanagement eingesetzt wird, liefert diesem auch keine Informationen und damit keine Ressourcenkontrolle. Im Falle einer ausschließlichen Nutzung des Personalcontrollings durch das Personalmanagement existieren dagegen keine alternativen Quellen für personalwirtschaftliche Informationen und Akteure können die (Personalcontrolling-)Informationen nur im Austausch mit dem Personalmanagement beschaffen. In der Folge sind sie abhängig vom Personalmanagement. Sind jedoch zusätzlich weitere Akteure in die Durchführung des Personalcontrollings einbezogen, existiert beispielsweise eine eigenständige Stabsabteilung außerhalb des Personalmanagements, die sich mit Personalcontrolling beschäftigt, sinkt die Macht des Personalmanagements. Das ist relevant, weil sich verschiedene aufbauorganisatorische Varianten finden (vgl. Berthel 2004, S. 1450-1451; Gmür/Peterhoff 2005, S. 253-254; 2.1.1), auch wenn das Personalcontrolling meist dem Personalmanagement, seltener dem Controlling-Bereich bzw. anderen Funktionsbereichen zugeordnet ist (vgl. DGFP e. V. 2007, S. 18-19).

4.2.2.2 Personalcontrolling als Ressource

Nicht nur die Informationen, die das Personalmanagement durch den Einsatz des Personalcontrollings kontrolliert, können als Ressourcen verstanden werden. Auch das Personalcontrolling selbst kann eine Ressource darstellen, die von anderen Akteuren nachgefragt wird. Dies lässt sich mit Blick auf die Austauschbeziehungen ableiten, die das Unternehmen zum Zweck der Ressourcenbeschaffung mit externen Umwelten eingeht. In diesen Austauschbeziehungen trifft das Unternehmen auf verschiedene **institutionelle Erwartungen der Unternehmensumwelt**.

Diese Erwartungen können sich auch auf das Personalmanagement und die Steuerung der unternehmerischen Ressource Personal beziehen: Mit der zunehmenden Bedeutung des Personals für den Unternehmenserfolg und der Forderung nach einer unternehmerischen oder sogar finanzwirtschaftlichen Orientierung des Personalmanagements lastet seit den 1980er Jahren bis heute ein ökonomischer Druck auf der Personalarbeit und der Steuerung des Personals (vgl. Pietsch 2008b, S. 179; Scherm 2011, S. 40; 2.2.5). Dieser Druck führt dazu, dass nicht nur das Personalmanagement gezwungen ist, seinen Wertbeitrag unternehmensintern aufzuzeigen und seine Existenz zu rechtfertigen, um bei der internen Ressourcenverteilung seinen Bedarf zu sichern (vgl. Marr 1989, S. 694-696). Auch das Unternehmen sieht sich Erwartungen diverser externer Umwelten, z. B. Gesetzgeber, Banken (vgl. Wucknitz 2009, S. 254-255), bezüglich der Steuerung des Personals ausgesetzt. Weil das Unternehmen externe Ressourcen benötigt, ist es abhängig von den externen Umwelten und strebt die Erfüllung dieser (institutionellen) Erwartungen an (vgl. Boxall 2007, S. 61).

Bestehen somit diese Erwartungen darin, dass das Personal in einem Unternehmen rational zu steuern ist, benötigt das Unternehmen Ressourcen, mit denen es diese Erwartungen erfüllen kann. Eine solche Ressource kann das Personalcontrolling darstellen. Sein Einsatz dient dazu, dass der Wertbeitrag und die Risiken der Personalarbeit und des Personals intern und extern aufgezeigt werden (vgl. Nienhüser 2006, S. 43). Es kann die Erwartungen nach einem rationalen Personalmanagement erfüllen, weil Controlling im Unternehmenskontext institutionalisiert ist und der gesellschaftlichen Vorstellung entspricht, dass moderne Unternehmen Controlling benötigen, um ihre komplexen und dynamischen Aufgaben zu erfüllen: „Die Botschaft ist klar: Wer glaubhaft machen kann, dass er Controlling betreibt oder zumindest dessen Einführung plant, wird ernst(er) genommen und erhält mehr Vertrauen" (Elšik 2004, S. 820). Folglich vermittelt der Einsatz von Controlling **ökonomische Rationalität und Effizienz** (vgl. Mouritsen 1994, S. 193; Elšik 2004, S. 808; Pietsch/Scherm 2004b, S. 16) und verschafft dem sich mit dem geteilten Glauben an das Controlling konform verhaltenden Unternehmen Legitimität.

Zwar sind Informationen über das Personal durch Uneindeutigkeit, Kontextabhängigkeit und Unvollständigkeit bei gleichzeitig fehlenden Kenntnissen über insbesondere langfristige Ziel-Mittel-Zusammenhänge gekennzeichnet (vgl. Galang/Ferris 1997, S. 1408; Pietsch 2006, S. 174; 2.1.3). Dennoch haftet auch dem Personalcontrolling der Glaube an, dass Controlling-Informationen objektiv sind und zu Unsicherheitsreduktion, Rationalität und dadurch zu sachlichen Lösungen führen, so dass durch ein Personalcontrolling „der Personal[...]bereich unter Kontrolle ist [...] und Entscheidungen auf rationaler Basis getroffen werden" (Elšik 2004, S. 819). Dementsprechend besteht die Annahme, dass ein Personalcontrolling der rationalen und effektiven Steuerung des Personals und der Personalarbeit dient (vgl. 2.2.2; 2.2.3; 2.2.4) und deshalb notwendigerweise in Unternehmen anzuwenden ist (vgl. Scherm 2011, S. 42).

Folglich kann das Unternehmen in seiner (1) Austauschbeziehung mit der externen Umwelt durch die Adaption finanzwirtschaftlicher und damit ökonomischer Aspekte, wie sie durch den (2) Einsatz des Personalcontrollings erfolgt (vgl. Kozica 2011, S. 161), die Erfüllung der (3) (institutionellen) Erwartungen signalisieren und (4) externe (kognitive und soziopolitische) Legitimität erhalten sowie den (5) Ressourcenfluss für das Unternehmen sichern. Infolgedessen erfüllt das von dem Personalmanagement (PM) (6) kontrollierte Personalcontrolling eine unternehmensexterne Erwartung und ist als Ressource zu verstehen, die für das Unternehmen von Interesse ist (vgl. Abb. 15).

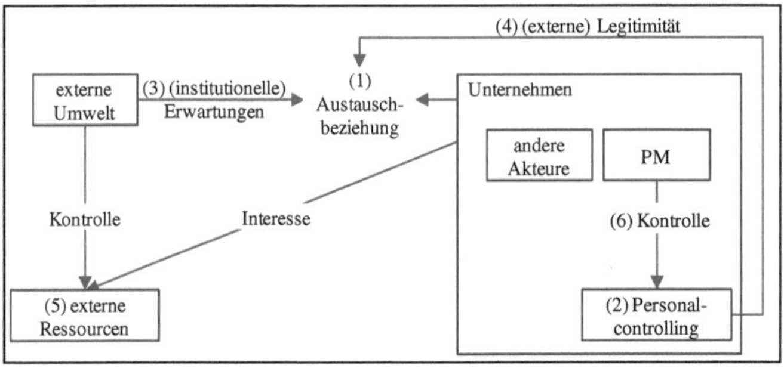

Abb. 15: Unternehmensexterne Bedeutung und Wirkung des Personalcontrollings

Ob es sich bei beim Personalcontrolling um eine tatsächliche Adaption der Umwelterwartungen handelt oder das Personalmanagement eine **Legitimationsfassade** aufbaut und seine tatsächlichen Strukturen und Prozesse von diesen (institutionellen) Erwartungen entkoppelt, ist nach einem neoinstitutionalistischen Verständnis zweitrangig (vgl. Meyer/Rowan 1977). Wichtig für die Legitimitätszuschreibung und den damit verbundenen Ressourcenfluss ist vielmehr, dass glaubhaft gemacht wird, dass ein Controlling besteht (vgl. Elšik 2004, S. 820). Der Einsatz des Personalcontrollings kann dem Unternehmen folglich auch zu (externer) Legitimität und damit verbundenen (externen) Ressourcen verhelfen, wenn lediglich der Eindruck erweckt wird, dass den Umwelterwartungen nach einem Controlling entsprochen wird. In diesem Zusammenhang findet sich in der Literatur die Vermutung, dass es sich beim Personalcontrolling um einen **Rationalitätsmythos** handelt. Ein Rationalitätsmythos bildet die Vorstellung über angemessene Regeln bzw. Wirklichkeitsvorstellungen ab, die nicht hinterfragt werden, weil die Rationalität und die Wirksamkeit, z. B. eines Ziel-Mittel-Zusammenhangs, institutionalisiert sind (vgl. Walgenbach 2006, S. 359; 3.4.1). Scherm/Pietsch (2005) zeigen auf, dass vier Merkmale, die in ihrer Kombination auf einen Rationalitätsmythos hinweisen (vgl. Meyer/Rowan 1977, S. 349) auf Personalcontrolling zutreffen können: Taken-for-granted-Charakter, Anlehnung an ein akzeptiertes Normensystem, hoher Allgemeinheitsgrad sowie Vermeidung empirischer Überprüfung (vgl. Scherm/Pietsch 2005, S. 51). Die Bedeutung der Ressource Personalcontrolling kann auf eben diesen Mythoscharakter aufbauen, wenn der Einsatz des Personalcontrollings dazu dient, institutionellen Erwartungen der externen Unternehmens-umwelt zu entsprechen, die sich auf eine rationale Steuerung des Personals sowie der Wertschöpfungsorientierung der Personalarbeit beziehen. Nicht nur für das Personalmanagement, sondern auch für die Unternehmensleitung, die unmittelbar mit diesen Umwelterwartungen umgehen muss, stellt Personalcontrolling dann eine wichtige Ressource dar (vgl. 4.3.2). Auf dieser Basis konstituiert die Ressource Personalcontrolling oder ihr vermeintlicher Einsatz im Sinne einer Legitimationsfassade die intraorganisationale Macht des Personalmanagements.

4.2.3 Interesse des Personalmanagements an Ressourcen sowie an Legitimität und Wahrnehmung

4.2.3.1 Aufgabenbezogenes Interesse an Ressourcen

Der Ressourcenbedarf des Personalmanagements kann aus seinen Zielen und den damit verbundenen Aufgaben abgeleitet werden. Seine Ziele sind nach Formal- und Sachzielen zu unterscheiden (vgl. Haunschild 1998, S. 247). **Formalziele** bestehen aus wirtschaftlichen und sozialen Zielen (vgl. Jung 2011, S. 12). Während mit wirtschaftlichen Zielen in erster Linie die Interessen der Kapitalgeber verfolgt werden, beziehen sich die sozialen Ziele auf Interessen der Mitarbeiter. Obwohl sich wirtschaftliche und soziale Ziele widersprechen können, sind sie dennoch miteinander verbunden. Die Effizienz und Effektivität des Personaleinsatzes können etwa gefährdet sein, wenn die Erwartungen und Bedürfnisse der Mitarbeiter nicht berücksichtigt werden, so dass ihre Leistung und Motivation negativ beeinflusst wird. **Sachziele** befassen sich dagegen mit der Verfügbarkeit sowie der Sicherstellung der Wirksamkeit bzw. Leistungserstellung des Personals. Sie beziehen sich somit auf die Bereitstellung des Personals in quantitativer, qualitativer, räumlicher und zeitlicher Hinsicht (vgl. Scherm/Süß 2010, S. 6; Lindner-Lohmann/Lohmann/Schirmer 2012, S. 4).

Um diese Ziele zu erreichen und die verschiedenen Aufgaben, z. B. der Personalplanung und -auswahl, zu erfüllen, benötigt das Personalmanagement unterschiedliche Ressourcen. Einen Teil dieser Ressourcen, z. B. Informationen über das Personal, kontrolliert es selbst (vgl. Tyson/Fell 1986, S. 26-27; 4.2.2.1). Der Argumentation der Resource-Dependence-Theorie folgend (vgl. 3.2.1) braucht das Personalmanagement jedoch auch Ressourcen anderer Akteure und ist deshalb von diesen anderen Akteuren abhängig. Dies können **materielle Ressourcen** sein, z. B. das Budget „to hire staff members to provide services and to develop programs that satisfy constituents' needs" (Tsui 1990, S. 463; vgl. auch Kostova 1999,

S. 319). Dabei sind im Unternehmenskontext insbesondere finanzielle Mittel eine wichtige Ressource (vgl. Salancik/Pfeffer 1977, S. 11). Das ist für das Personalmanagement vor dem Hintergrund der Ökonomisierung und des externen Drucks, z. B. der Bedrohung durch Outsourcing, Dezentralisierung und Restrukturierung (vgl. Haunschild 1998, S. 271-278; Tyson 1999, S. 44) relevant. In Anbetracht dieses ökonomischen Drucks auf das Personalmanagement sind auch **immaterielle Ressourcen**, z. B. Legitimität, wichtig. Weil das Personalmanagement nur unklare Erfolgs- und Wertschöpfungsbeiträge aufzeigen kann, mangelt es ihm an Legitimität, was dazu führt, dass es von Kritik und Budgetkürzungen betroffen ist (vgl. Brandl 2005, S. 12; Scherm/Pietsch 2005, S. 45). Budgetkürzungen bedeuten jedoch eine Bedrohung für die Ziel- und Aufgabenerfüllung und die Existenz des Personalmanagements. Vor diesem Hintergrund steckt das Personalmanagement in einer Legitimitätskrise (vgl. Brandl 2005, S. 11) und leidet „unter gering[er] Akzeptanz […] und dürftige[m] Status" (Elšik 1996, S. 349). Somit kann die Legitimitätszuschreibung als wichtige immaterielle Ressource verstanden werden, um im intraorganisationalen Wettbewerb weitere Ressourcen zu erhalten.

Zusammenfassend ist die Beschaffung materieller wie immaterieller Ressourcen für das Personalmanagement (PM) wichtig zur Erfüllung seiner Aufgaben, so dass es ein Interesse an den Ressourcen eines anderen Akteurs (z. B. Akteur A) besitzt und deshalb Austauschbeziehungen mit diesem eingeht (vgl. Abb. 16).

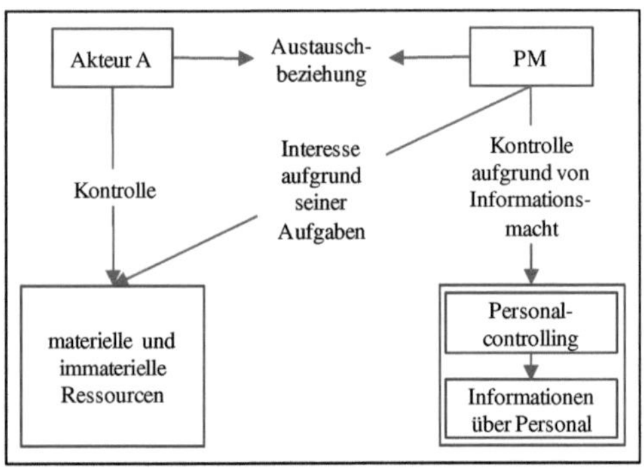

Abb. 16: Interesse des Personalmanagements an Ressourcen

4.2.3.2 Interesse an Legitimität und Wahrnehmung als Voraussetzungen für das Zustandekommen von Austauschbeziehungen

Akteure handeln annahmegemäß beschränkt rational und verfügen nicht über vollständige Informationen, weil ihre Wahrnehmung unvollständig ist und sie auf Interpretationen angewiesen sind (vgl. 3.2.3). Die Wahrnehmung der Akteure ist jedoch wesentlich für das Zustandekommen von Austauschbeziehungen, da Akteure in Abhängigkeit von ihrer subjektiv wahrgenommenen Macht bzw. Abhängigkeit handeln (vgl. Gebert 1998, S. 264; Nienhüser 1998, S. 244; Pfeffer/Salancik 2003, S. 260). Vor diesem Hintergrund kann abgeleitet werden, dass nicht nur das Interesse zweier Akteure an den Ressourcen des jeweils anderen Akteurs erforderlich ist, damit eine Austauschbeziehung zwischen ihnen zustande kommt. Es ist auch relevant, dass beiden Akteuren die Ressourcenkontrolle des anderen Akteurs bekannt ist. Infolgedessen ist die Wahrnehmung des Austauschpartners und seiner Ressourcen(kontrolle) für das Zustandekommen einer Austauschbeziehung wichtig (vgl. 3.2.6).

Das Personalmanagement wird jedoch nicht selbstverständlich als ressourcenkontrollierender Austauschpartner wahrgenommen. Hierfür spricht die Erkenntnis empirischer Studien, dass dem Personalmanagement nur eine nachrangige Bedeutung mit Blick auf Wertschöpfung und Macht zugeschrieben wird und es „do not seem to enjoy a great deal of power […]. This occurs in spite of the fact that human assets are unique and of particular importance" (Harpaz/Meshoulam 1997, S. 124; vgl. auch Legge 1978, S. x-xi; Kelly/Gennard 2001, S. 3; Farndale 2004, S. 222; Kaufman 2007, S. 41; Farndale/Hope-Hailey 2009, S. 399; Thompson 2011, S. 355; Wehner et al. 2012, S. 914). Es ist somit vorstellbar, dass die Akteure im Unternehmen keine Kenntnis von den Ressourcen des Personalmanagements besitzen. Für das Personalmanagement kann daraus das Problem resultieren, dass keine Austauschbeziehung und kein Austausch zustande kommen. Infolgedessen erhält es die benötigten materiellen und immateriellen Ressourcen nicht und kann seine Aufgaben nicht erfüllen (vgl. 4.2.3.1).

In der Literatur werden drei Gründe beschrieben, weshalb das Personalmanagement ein **Wahrnehmungsproblem** besitzt: Erstens ist die Leistung des Personalmanagements schwer zu operationalisieren und es lassen sich keine eindeutigen Wirkungszusammenhänge von personalwirtschaftlichen Maßnahmen zum Unternehmenserfolg aufzeigen: „HR departments are cast in the position of […] demonstrating effectiveness without the benefit of objective criterion measures" (Galang/Ferris 1997, S. 1404). Zweitens agiert das Personalmanagement in einem Spannungsfeld aus verschiedenen Anspruchsgruppen und ihren teils widersprüch lichen Interessen (vgl. z. B. Wimmer/Neuberger 1998, S. 604-605). Drittens erhält es keine Legitimität von der Unternehmensleitung, wenn es keiner Wertschöpfungsorientierung folgt (vgl. Elšik 1996, S. 349; Brandl 2005, S. 12). Insbesondere die Bedeutung der Legitimität wird im Folgenden näher betrachtet, da diese für die in dieser Arbeit betrachtete Austauschbeziehung des Personalmanagements mit der Unternehmensleitung relevant ist.

Das beschriebene Verständnis von **Legitimität** bezieht sich auf die Akzeptanz des Personalmanagements im Unternehmen (vgl. Kozica 2011, S. 152). Die Zuschreibung von Legitimität erfolgt, wenn die Handlungen mit den Erwartungen des sozialen Umfelds übereinstimmen (vgl. Suchman 1995, S. 574; 3.4.2). Damit ist nicht nur eine kognitive Legitimität gemeint, die sich auf die Akzeptanz der Ressourcen bezieht, die das Personalmanagement in das Unternehmen einbringt. Vielmehr fließt hier auch die soziopolitische Legitimität im Sinne des sozialen Prestiges des Personalmanagements ein (vgl. hierzu auch Messner et al. 2008, S. 135). Besitzt das Personalmanagement keine Legitimität, so wird es von potenziellen Austauschakteuren im Unternehmen nicht notwendigerweise als anerkannter Austauschpartner wahrgenommen. Legitimität erfüllt in diesem Zusammenhang „[...] für das Personalmanagement eine Versorgungs-[...]funktion" (Elšik 1996, S. 348) und kann deshalb als eine Voraussetzung für den Austausch erachtet werden.

Ein legitimiertes Personalmanagement ist demnach ein potenzieller Austauschpartner. Das Personalmanagement benötigt deshalb die Zuschreibung von Legitimität durch potenzielle Austauschakteure bereits im Vorfeld von Austauschbeziehungen, d. h. noch bevor die Erfahrung des Austausches gemacht wurde. Eine solche Legitimität lässt sich folglich als **a-priori-Legitimität** bezeichnen. Nach diesem Verständnis geht Legitimität über den Charakter einer Austauschressource hinaus und stellt „eine Voraussetzung für die Sicherung des Ressourcenbezugs dar" (Steimle 2008, S. 153). Dies lässt sich wie eine Wirkungskette verstehen (vgl. Abb. 17). Ohne Zuschreibung von a-priori-Legitimität kommt keine Wahrnehmung des Akteurs und seiner Ressourcenkontrolle und folglich keine Austauschbeziehung und schließlich auch kein Ressourcenaustausch bzw. -fluss zustande (vgl. auch Ashforth/Gibbs 1990, S. 177; Pfeffer/Salancik 2003, S. 20).

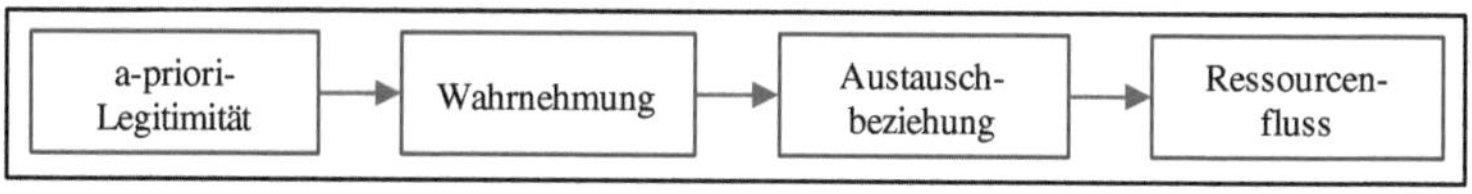

Abb. 17: Zusammenhang von Legitimität, Wahrnehmung, Austauschbeziehung und Ressourcenfluss

Das Personalmanagement hat folglich ein Interesse an einer Legitimitätszuschreibung. Um diese zu erhalten, ist es erforderlich, dass es den Erwartungen seiner Umwelt, d. h. seiner potenziellen Austauschpartner entspricht: „Um über Macht zu verfügen, muss man zumindest teilweise die Erwartungen der anderen erfüllen" (Küpper 2004, S. 865). Agiert das Personalmanagement in einer Umwelt, deren Erwartung darin besteht, dass ein Personalmanagement rational und ökonomisch handeln sollte, kann diesen Erwartungen durch den Einsatz eines Personalcontrollings entsprochen werden. Dies gelingt, weil Controlling ein normativ akzeptiertes Steuerungsinstrument darstellt (vgl. Elšik 2004), das den Wert personalwirtschaftlicher Informationen sowie die Fähigkeit zu rationaler und ökonomischer Steuerung der Personalarbeit hervorhebt, so dass das Personalmanagement „continues to strive to meet criteria determined on the basis of the organisational imperative, [...] to be accepted as an important organisational function. This is exemplified in 'human resource accounting' [...] which was the ultimate quest for legitimacy through quantification" (Kamoche 1994, S. 40; vgl. 4.2.2.2). Der Einsatz des Personalcontrollings kann somit die Legitimität des Personalmanagements und den Zugang zu überlebenswichtigen Ressourcen sichern. Diese legitimierende Wirkung basiert darauf, dass dem Finanzcontrolling im Allgemeinen – und deshalb auch dem Personalcontrolling – Rationalität zugeschrieben wird (vgl. Boudreau/Ramstad 2002, S. 3; vgl. auch Mouritsen 1994, S. 194). Dementsprechend dient Personalcontrolling der Erfüllung solcher Umwelterwartungen, indem es deutlich macht, dass das Personalmanagement eine akzeptierte finanzorientierte Argumentation liefert und wichtige Ressourcen kontrolliert, z. B. (die Interpretation von) Informationen zur Rechtfertigung von Entscheidungen (vgl. Haunschild 1998, S. 220; Elias/Scarbrough 2004, S. 23; Pietsch/Scherm 2004b, S. 18). Ein Personalmanagement, das kein Personalcontrolling verwendet, kann dagegen als rückständig und unprofessionell bewertet werden (vgl. Elšik 2004, S. 819) und keine Legitimität und Wahrnehmung erfahren.

Vor diesem Hintergrund lässt sich die in Abbildung 17 dargestellte Wirkungskette um das Personalcontrolling erweitern (vgl. Abb. 18). Der Einsatz des Personalcontrollings fördert die Zuschreibung von a-priori-Legitimität für das Personalmanagement, aus der die Wahrnehmung des Personalmanagements und seiner Ressourcen folgt, so dass mit diesem Austauschbeziehungen eingegangen werden und es wichtige Ressourcen erhält.

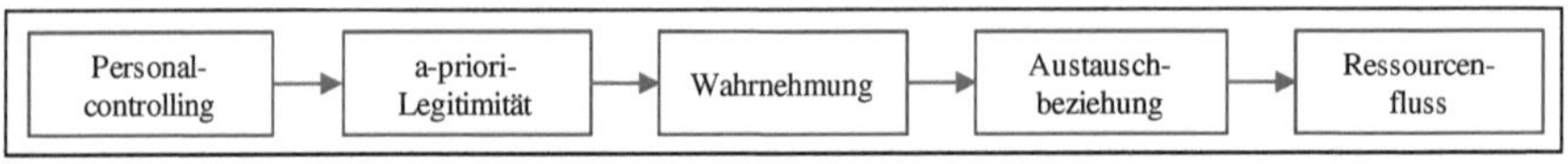

Abb. 18: Legitimität und Wahrnehmung durch Personalcontrolling

Zusammenfassend lässt sich festhalten, dass Personalcontrolling nicht nur eine Austauschressource darstellt, sondern darüber hinaus die Wahrnehmung der weiteren Ressourcen des Personalmanagements fördert und das Personalmanagement dadurch als Austauschpartner hervorhebt, weil gilt: „What gets measured in business is noticed" (Tootell et al. 2009, S. 375; vgl. auch Markus/Pfeffer 1983, S. 208). Somit besteht neben dem aufgabenbezogenen Interesse an Legitimität als immaterieller Austauschressource auch ein Interesse an der Zuschreibung von a-priori-Legitimität, weil dieses zur Wahrnehmung und schließlich zur Austauschbeziehung führt.

4.2.4 Personalcontrolling innerhalb der Austauschbeziehungen des Personalmanagements

Als Zusammenfassung aus der in 4.2 durchgeführten Analyse des Personalcontrollings soll abschließend dargestellt werden, auf welchen verschiedenen Wegen der Einsatz des Personalcontrollings zum Austausch innerhalb der Austauschbeziehungen des Personalmanagements – zunächst unabhängig von den Akteuren, mit denen diese Austauschbeziehungen stattfinden – beiträgt.

Erstens kontrolliert das Personalmanagement durch Personalcontrolling Ressourcen, die für andere Akteure im Unternehmen wichtig sind. Diese **Austauschressourcen** bestehen aus Informationen über das Personal und die Personalarbeit (vgl. 4.2.2.1). Auf Basis dieser Ressourcenkontrolle kann das Personalmanagement in einen Austausch mit anderen Akteuren treten, um wichtige Ressourcen, z. B. Budget und Legitimität, zu erhalten.

Zweitens kontrolliert das Personalmanagement mit Personalcontrolling eine Ressource, die von anderen Akteuren im Unternehmen benötigt wird, um gegenüber (institutionellen) Erwartungen der unternehmensexternen Umwelt eine akzeptierte Steuerung des Personals und damit zusammenhängender Wertbeiträge und Risiken nachzuweisen und in der Folge wichtige, **externe Ressourcen** zu erhalten (vgl. Boxall/Purcell 2011, S. 19-21). Auf diese Weise dient der Einsatz des Personalcontrollings der (externen) Legitimität des Unternehmens gegenüber ihrer externen Umwelt (vgl. 4.2.2.2). Im Austausch für die Ressource Personalcontrolling kann das Personalmanagement intraorganisational selbst Ressourcen erhalten, an denen es interessiert ist (vgl. 4.2.3.1).

Drittens ist es für das Personalmanagement wichtig, dass es im Unternehmen überhaupt als Austauschpartner wahrgenommen wird. Für die Wahrnehmung eines Akteurs als Austauschakteur ist es ausschlaggebend, dass diesem Akteur Legitimität zugeschrieben wird. Wenn im Unternehmen wahrgenommen wird, dass das Personalmanagement wichtige Ressourcen kontrolliert und diese legitimiert sind, ist ein Kontext geschaffen, in dem ein Austausch erfolgen kann. Vor diesem Hintergrund ist a-priori-Legitimität keine Austauschressource, sondern eine Voraussetzung für das **Zustandekommen von Austauschbeziehungen**. Der Einsatz des Personalcontrollings trägt auf Grundlage seiner gesellschaftlich anerkannten Rationalität dazu bei, dass dem Personalmanagement diese a-priori-Legitimität zugeschrieben wird und es zu seiner Wahrnehmung und zu Austauschbeziehungen kommt (vgl. 4.2.3.2).

Im Ergebnis kann das Personalmanagement auf Basis seiner Ressourcenausstattung (Informationen und Personalcontrolling) wichtige – von ihm nicht kontrollierte – Ressourcen mit anderen Akteuren austauschen. Durch den Einsatz des Personalcontrollings entsteht somit nicht nur eine potenziell wechselseitige Abhängigkeit zwischen Personalmanagement und einem anderen Akteur, sondern diese Austauschbeziehung kann überhaupt erst zustande kommen, weil der andere Akteur die Ressourcenkontrolle des Personalmanagements wahrnimmt.

4.3 Theoretische Analyse der Austauschbeziehung zwischen Personalmanagement und Unternehmensleitung

4.3.1 Beschreibung der Austauschbeziehung

Aus den für das Personalmanagement (vgl. 4.2) und die Unternehmensleitung (vgl. 4.1) getrennt vorgenommenen theoretischen Analysen ihrer Macht und Abhängigkeit resultieren als Schlussfolgerungen, die zunächst unabhängig von der erst im nächsten Schritt betrachteten gemeinsamen Austauschbeziehung sind, dass

- beide Akteure Ressourcen kontrollieren und dass
- beide Akteure sich für verschiedene Ressourcen interessieren, die für ihre Aufgabenerfüllung relevant sind.

Weiterhin lässt sich eine Wechselseitigkeit von Ressourcenkontrolle und -interesse für das Personalmanagement und die Unternehmensleitung und somit die Möglichkeit einer Austauschbeziehung aus der bisherigen theoretischen Analyse (vgl. 4.1 und 4.2) ableiten (vgl. Abb. 19).

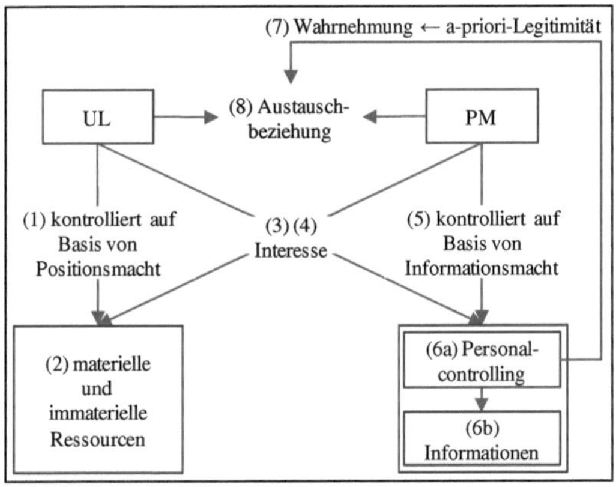

Abb. 19: Austauschbeziehung zwischen Unternehmensleitung und Personalmanagement

Im Einzelnen können die aus der theoretischen Analyse gewonnenen Annahmen über die Austauschbeziehung zwischen Unternehmensleitung (UL) und Personalmanagement (PM) wie folgt zusammengeführt werden:

Auf der einen Seite der Austauschbeziehung (1) kontrolliert die Unternehmensleitung auf Basis ihrer **Positionsmacht** sowie daraus abgeleiteter Machtquellen unterschiedliche Ressourcen (vgl. 4.1.1). Das sind neben (2) **materiellen Ressourcen**, „especially the control of financial resources" (Tsui 1990, S. 465), auch **immaterielle Ressourcen**.

Auf der anderen Seite der Austauschbeziehung, d. h. beim Austauschpartner Personalmanagement, gehen mit seiner unternehmerischen Orientierung und der Ökonomisierung der Personalarbeit (vgl. Wunderer 2000, S. 298) ein zunehmender Kostensenkungs- und Rechtfertigungsdruck sowie ein steigendes unternehmerisches Bewusstsein über die Bedeutung des Personals als strategische Ressource einher (vgl. Elšik 1990, S. 407-408; Gerpott 1995, S. 8). Um diese Herausforderungen und die damit verbundenen personalwirtschaftlichen Aufgaben zu bewältigen, besitzt das Personalmanagement (3) ein **Interesse an Ressourcen** unterschiedlicher Art (vgl. 4.2.3).

Im Zuge der Bedrohung durch ein Outsourcing bzw. durch die Reduzierung personalwirtschaftlicher Maßnahmen (vgl. Galang/Elšik/Russ 1999, S. 42; Scherm/Pietsch 2005, S. 43-45; Burkholder/Golas/Shapiro 2007, S. 19) wird deutlich, dass das Personalmanagement von den Akteuren abhängig ist, die zum einen die Aufgaben(verteilung) im Unternehmen bestimmen sowie die Relevanz der Ressource Personal für das Unternehmen bewerten und zum anderen über die Ressourcenallokation im Unternehmen entscheiden. Mit Blick auf die Existenzsicherung sind vor allem finanzielle Ressourcen von Bedeutung. Gerade diese werden vor allem durch die Unternehmensleitung kontrolliert. Weiterhin kann die Unternehmensleitung auch die Legitimität des Personalmanagements im Unternehmen beeinflussen, indem sie beispielsweise auf Basis der Kontrolle organisationaler Regeln und Prozesse die Relevanz der Personalarbeit im Unternehmen bestimmt (vgl. 4.1.1). Vor diesem Hintergrund kann von einer Abhängigkeit des Personalmanagements insbesondere von der Unternehmensleitung ausgegangen werden.

Die Wechselseitigkeit in der betrachteten Austauschbeziehung ergibt sich daraus, dass auch die Unternehmensleitung Ressourcen benötigt, die sie nicht selbst kontrolliert. Um ihre Managementaufgaben zu erfüllen, ist sie daran interessiert, Wettbewerbsvorteile aufzubauen und zu erhalten sowie den externen Ressourcenfluss zu sichern. Auf Basis einer ressourcenbasierten Argumentation kann deshalb hergeleitet werden, dass das Personal für die Unternehmensleitung eine wichtige Ressource darstellt (vgl. Barney/Wright 1998, S. 43) und deshalb auch ein (4) **Interesse an Informationen über das Personal** besteht (vgl. 4.1.2.2). Derartige Informationen werden vom Personalmanagement kontrolliert (vgl. 4.2.2.1). Sie bilden somit die Grundlage für die Abhängigkeit der Unternehmensleitung vom Personalmanagement (vgl. hierzu auch Küpper/Felsch 2000, S. 104). Diese (6a) **Informationen** zu erstellen und als Grundlage für Entscheidungen weiterzugeben, gelingt auf Basis der Kontrolle des (6b) **Personalcontrollings** (vgl. 2.1.2). Somit kann das Personalmanagement durch den Einsatz des Personalcontrollings Macht über die Unternehmensleitung erhalten (vgl. Lawler/Jamrog/Boudreau 2011, S. 41).

Die theoretische Analyse zeigt weiterhin, dass ein Zustandekommen der Austauschbeziehung zwischen Personalmanagement und Unternehmensleitung der (7) Zuschreibung von **a-priori-Legitimität** und der **Wahrnehmung** der Ressourcenkontrolle des jeweils anderen Akteurs bedarf: Während die Ressourcenkontrolle der Unternehmensleitung aus formalen Gründen besteht, ist die Macht des Personalmanagements nicht formal verankert. In der Folge wird dem Personalmanagement in Unternehmen teilweise eine nachrangige Bedeutung beigemessen und seine Ressourcenkontrolle und Macht werden nicht selbstverständlich wahrgenommen (vgl. 4.2.3.2). Ein Treiber für diese Wahrnehmung und somit für die Austauschbeziehung ist die Zuschreibung von Legitimität. Legitimiert wird das Personalmanagement, wenn es den Rationalitätserwartungen seiner Umwelt entspricht. Mit Personalcontrolling zeigt sich das Personalmanagement rational, so dass ihm a-priori-Legitimität zugeschrieben wird und die Unternehmensleitung bereit ist, mit ihm in eine Austauschbeziehung zu treten (vgl. Elšik 2004, S. 805).

Zusammenfassend lässt sich festhalten, dass „[d]ie Personalabteilung [...] mit ihren Konstituenten in Austauschbeziehungen [steht] und [...] auf die Ressourcenzufuhr einiger dieser Konstituenten angewiesen [ist]. Sie liefert ihnen Produkte und Dienstleistungen [...]. Dafür erhält sie finanzielle und/oder politische Unterstützung" (Elšik 1996, S. 348). Folglich ist auch eine wechselseitige (8) **Austauschbeziehung** zwischen Unternehmensleitung und Personalmanagement denkbar. Beide Akteure kontrollieren für den jeweils anderen Akteur wichtige Ressourcen, so dass beide Akteure in dieser Beziehung sowohl mächtig als auch abhängig sind. Folglich ist das Personalmanagement nicht nur abhängig von der Unternehmensleitung, sondern besitzt nach der bisherigen Argumentation auch ein Machtpotenzial ihr gegenüber.

Vor dem Hintergrund der theoretischen Annahme, dass Akteure versuchen, ihre Abhängigkeit in einer Austauschbeziehung zu reduzieren bzw. ihre Macht zu erhöhen (vgl. Pfeffer/Salancik 2003, S. 258-262; Senge 2005, S. 45), können die Unternehmensleitung und das Personalmanagement verschiedene Handlungsstrategien in Abhängigkeit des Kontextes der Austauschbeziehung zeigen (vgl. 3.2.5). Dementsprechend folgt eine Analyse des Kontextes und der Handlungsstrategien des Personalmanagements gegenüber der Unternehmensleitung, um herauszufinden, wie das Machtgleichgewicht zwischen beiden Akteuren ausgeprägt ist und welches Verhalten das Personalmanagement bei formaler Abhängigkeit auf der einen Seite und potenzieller Macht aus Ressourcenkontrolle auf der anderen Seite zeigt.

4.3.2 Kontext der Austauschbeziehung

Der Kontext der Austauschbeziehung zwischen Personalmanagement (PM) und Unternehmensleitung (UL) bezieht sich auf die Betrachtung der externen Umwelt des Unternehmens (vgl. Abb. 20).

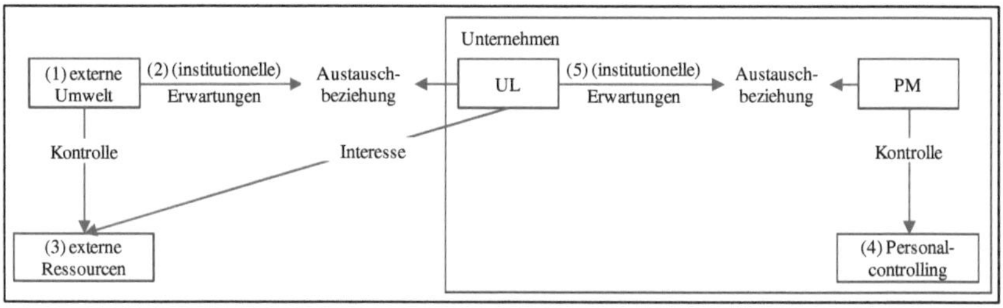

Abb. 20: Kontext der Austauschbeziehung zwischen Unternehmensleitung und Personalmanagement

Die Unternehmensleitung agiert als Repräsentant des Unternehmens gegenüber der (1) externen Umwelt des Unternehmens und „face[s] uncertainty, both from internal sources such as the actions of […] the board of directors, as well as external sources such as the firm's task and institutional environment" (McNulty et al. 2011, S. 94). Sie ist diesen Unsicherheiten und (2) den (institutionellen) Erwartungen dieser Umwelt ausgesetzt und von ihr abhängig, wenn sie Interesse an den (3) externen Ressourcen der Umwelt besitzt. Externe (institutionelle) Erwartungen können sich auf rationale Prozesse und Regeln im Unternehmen beziehen (vgl. z. B. Kochan 1997, S. 121), und somit auch auf die Steuerung der strategischen Ressource Personal und damit auf (4) Personalcontrolling (vgl. Johanson 1999, S. 92; Boxall/Purcell 2011, S. 19-21). Damit beeinflussen verschiedene Umwelterwartungen unmittelbar die Unternehmensleitung und ihr Verhalten innerhalb ihrer Austauschbeziehungen zur externen Umwelt. Mittelbar betreffen sie aber auch das Personalmanagement, wenn die Unternehmensleitung die (5) (institutionellen) Erwartungen und den damit verbundenen Druck intern an das Personalmanagement weitergibt, um den externen Ressourcenfluss für das Unternehmen zu sichern. Folglich ist der externe Kontext mittelbar relevant für das Verhalten des Personalmanagements, da der interne Kontext seiner Austauschbeziehung zur Unternehmensleitung davon beeinflusst wird.

Eine Reaktion des Personalmanagements auf die Erwartungen der Unternehmensleitung ist deshalb zu erwarten, weil die Akteure in Austauschbeziehungen bestrebt sind, ihre Unsicherheit und Abhängigkeit zu reduzieren (vgl. Emerson 1962, S. 34-40; Pfeffer 2005, S. 444; 3.2.5). Diese Reaktionen bzw. die gewählten Handlungsstrategien variieren in Abhängigkeit verschiedener Kontextfaktoren. So ist die Wahrscheinlichkeit für konformes Verhalten oder eine Form des Widerstands von der Ursache, den Verursachern, dem Erwartungsgegenstand, den Kontrollmöglichkeiten sowie dem Kontext abhängig (vgl. Oliver 1991, S. 159; 3.4.3). Durch die Einbeziehung der Kontextfaktoren in die Analyse der Austauschbeziehung zwischen Unternehmensleitung und Personalmanagement kann nachvollzogen werden, wie unterschiedlich sich diese Akteure in dieser Beziehung in Abhängigkeit der verschiedenen Kontextfaktoren verhalten können. Dieses Verhalten umfasst, wie in der Folge analysiert wird, nicht nur die reine Austauschhandlung, sondern stellt sich differenzierter dar (vgl. 3.2.6).

Der erste institutionelle Kontextfaktor besteht in der **Ursache für den institutionellen Druck (cause)**. Die Erwartung der Zuschreibung von Legitimität (legitimacy) oder ökonomischer Vorteile (efficiency) beeinflusst die Entscheidung eines Akteurs, den Erwartungen seiner Umwelt zu entsprechen oder sich ihnen zu widersetzen. Wird folglich das Ausmaß erzielbarer Ressourcen als hoch eingeschätzt, besitzt der Akteur einen Anreiz, dem Druck nachzugeben (vgl. Oliver 1991, S. 160-162). Die Frage, wieso es dazu kommt, dass die Unternehmensleitung Druck auf das Personalmanagement ausüben kann, ist mit ihrer hierarchischen Macht zu beantworten. Die Unternehmensleitung kann auf Basis ihrer Positionsmacht innerhalb des Unternehmens materielle wie immaterielle Ressourcen gewähren, d. h. verfügt über Belohnungs-/Bestrafungsmacht (vgl. 4.1.1).

In diesem Sinne kann sie beim Personalmanagement die Erwartung zu erzeugen, dass sie in der Lage ist, das Personalmanagement zu belohnen, wenn es dem Druck nachgibt. Dabei zeichnet sich der hier betrachtete Kontext der Austauschbeziehung zwischen Unternehmensleitung und Personalmanagement dadurch aus, dass die Unternehmensleitung vom Personalmanagement einen (messbaren) Beitrag zur Wertschöpfung und Zielerreichung im Unternehmen erwartet (vgl. Kobi 2005, S. 16; Nienhüser 2006, S. 43). Bei Nichtkonformität droht sie mit Bestrafung bzw. dem Entzug vor allem ökonomischer Ressourcen, z. B. durch Outsourcing von „functions that are not mission-critical […] including traditionally HR-related functions" (Mulvaney/Zwahr/Baranowski 2006, S. 434; vgl. auch Becker et al. 1997, S. 39; Caldwell 2003, S. 1003; Cooke/Shen/McBride 2005, S. 417; Burkholder/Golas/Shapiro 2007, S. 19). Vor dem Hintergrund dieses Kontextes ist das Personalcontrolling ein wichtiges

Instrument des Personalmanagements in seiner Austauschbeziehung zur Unternehmensleitung, da es „im Prozess der Legitimation als Übersetzungsmechanismus der personalwirtschaftlichen Probleme in auch aus unternehmerischer Sicht anerkannte Wirklichkeitskonstruktionen und darauf abgestimmte[...] personalwirtschaftliche[...] Maßnahmen" (Kozica 2011, S. 154; vgl. auch Pietsch 2007a, S. 261; 2.2.5) dient. Somit unterstützt das Personalcontrolling innerhalb der Austauschbeziehung insofern, als das Personalmanagement auf die Erwartungen der Unternehmensleitung reagieren kann, um legitimatorische und ökonomische Ressourcen zu tauschen.

Die **Verursacher institutioneller Erwartungen** (**constituents**) bilden den zweiten institutionellen Kontextfaktor. Er zielt auf die Druck ausübende Umwelt ab. Die institutionellen Erwartungen zeichnen sich dadurch aus, in welchem Ausmaß sie im Konflikt zueinander stehen (multiplicity) und inwiefern Unternehmen von der Umwelt abhängig sind (dependency) (vgl. Oliver 1991, S. 162-164). Das Personalmanagement agiert in einem Umfeld „with a variety of constituencies, some of which are internal to the firm (e.g., employees of other functional departments) and some of which are in the firm's external environment (e.g., job applicants or employment agencies)" (Tsui 1990, S. 461; vgl. auch Tsui/Milkovich 1987, S. 521; Jackson/Schuler 1995, S. 248-253; Pietsch 2008b, S. 179). Diese unterschiedlichen Umwelten formulieren unterschiedliche Erwartungen an das Personalmanagement. Für die Analyse der Austauschbeziehung zwischen Personalmanagement und Unternehmensleitung wird jedoch die Unternehmensleitung als der zentrale Akteur der unmittelbaren (internen) Umwelt betrachtet, während Akteure der externen Umwelten hier nur mittelbar im Rahmen ihrer institutionellen Erwartungen in die Betrachtung eingehen. Diese treffen zunächst auf die Unternehmensleitung und werden von dieser an das Personalmanagement weitergeleitet (vgl. Ausführungen zum Kontextfaktor control). Die Unternehmensleitung richtet – wie bei dem vorangegangenen Kontextfaktor (cause) beschrieben – Erwartungen an das Personalmanagement und übt Druck aus. Zusammenfassend zeichnet sich der betrachtete Kontext durch eine geringe Multiplizität bei gleichzeitig hoher Abhängigkeit des Personalmanagements von der Unternehmensleitung aus.

Auch der dritte Kontextfaktor **Gegenstand der institutionellen Erwartungen** (**content**) beeinflusst, ob ein Akteur dem Druck nachgibt oder sich widersetzt. Es lässt sich unterscheiden, ob der Erwartungsgegenstand bzw. die geforderten Normen mit den Zielen und den Aufgaben des Akteurs vereinbar sind (consistency) oder ob diese eine Beschränkung (constraint) für den Akteur darstellen. Mit letzterem Fall geht der Verlust der Entscheidungs- und Handlungsfreiheit einher (vgl. Oliver 1991, S. 164-167).

Das Personalmanagement ist unterschiedlichen Erwartungen ausgesetzt: Neben inhaltlichen Personalthemen und best practices, die auf sogenannten Megatrends wie dem demographischen Wandel, Fach- und Führungskräftemangel, der Globalisierung, Virtualisierung und Technologisierung sowie dem Wertewandel (vgl. Beer 1997, S. 49; Haunschild 1998, S. 148; DGFP e. V. 2011) basieren, existieren auch gesetzliche und finanzwirtschaftlich orientierte Beschränkungen bzw. Anforderungen bezogen auf Personal und Personalarbeit. Beispiele hierfür sind Anforderungen an Nachhaltigkeitsberichte (vgl. Global Reporting Initiative 2006), Standards der Rechnungslegung, Ratinganforderungen und Bonitätsmaßstäbe sowie Gesetze, z. B. das Allgemeine Gleichbehandlungsgesetz, das Betriebsverfassungsgesetz, das Arbeitszeitgesetz und Unfallverhütungsvorschriften (vgl. Leidig 2007, S. 122; Wucknitz 2009, S. 254-255).

Ferner besteht für das Personalmanagement – insbesondere im Rahmen der Ökonomisierung und seiner strategischen Einbindung in das Unternehmen – die Erwartung, nicht mehr nur eine verwaltende Funktion und einen Kostenfaktor darzustellen, sondern aktiv die Unternehmensziele mit zu verfolgen und einen Beitrag zur Zielerreichung zu leisten. Die Frage nach der Konsistenz dieser Erwartungen mit den Zielen des Personalmanagements im Unternehmen ist nicht generell zu beantworten. So kann das Personalmanagement in diesem Zusammenhang unterschiedliche Rollen wahrnehmen, die sich darin unterscheiden, ob seine Aktivitäten eine strategische oder administrative Relevanz besitzen (vgl. Ulrich 1997a). In Abhängigkeit von der Rolle und den damit verbundenen Zielen und Aufgaben (vgl. 4.2.3.1) können die Erwartungen der Unternehmensleitung als Beschränkung oder als mit dem Rollenbild im Einklang befindlich erachtet werden.

Mit der Frage, wie der institutionelle Druck ausgeübt wird, beschäftigt sich der vierte institutionelle Kontextfaktor. Die **institutionellen Kontrollmöglichkeiten, auf deren Basis die Erwartungen durchgesetzt werden** (**control**), beziehen sich auf die Mittel, mit denen Akteuren die Erfüllung der Erwartungen aufgezwungen werden kann. Das kann durch legalen Zwang (coercion) erfolgen oder durch gesellschaftliche Verbreitung (diffusion) der Erwartung (vgl. Oliver 1991, S. 167-168). Die Einhaltung dieser Regularien kann in diesem Sinne von der externen Umwelt eingefordert werden.

Die Erwartungen der externen Umwelt und der Unternehmensleitung an die Steuerung des Personals und der Personalrisiken werden durch diverse rechtliche und regulatorische Vorgaben bestimmt (vgl. Führing 2004, S. 186-187; Leidig 2007, S. 122; Knauer 2010; 2.1.4). Sie greifen die Bedeutung des Personals für ein Unternehmen auf, formulieren Anforderungen an Unternehmen und beschäftigen sich mit der Notwendigkeit einer (wertorientierten) Auseinandersetzung mit betrieblichem Humankapital sowie Personalrisiken. Beispiele sind das Gesetz zur Kontrolle und Transparenz im Unternehmensbereich (KonTraG), das die Risikoerfassung und Frühwarnung im Personalbereich regelt, oder Bilanzrichtlinien und Rechnungslegungsstandards zur Erfassung und Bewertung immaterieller Werte, z. B. nach IAS/IFRS (vgl. Zdrowomyslaw 2007, S. 58-59; Pietsch 2008b, S. 178; Wucknitz 2009, S. 1, 161-203; 2.3.3).

Es ist anzunehmen, dass diese externen Erwartungen zunächst (formal) an die Unternehmensleitung in ihrer Funktion als Repräsentant des Unternehmens gerichtet werden. Sie ist folglich für die Erfüllung dieser Erwartungen verantwortlich und delegiert den Druck und die damit verbundenen Aufgaben im Unternehmen an die jeweiligen Fachbereiche. Vor diesem Hintergrund wird die institutionelle Erwartung an eine ökonomische, risikoorientierte oder finanzbasierte Bewertung des Personals Gegenstand der Austauschbeziehung zwischen Personalmanagement und Unternehmensleitung.

Der fünfte institutionelle Kontextfaktor ist der **Umweltkontext im Sinne der Rahmenbedingungen, unter denen die Erwartungen auftreten** (**context**). Er ist geprägt vom Ausmaß der Unsicherheit (uncertainty) und der Verknüpfung der institutionellen Umwelten (interconnectedness). Organisationale Entscheider bevorzugen einen Zustand der Stabilität und Sicherheit und geben dem institutionellen Druck im Falle hoher Unsicherheit nach. Gleiches gilt im Falle starker Verknüpfung mit der institutionellen Umwelt (vgl. Oliver 1991, S. 170-172).

Die Verknüpfung verschiedener (externer und interner) Umwelten wird für die Betrachtung der dyadischen Austauschbeziehung weitestgehend – mit Ausnahme der institutionellen Erwartungen der Umwelt an die Unternehmensleitung – ausgeklammert. Dagegen spielt die Unsicherheit in der Austauschbeziehung zwischen Personalmanagement und Unternehmensleitung eine wesentliche Rolle, weil sie vor dem Hintergrund der Besonderheiten des Personals und des Personalmanagements und der Mehrdeutigkeit von personalwirtschaftlichen Informationen relevant ist (vgl. Caldwell 2003, S. 984; 2.1.3). Auch die Verbreitung des Personalrisikomanagements zeugt davon, dass bezüglich Personal und Personalarbeit Bedarf zur Unsicherheitsreduktion, z. B. durch Transparenzerhöhung, besteht (vgl. Kobi 2002a).

Zusammenfassend folgt aus der theoretischen Analyse, dass der Kontext der Austauschbeziehung zwischen Personalmanagement und Unternehmensleitung dadurch gekennzeichnet ist, dass (1) die Unternehmensleitung dem Personalmanagement Legitimität und ökonomische Vorteile bereitstellen kann, (2) das Personalmanagement von der Unternehmensleitung aufgrund ihrer Positionsmacht abhängig ist, während andere Abhängigkeiten von Akteuren mit Blick auf die betrachtete dyadische Beziehung ausgeklammert werden. Weiterhin zeichnet den Kontext der Austauschbeziehung aus, dass (3) die Erwartungen der Unternehmensleitung und der externen Umwelt des Unternehmens die Ökonomisierung und die Professionalisierung des Personalmanagements zum Gegenstand haben. Die damit verbundene Einnahme einer strategischen Rolle steht jedoch im Gegensatz zu der verwaltenden Rolle des Personalmanagements. Außerdem ist es Teil des Kontextes, dass (4) zwar keine rechtliche Durchsetzbarkeit der Ökonomisierung, jedoch eine hohe Verbreitung der Erwartung nach Ökonomisierung besteht und (5) die Austauschbeziehung des Personalmanagements zur Unternehmensleitung aufgrund der Besonderheiten der Ressource Personal durch eine hohe Unsicherheit gekennzeichnet ist. Vor diesem Kontext findet die Wahl der Handlungsstrategien durch das Personalmanagement statt.

4.3.3 Handlungsstrategien des Personalmanagements in der Austauschbeziehung mit der Unternehmensleitung

In der Austauschbeziehung zwischen zwei Akteuren geht es um den Austausch von Ressourcen, die die eine Seite kontrolliert und die für die andere Seite von Interesse sind. Dabei sind Akteure bestrebt, ihre Abhängigkeit zu reduzieren (vgl. Pfeffer/Salancik 2003, S. xxiv) und wenden hierzu Handlungsstrategien an. Vor diesem Hintergrund wird das Personalmanagement Handlungen vornehmen, um seine Abhängigkeit von der Unternehmensleitung zu senken bzw. seine Macht über sie zu steigern. Hierzu nimmt es Veränderungen seiner Ressourcenausstattung vor bzw. versucht seine Ressourcenausstattung für andere Akteure deutlich zu machen (vgl. hierzu auch Emerson 1962, S. 35; 3.2.5). Derartige Handlungen erfolgen in Abhängigkeit von dem Kontext, in dem Akteure Macht erlangen bzw. ausüben und in dem Austauschbeziehungen stattfinden (vgl. Oliver 1991, S. 160; Pfeffer/Salancik 2003, S. 1-2; 3.2.5; 3.4.3.2), denn der Kontext beeinflusst die Wahrnehmung der Ressourcenwichtigkeit und das Verhalten der Akteure (vgl. Verwaal/Commandeur/Verbeke 2009, S. 421). Folglich wählt das Personalmanagement seine Handlungsstrategien unter Berücksichtigung des Kontextes seiner Austauschbeziehung zur Unternehmensleitung (vgl. 4.3.2). Diese Strategien Einwilligung, Kompromissbildung, Vermeidung, Manipulation und Widerstand unterscheiden sich im Grad der Aktivität und differenzieren sich in jeweils drei Taktiken (vgl. Oliver 1991, S. 152; 3.4.3.1).

Das Personalmanagement wird als Reaktion auf die Erwartungen der Unternehmensleitung umso mehr die Strategien **Manipulation** oder **Widerstand** zeigen, je geringer das Ausmaß der von der Unternehmensleitung zum Austausch angebotenen Legitimität und ökonomischen Vorteile ist (cause), d. h. je weniger die Unternehmensleitung das Ressourceninteresse des Personalmanagements bedienen kann und je geringer seine Abhängigkeit von ihr ist (constituent). Die Wahrscheinlichkeit einer Widerstandsstrategie ist jedoch bei Fehlen alternativer Ressourcenquellen als gering zu bewerten. Ein solches Fehlen liegt im Rahmen der betrachteten Austauschbeziehung vor und ist mit der Nicht-Substituierbarkeit der auf der Positionsmacht basierenden Ressourcenkontrolle der Unternehmensleitung zu begründen. Dabei kann Widerstand, gezeigt durch Taktiken der offenen Zurückweisung, der Herausforderung oder des Attackierens der Umwelterwartungen (vgl. Oliver 1991, S. 159-160), bei hoher Abhängigkeit des Personalmanagements von der Unternehmensleitung zu einem Versiegen des Ressourcenflusses führen. Handelt es sich um überlebenswichtige Ressourcen, ist die Wahl von Widerstandsstrategien deshalb weniger zu erwarten.

Zeichnet sich die Austauschbeziehung zwischen Personalmanagement und Unternehmensleitung dadurch aus, dass beide Akteure sowohl abhängig von als auch mächtig gegenüber dem anderen Akteur sind, sinkt die Abhängigkeit des Personalmanagements bzw. steigt seine Macht. In der Folge steigt auch die Wahrscheinlichkeit für die aktiven Strategien der Manipulation und des Widerstands. Diese kann das Personalmanagement auf Basis seiner Kontrolle der für die Unternehmensleitung wichtigen Ressourcen verfolgen. **Manipulation** als aktivere Strategie kann beispielsweise eingesetzt werden, um durch die Taktiken der Kooptation, Einflussnahme oder Kontrolle (vgl. Oliver 1991, S. 157-159) die eigene Macht über die Unternehmensleitung weiter zu erhöhen. Ausgeglichene Machtverhältnisse führen schließlich dazu, dass die Wahrscheinlichkeit für Widerstandsstrategien sinkt (vgl. Ingram/Simons 1995, S. 1470-1471).

In Anlehnung an die Argumentation von Oliver (1991) verhält sich das Personalmanagement mit zunehmender Abhängigkeit von der Unternehmensleitung passiv, d. h. es verfolgt die Strategien **Einwilligung** und **Kompromissbildung**, möglicherweise auch **Vermeidung** (vgl. Tsui 1990, S. 462). Dabei ist das Personalmanagement bereitwilliger, den Erwartungen der Unternehmensleitung zu folgen, d. h. die Einwilligungsstrategie zu wählen, wenn der Gegenstand dieser Erwartungen (content) nicht von den Zielen des Personalmanagements abweicht und ein konformes Verhalten nicht zu einer Einschränkung seiner Entscheidungs- und Handlungsfähigkeit führt. Die Wahrscheinlichkeit für den Widerstand des Personalmanagements verringert sich auch, wenn die Unternehmensleitung ihre Forderungen durchsetzen kann, weil sie institutionelle Kontrollmöglichkeiten besitzt (control). Dies gilt auch für den Fall, dass sich die Forderungen auf Verhaltensweisen beziehen, die weithin verbreitet, d. h. institutionalisiert, sind. Ist die Ressourcenbeschaffung (context) mit einem hohen Ausmaß an Unsicherheit für das Personalmanagement verbunden, ist dieses eher bereit, den Forderungen der Unternehmensleitung Folge zu leisten, d. h. einzuwilligen, als wenn das Personalmanagement im hohen Maße in der Lage ist, zukünftige Ressourcenbeschaffung und Herausforderungen zu antizipieren.

Zusammenfassend lässt sich festhalten, dass das Personalmanagement in Abhängigkeit von den konkreten Kontextfaktoren, insbesondere dem Grad seiner (Ressourcen-)Abhängigkeit von der Unternehmensleitung und der Unsicherheit der Ressourcenbeschaffung, zwischen verschiedenen Handlungsstrategien gegenüber der Unternehmensleitung wählen kann. Weil das Personalmanagement nicht nur abhängig ist, sondern auch (potenzielle) Macht besitzt, umfassen seine Handlungsstrategien die gesamte Bandbreite von passiven bis hin zu aktiven Strategien im Sinne von Einwilligung und Kompromissbildung über Vermeidung bis hin zu Manipulation und Widerstand gegenüber der Unternehmensleitung bzw. ihren Erwartungen. Dabei steigt die Wahrscheinlichkeit für aktive Strategien mit abnehmender Abhängigkeit bzw. zunehmender Macht.

4.4 Bezugsrahmen der empirischen Studie

Auf Basis des für diese Arbeit erweiterten theoretischen Bezugsrahmens wurde die Austauschbeziehung zwischen Unternehmensleitung und Personalmanagement dahingehend analysiert, welche Ressourcen die Akteure auf Basis ihrer Machtquellen kontrollieren und welche Ressourcen für ihre Aufgabenerfüllung von Interesse sind. Dadurch entstehen Vorüberlegungen über die Ressourcenabhängigkeiten in der Austauschbeziehung zwischen

Unternehmensleitung (UL) und Personalmanagement (PM). Die grundsätzliche Vorüberlegung besteht darin, dass beide Akteure gegenseitig interessante Ressourcen kontrollieren, so dass eine Austauschbeziehung zwischen ihnen zustande kommen kann. Weiterhin wird angenommen, dass innerhalb dieser Austauschbeziehung aus dem Einsatz des Personalcontrollings ein Machtpotenzial sowie ein legitimatorischer Nutzen für das Personalmanagement bestehen. Mit Blick auf das weitere Vorgehen lassen sich die aus der theoretischen Analyse abgeleiteten Vorüberlegungen konkretisieren und in einen Bezugsrahmen für die empirische Studie bringen. Dieser wird in der nachfolgenden Abbildung 21 dargestellt, die auf dem erweiterten austauschtheoretischen Bezugsrahmen (vgl. Abb. 10) basiert und in die die Teilabbildungen (vgl. Abb. 11-20) aus dem Kapitel 4 eingehen.

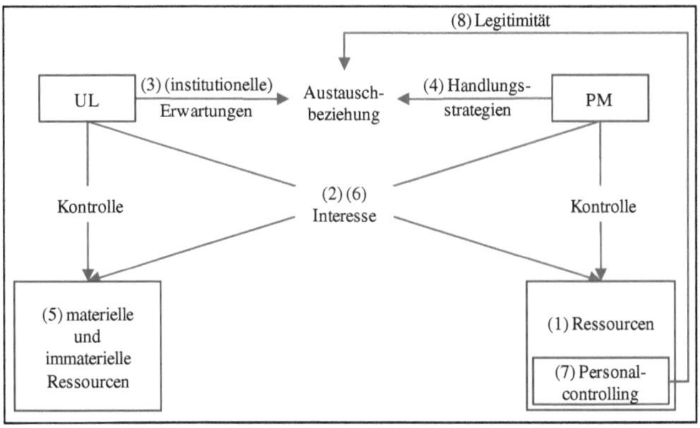

Abb. 21: Bezugsrahmen der empirischen Studie

Aus der theoretischen Analyse kann gefolgert werden, dass das Personalmanagement Ressourcen kontrolliert, die von Interesse für die Unternehmensleitung sind (vgl. 4.2.1). Neben Informationen und einem Personalcontrolling existieren auch weitere Ressourcen, so dass für die empirische Analyse davon ausgegangen wird, dass das Personalmanagement (1) **diverse Ressourcen** kontrolliert. Weiterhin (2) interessiert sich das Personalmanagement für verschiedene Ressourcen, um seine Aufgaben zu erfüllen (vgl. 4.2.3.1). Die Austauschbeziehung zeichnet sich dadurch aus, dass die Unternehmensleitung (3) **(institutionelle) Erwartungen** an das Personalmanagement und die rationale Steuerung des Personals bzw. den Einsatz des Personalcontrollings richtet (vgl. 4.3.2). Diese Erwartungen sowie die (4) **Handlungsstrategien**, mit denen das Personalmanagement hierauf reagiert, sollen empirisch untersucht werden.

Auch die **Unternehmensleitung** kontrolliert verschiedene (5) **(materielle und immaterielle) Ressourcen** und ist (6) zum Zweck der Erfüllung ihrer Managementaufgaben selbst an Ressourcen interessiert, die sie nicht kontrolliert (vgl. 4.1). Aus diesem Grund geht sie **Austauschbeziehungen** ein. Vor diesem Hintergrund sind beide Seiten der Austauschbeziehung, ihr Ressourceninteresse sowie ihre Ressourcenkontrolle Gegenstand der empirischen Untersuchung.

Die empirische Analyse fokussiert weiterhin den (7) **Einsatz des Personalcontrollings**: Es wird davon ausgegangen, dass Personalcontrolling eine Ressource des Personalmanagements darstellt (vgl. 2.1.1). Theoretisch wurde abgeleitet, dass Personalcontrolling von Interesse für die Unternehmensleitung ist, beispielsweise weil es der Kontrolle von bzw. dem Zugang zu Informationen über den Wettbewerbsfaktor Personal dient. Darüber hinaus ist Personalcontrolling für das Personalmanagement selbst von Interesse, weil es im Austausch mit der Unternehmensleitung zur Beschaffung wichtiger Ressourcen für das Personalmanagement führt. Außerdem kann der Einsatz des Personalcontrollings die (8) **Legitimität** des Personalmanagements beeinflussen, was sich auf das Zustandekommen seiner Austauschbeziehungen im Allgemeinen (vgl. 4.2.3.2) sowie mit der Unternehmensleitung im Besonderen (vgl. 4.3.3) auswirkt. Auch diese Aspekte sind Gegenstand der empirischen Studie.

5 Beschreibung und Durchführung der empirischen Studie

5.1 Forschungsmethode und Datenerhebungsverfahren

Die empirische Sozialforschung kennt unterschiedliche Forschungsmethoden, die sich nach quantitativen und qualitativen Methoden sowie einer Zwischenform, den „mixed methods" (Creswell 2009, S. 3), unterscheiden lassen. **Quantitative Forschungsmethoden** gehen von Gesetzmäßigkeiten aus und werden verwendet, um konkrete Annahmen statistisch zu bestätigen oder zu verwerfen (vgl. Nienhüser/Krins 2005, S. 112-115; Creswell 2009, S. 4). Die Ableitung dieser konkreten Annahmen, sowie, im Falle einer schriftlichen Befragung, die Vorgabe von Antwortmöglichkeiten, erfordern ein breites Vorwissen, damit relevante Annahmen nicht unberücksichtigt bleiben. Im Gegensatz zu quantitativen Methoden geben **qualitative Forschungsmethoden** keine Antwortmöglichkeiten vor und ermöglichen somit die Identifikation bisher unbekannter Erkenntnisse (vgl. Brandl 2005, S. 82; Bogner/Menz 2009, S. 64). Bei einem geringen Erkenntnisstand und dem gleichzeitigen Bedarf, diesen zu erweitern, eignet sich daher eine qualitative Forschungsmethode aufgrund „its ability to address issues of description, interpretation, and explanation" (Bluhm et al. 2011, S. 1869; vgl. ähnlich Lee/Mitchell/Sablynski 1999, S. 163-164) zur Gewinnung und Erklärung neuer Erkenntnisse über den Forschungsgegenstand.

Vor dem Hintergrund des Forschungsdefizits bezüglich der verhaltenswissenschaftlichen Perspektive des Personalcontrollings (vgl. 1.2) kann diese empirische Studie nur auf wenigen empirischen Vorkenntnissen aufbauen. Das betrifft sowohl die Austauschbeziehung zwischen Personalmanagement und Unternehmensleitung als auch die damit verbundenen Ressourcenkontrollen und -interessen. Daher bietet sich eine qualitative Forschungsmethode zur Verringerung dieses Forschungsdefizits an.

Die Wahl der qualitativen Forschungsmethode lässt sich darüber hinaus auch auf Basis der konkreten Forschungsfrage zur (Austausch-)Beziehung zwischen Personalmanagement und Unternehmensleitung ableiten, denn erst eine qualitative, offene und flexible Forschungsmethode eignet sich, um ein Verständnis über soziale Beziehungen zu gewinnen und **individuelle Erfahrungen, Einstellungen der Akteure der Beziehung sowie Hintergründe und Zusammenhänge der Beziehung** zu erheben (vgl. hierzu Denzin/Lincoln 2000, S. 8; Nienhüser/Krins 2005, S. 97; Creswell 2009, S. 70; Bluhm et al. 2011, S. 1870; Diekmann 2011, S. 531). Mit ihr ist folglich ein Zugang zu subjektiven Sichtweisen und die Erhebung von alltäglichen Handlungen und Zusammenhängen möglich (vgl. Flick/Kardoff/Steinke 2008, S. 19, 23). Sie ist somit geeignet, um die in der Resource-Dependence-Theorie relevanten **Wahrnehmungs- und Interpretationsprozesse** (vgl. Pfeffer/Salancik 2003, S. 260, 19-20) zu erfassen. Theoretisch wurde abgeleitet, dass die Wahrnehmung der eigenen Macht und Abhängigkeit, d. h. die Wahrnehmung über die eigene und fremde Ressourcenkontrolle sowie über das jeweilige Ressourceninteresse wesentlich für die Bewertung der Macht und Abhängigkeit in einer Austauschbeziehung sind (vgl. Gebert 1998, S. 263-264; Cendon/Jarvenpaa 2001, S. 124; 4.2.3.2). Für die empirische Studie bedeutet dies, dass die tatsächliche, objektive Ressourcenverteilung und das objektive Machtgleichgewicht nachrangig zu betrachten sind, weil vielmehr ihre subjektive Wahrnehmung das Machtgleichgewicht bestimmt (vgl. Nienhüser 2008, S. 27). Wahrnehmungs- und Interpretationsprozesse sind vor diesem Hintergrund in die Studie einzubeziehen. Mit einer qualitativen Forschungsmethode lässt sich herausfinden, wie die Interviewteilnehmer die Ressourcen und die Beziehung sowie das Personalcontrolling subjektiv wahrnehmen und interpretieren, weil sie in der Lage ist, die „Komplexität und Dynamik inter- und intrapersonaler Prozesse" (Dick 1993, S. 447) aus Sicht dieser Akteure zu erfassen (vgl. Lee/Mitchell/Sablynski 1999, S. 163; Pratt 2009, S. 856).

Um eine qualitative Forschung durchzuführen, wird im nächsten Schritt ein konkretes **qualitatives Datenerhebungsverfahren** aus der Vielzahl an Verfahren (vgl. für eine Übersicht z. B. Flick/Kardoff/Steinke 2008, S. 18-19) ausgewählt. Auch die Wahl des Verfahrens lässt sich inhaltlich ableiten bzw. nicht geeignete Verfahren lassen sich aus inhaltlichen Gründen ausschließen: Der Forschungsgegenstand bezieht sich auf eine dyadische Beziehung, bei der die subjektive Wahrnehmung zweier beteiligter Akteure im Vordergrund steht. Andere Perspektiven im Unternehmen sind deshalb nicht vorrangig relevant. Um einen breiten Erkenntnisstand zu möglichen Ausprägungen der Austauschbeziehung zwischen Personalmanagement und Unternehmensleitung sowie zu den hier relevanten Ressourcen zu gewinnen, wird daher die Untersuchung mehrerer Fälle als hilfreicher erachtet als die Betrachtung weniger **Einzelfallstudien**.

Für die Analyse der Austauschbeziehung zwischen Unternehmensleitung und Personalmanagement ist weiterhin nicht nur der durchgeführte Ressourcenaustausch relevant, welcher beispielsweise anhand von **Beobachtungen**, z. B. durch Dokumentenanalysen, erfasst werden kann (vgl. Bortz/Döring 2006, S. 324-326). Im Vordergrund stehen vielmehr auch das dem

Austausch vorangehende Ressourceninteresse und die Ressourcenkontrolle beider Akteure. Im Gespräch mit den Akteuren können sowohl diese als auch die stattgefundenen Austauschhandlungen erfasst werden. Ein derartiges Gespräch kann im Rahmen einer **qualitativen Befragung** erfolgen, in welcher die subjektive Sicht und Meinung eines Akteurs ermittelt wird (vgl. Bortz/Döring 2006, S. 308).

Unter der Vielzahl an Formen qualitativer Befragungen stellt das **Leitfadeninterview** eine gängige Form der Befragung dar (vgl. Bortz/Döring 2006, S. 315; Flick 2010, S. 194-203; Lamnek 2010, S. 326-350). Mittels eines Leitfadens wird das Interview vollständig oder teilweise strukturiert und erhält damit einen thematischen Rahmen, der im Falle einer teilweisen Strukturierung dennoch Freiräume für unerwartete Antworten lässt (vgl. Lamnek 2010, S. 658). Zur Unterstützung des Gesprächs enthält ein Leitfaden vorformulierte Fragen (vgl. Schnell/Hill/Esser 2008, S. 322). Die Reihenfolge und genaue Formulierung der Fragen kann jedoch an den Gesprächsverlauf angepasst werden, so dass die Fragen im Gespräch aufeinander aufbauen und es zum Gesprächsfluss kommt, der durch vorbereitete Eventualfragen unterstützt wird (vgl. Atteslander 2010, S. 142). Trotz der thematischen Eingrenzung ermöglicht eine derartige Teilstrukturierung somit weiterhin eine flexible Gesprächsführung und eine offene und natürliche Gesprächssituation (vgl. Bähring et al. 2008, S. 92).

Ein Leitfadeninterview kann mit anderen Befragungsformen kombiniert werden. Beispielsweise kann es im Rahmen eines **Experteninterviews** eingesetzt werden. Das Experteninterview stellt eine problemzentrierte Befragungsform dar, die auf einem (theoretischen) Konzept zum Forschungsgegenstand aufsetzt. Es dient der Informationserfassung zu einem konkreten Forschungsgegenstand und erfordert grundlegende, jedoch nicht detaillierte Kenntnisse. Das Experteninterview gilt außerdem als geeignet, um das (politische) Verhalten von Akteuren zu untersuchen (vgl. Scherm/Pietsch 2007, S. 88). Es findet hierzu mit Einzelpersonen statt, die repräsentativ für eine bestimmte Gruppe sprechen können (vgl. Flick 2010, S. 214; Lamnek 2010, S. 656) und Experten für den Forschungsgegenstand darstellen (vgl. Bähring et al. 2008, S. 92-93; Helfferich 2011, S. 30-31). Dabei verfügt ein Experte über für die Beantwortung der Forschungsfrage relevantes Wissen, z. B. über soziale Prozesse und Beziehungen, das zwar noch andere, aber nicht alle anderen oder beliebige Akteure besitzen (vgl. Meuser/Nagel 2009, S. 37).

Die Strukturierung des Experteninterviews durch einen Leitfaden ermöglicht die Einbeziehung vorhandener (theoretischer) Erkenntnisse und Vorannahmen, wie sie in einem theoretischen Bezugsrahmen zu finden sind. Auf diese Weise kann ein vorhandenes (theoretisches) Vorverständnis über den Forschungsgegenstand die Struktur der Frageninhalte bestimmen und in die Studie einfließen, was zu einer Themenzentrierung der Interviews führt (vgl. Modrow-Thiel 1993, S. 133; Süß 2009, S. 164-165). Dabei sind der explorative Charakter der Studie und die inhaltliche Offenheit der qualitativen Forschungmethode durch das Vorhandensein theoretischer Vorannahmen nicht gefährdet (vgl. Meinefeld 2008). Das Vorwissen, welches auf Basis des theoretischen Bezugsrahmens abgeleitet wurde, übernimmt vielmehr eine strukturierende Aufgabe im Sinne eines Rahmens für die Studie oder einer theoretischen Brille auf den Forschungsgegenstand (vgl. Creswell 2009, S. 62).

Zur empirischen Analyse des Forschungsgegenstandes wird vor diesem Hintergrund das **leitfadengestützte Experteninterview** als Datenerhebungsverfahren ausgewählt, denn es ermöglicht die angestrebte Erfassung eines eingegrenzten Gegenstands (der Einsatz des Personalcontrollings) sowie der Situation (der Austauschbeziehung) und ihrer Bewertung durch die Interviewten (die Austauschakteure Personalmanagement und Unternehmensleitung). Weiterhin lässt es „die Möglichkeit der diskursiven Verständigung über Interpretationen" (Hopf 2008, S. 350) zu und dient dadurch der in dieser Studie erforderlichen Exploration zur Gewinnung neuer Erkenntnisse (vgl. Bogner/Menz 2009, S. 64; Flick 2010, S. 216).

5.2 Entwicklung des Interviewleitfadens

Der Interviewleitfaden der Studie wird auf dem theoretischen Bezugsrahmen aufgebaut, so dass die bisherigen **theoretischen Vorüberlegungen** in die empirische Studie einfließen. Folglich stehen die Austauschbeziehung zwischen Unternehmensleitung und Personalmanagement sowie die konkreten Ressourcen, die beide Akteure kontrollieren und interessieren, im Zentrum der empirischen Studie und damit des Leitfadens. Dabei wird auf diese konkrete intraorganisationale Austauschbeziehung fokussiert und der Einfluss einer unternehmensexternen Umwelt nur implizit im Rahmen des Ressourceninteresses, der alternativen Ressourcenquellen und der Erwartungen der Unternehmensleitung betrachtet. Neben seinen Ressourceninteressen und seiner Ressourcenkontrolle stehen weiterhin die Reaktionen des Personalmanagements auf die Erwartungen der Unternehmensleitung und der Einfluss des Personalcontrolling-Einsatzes auf die Legitimität des Personalmanagements im Zentrum der Studie (vgl. 4.4).

Der konkrete Leitfaden für die empirische Studie wurde selbst entwickelt, weil Fragen aus bisherigen Studien auf Basis der Resource-Dependence-Theorie (vgl. z. B. Pfeffer/Salancik 2003, S. xvi; Casciaro/Piskorski 2005, S. 167; für einen Überblick vgl. Drees/Heugens 2013) nicht auf die ausgewählte Forschungsmethode bzw. den vorliegenden Forschungsgegenstand übertragen werden konnten. So erfolgte die Messung von Macht, Ressourcenabhängigkeit, -knappheit und -interesse (vgl. Salancik/Pfeffer 1974; Hinings et al. 1974) in einigen Studien im Rahmen quantitativer Befragungen. In anderen Studien steht die Macht zwischen einer Vielzahl von Akteuren im Fokus und es wird auf eine Rangordnung mächtiger Akteure abgezielt (vgl. z. B. Pfeffer/Davis-Blake 1987). Es wurde somit nach der Macht eines Akteurs im Vergleich zur Macht anderer Akteure gefragt. In der vorliegenden Arbeit steht jedoch nicht eine derartige relative, sondern eine relationale Macht, d. h. die Macht zwischen Akteuren innerhalb einer Austauschbeziehung, im Vordergrund. Daher bestand der Bedarf der Entwicklung eines spezifischen Leitfadens für Interviews mit Mitgliedern des Personalmanagements und der Unternehmensleitung.

Im Rahmen der **Leitfadenentwicklung** wurden sowohl inhaltliche als auch methodische Aspekte berücksichtigt: Erstens war es wesentlich, dass beide Seiten der Austauschbeziehung erfasst werden. Dies ist mit Blick auf das Machtverständnis der Resource-Dependence-Theorie notwendig: Macht ist nicht einseitig, sondern wechselseitig zu betrachten (vgl. Frooman 1999, S. 196; 3.1.2). Vor diesem Hintergrund sollen alle Fragen sowohl den Interviewteilnehmern aus der Unternehmensleitung als auch aus dem Personalmanagement gestellt werden, um beide Seiten der Austauschbeziehung zu erfassen. Zur Differenzierung wurden im Vorfeld für das Personalmanagement und die Unternehmensleitung getrennte Leitfäden entwickelt, die die gleichen Fragen, jedoch in leicht modifizierter Formulierung enthalten, so dass sie die jeweilige Perspektive des Interviewteilnehmers einbeziehen. Zweitens wurden bei der Entwicklung der Fragen Standards der Frageformulierung sowie verschiedene Fragetypen berücksichtigt, z. B. wurden neben Einleitungs- und Schlussfragen auch Einstellungs- bzw. Meinungsfragen formuliert (Beispiel aus dem Leitfaden Unternehmensleitung Frage 2: „Was meinen Sie, wie wichtig ist Personalcontrolling für Sie als Unternehmensleitung?") (vgl. Bähring et al. 2008, S. 95; Gläser/Laudel 2010, S. 122-129, 145; Schnell/Hill/Esser 2008, S. 325). Drittens wurde bei der Leitfadenentwicklung beachtet, dass nicht die individuellen Meinungen der Interviewteilnehmer von Interesse sind, sondern die Sichtweise des Personalmanagements und der Unternehmensleitung als Institutionen bzw. kollektive Akteure. Dies wurde durch eine entsprechende Fragenformulierung unterstützt (Beispiel aus dem Leitfaden

Personalmanagement Frage 3a: „Beschreiben Sie bitte an einem Beispiel, worin Ihrer Meinung nach die Bedeutung des Personalcontrollings für die Personalabteilung besteht?").

Für den Aufbau des Interviewleitfadens wurde der Empfehlung gefolgt, den Leitfaden in Einleitung, Hauptteil und Abschluss zu gliedern (vgl. Bähring et al. 2008, S. 94; Süß 2009, S. 183). Im Ergebnis liegt ein Interviewleitfaden vor, der mit einer Einleitung zum Forschungsgegenstand beginnt. Diesem folgen Hinweise auf die voraussichtliche Länge des Interviews sowie auf die Einhaltung der Anonymität der Informationen. Im Anschluss wird die Zustimmung zur Aufzeichnung des Gesprächs erfragt. Der Hauptteil enthält Fragen zum Forschungsgegenstand. In diesem Teil umfassen die Interviewleitfäden zehn Frageblöcke zur Erfassung der Austauschbeziehung zwischen Unternehmensleitung und Personalmanagement und zur Erfassung des Einsatzes des Personalcontrollings als Instrument des Personalmanagements in dieser Austauschbeziehung. Die Frageblöcke enthalten jeweils eine Hauptfrage sowie mehrere Unter- bzw. Eventualfragen, die gestellt wurden, wenn die Hauptfrage von dem Interviewten als unklar empfunden wurde, Nachfragen von ihm gestellt wurden oder der Bedarf bestand, die Frage weiter zu konkretisieren.

Der Leitfaden beginnt mit einer einleitenden, auf das Interviewthema einstimmenden Frage zum Personalcontrolling im Unternehmen, mit der sich der Interviewteilnehmer als Experte konstituieren kann, die sein Interesse weckt und mit der das „Eis gebrochen" werden soll (vgl. Creswell 2009, S. 130). Mit der ersten Frage soll außerdem in das Thema eingeleitet und das Interesse des Interviewteilnehmers gewonnen werden (vgl. Bähring et al. 2008, S. 94-95), daher wird zunächst nach dem Gegenstand und den Aufgaben des **Personalcontrollings** gefragt (Beispiel aus dem Leitfaden Personalmanagement Frage 1: „Wenn Sie einem Kollegen mit einigen Worten erklären wollten, was Personalcontrolling in Ihrem Unternehmen ist, was würden Sie sagen?").

Anschließend folgen im Leitfaden zwei Fragen zur Einschätzung der Wichtigkeit des Personalcontrollings für das Personalmanagement und die Unternehmensleitung. Damit wird die Abhängigkeit der Unternehmensleitung von der Personalmanagement-Ressource Personalcontrolling erfasst (Beispiele aus dem Leitfaden Unternehmensleitung Frage 2: „Was meinen Sie, wie wichtig ist Personalcontrolling für Sie als Unternehmensleitung?" und Frage 3 „Wie beurteilen Sie denn die Wichtigkeit des Personalcontrollings für die Personalabteilung?"). Außerdem werden Fragen (Frage 7 und 9) zu Ressourcen der Unternehmensleitung, die für das Personalmanagement wichtig sind bzw. Ressourcen des Personalmanagements, die für die Unternehmensleitung wichtig sind, gestellt (Beispiel aus dem Leitfaden Personalmanagement Frage 7: „Sie benötigen für die Erfüllung Ihrer Aufgaben verschiedene Ressourcen. Welche Ressourcen erhalten Sie denn von der Unternehmensleitung?"). Diese Fragen sind offen formuliert, um sowohl mögliche materielle als auch immaterielle Ressourcen zu erfassen, die die Abhängigkeit des einen Akteurs von dem anderen Akteur begründen. Bei der Frage nach den wichtigen Ressourcen für das Personalmanagement ist eine offene Fragestellung einerseits wichtig, weil aus der Literatur keine konkreten Hinweise auf bestimmte Ressourcen abzuleiten sind und andererseits, weil Freiräume gelassen werden sollen, um auch informelle Macht zu erfassen. Auch soll mit weiteren Unterfragen nach Ressourcen gefragt werden, die innerhalb dieser Austauschbeziehung wünschenswert sind (Beispiel aus dem Leitfaden Personalmanagement Frage 7d: „Wenn Sie sich Ressourcen von der Unternehmensleitung wünschen dürften, welche wären das?"). So soll herausgefunden werden, welches Interesse an Ressourcen besteht, aus dem bei Nichtbereitstellung durch den anderen Akteur ein vernachlässigtes Machtpotenzial resultiert. Auf diese Weise soll zum einen das **Ressourceninteresse** beider Akteure an den Ressourcen des jeweils anderen Akteurs identifiziert werden. Zum anderen sollen die Ressourcen der Akteure und somit die **Ressourcenkontrolle** erfasst werden. Außerdem werden die **alternativen Quellen für die Ressourcen** des jeweils anderen Akteurs erhoben (Frage 8). Somit umfasst der Leitfaden die drei Determinanten der Ressourcenabhängigkeit (vgl. 3.2.4.2) und dient der Erfassung der Macht bzw. Abhängigkeit in der Austauschbeziehung zwischen Personalmanagement und Unternehmensleitung.

Weitere Fragen greifen die **Legitimität** auf, die das Personalmanagement durch den Einsatz des Personalcontrollings erhält. Hierzu wird erfragt, ob das Personalcontrolling als Instrument zur Erhöhung der Legitimität des Personalmanagements erachtet wird (Beispiel aus dem Leitfaden Personalmanagement Frage 4: „In der Wissenschaft gibt es die These, dass sich durch Personalcontrolling die Legitimität der Personalabteilung erhöht. Wie beurteilen Sie das?"). Weiterhin sollen die Interviewteilnehmer um ihre Einschätzung zu einer Aussage aus praxisnahen Publikationen zum Personalcontrolling gebeten werden, nach der das Personalmanagement durch Personalcontrolling auf Augenhöhe mit der Unternehmensleitung sowie anderen Abteilungen diskutiert (Frage 10). Mit dieser Frage wird bezweckt, die legitimatorische Wirkung des Personalcontrollings zu erfassen.

Außerdem werden die **Erwartungen** und die Anforderungen der Unternehmensleitung an den Einsatz des Personalcontrollings thematisiert (Frage 5). Damit wird auf den Druck und den Einfluss, dem das Personalmanagement seitens der Unternehmensleitung ausgesetzt ist, abgezielt. Darauf aufbauend soll danach gefragt werden, welche **Handlungsstrategien** das Personalmanagement als Reaktion auf diese Erwartungen zeigt (Frage 6). Die Leitfäden enden mit einem kurzen Fragebogen zur Erhebung demographischer Daten sowie einer Danksagung an die Interviewteilnehmer, um das Interview abzuschließen (vgl. Bähring et al. 2008, S. 94).

Vor der Durchführung der Hauptuntersuchung wurden einige Pretests durchgeführt, um Probleme und Fehler(quellen) zu identifizieren und die Interviewleitfäden entsprechend anzupassen (vgl. Bähring et al. 2008, S. 97). Die Hauptuntersuchung fand zwischen Juni 2012 und August 2012 statt. Als Experten wurden Personen identifiziert, die Aussagen zum Personalcontrolling im eigenen Unternehmen treffen können und entweder im Personalmanagement arbeiten oder Mitglieder der Unternehmensleitung, d. h. Akteure der betrachteten Austauschbeziehung, sind (vgl. zum Expertenbegriff Bogner/Menz 2009, S. 67). Als Voraussetzung für die Eignung der Personen wurde weiterhin formuliert, dass ihr Unternehmen das Instrument Personalcontrolling einsetzt und dass das Personalmanagement für dieses (mit)verantwortlich ist. Aufgrund des weiten Personalcontrolling-Begriffs, der dieser Arbeit zugrunde liegt (vgl. 2.1.1), war dabei jede Ausprägung des Personalcontrolling-Einsatzes geeignet.

5.3 Planung, Durchführung und Auswertung der qualitativen Studie

Die Rekrutierung der Interviewteilnehmer wurde hauptsächlich über berufliche Netzwerke vorgenommen (z. B. Xing). Insgesamt wurden 27 halbstandardisierte Experteninterviews geführt, davon 18 mit Personalern, unter denen sich elf Personalcontroller befanden, und neun mit Mitgliedern der Unternehmensleitung. Die Unternehmen hatten eine Größe von 60 bis 400.000 Mitarbeitern (Mittelwert: 55.017 Mitarbeiter; Median: 5.000 Mitarbeiter). Die durchschnittliche Länge der Interviews betrug etwa 53 Minuten. Für den Zweck der Studie war es nicht erforderlich, die Interviewteilnehmer paarweise aus dem Personalmanagement und der Unternehmensleitung des gleichen Unternehmens zu wählen. Das ist damit zu begründen, dass es nicht Ziel ist, die Wahrnehmung beider Seiten der Austauschbeziehung in konkreten Fällen aufeinander zu beziehen. Dafür hätte sich eine Einzelfallstudie besser geeignet (vgl. Lamnek 2010, S. 274). Vielmehr steht im Vordergrund der Studie ein breiter Erkenntnisgewinn zu möglichen Ausprägungen der Austauschbeziehung, der Ressourcen sowie der

Erwartungen und Handlungsstrategien in dieser Austauschbeziehung (vgl. 4.4). Aus forschungspragmatischen Gründen (vgl. Gläser/Laudel 2010, S. 153) wurden neben persönlichen Interviews (face-to-face), die bei dem jeweiligen Interviewteilnehmer vor Ort stattfanden, überwiegend telefonische Interviews durchgeführt.

Die Interviews (Gesamtdauer ca. 24 Stunden) wurden zunächst vollständig transkribiert. Dabei wurden unklare Aufnahmesekunden, die teilweise bei den telefonischen Interviews durch z. B. Verbindungsstörungen verursacht wurden, in den Transkripten mit [...] und unvollständige Wörter und Sätze mit / gekennzeichnet. Im Vordergrund der Studie stehen ausschließlich verbale Äußerungen, so dass andere Merkmale, z. B. Stimmlage oder Pausen nicht transkribiert wurden, weil sie als nicht entscheidend zur Erreichung des Untersuchungsziels erachtet wurden (vgl. hierzu Gläser/Laudel 2010, S. 193). Im Anschluss an die Transkription wurde das Datenmaterial mit Hilfe der Datenanalysesoftware MAXQDA analysiert. Hierzu wurde nach der Methode der zusammenfassenden qualitativen Inhaltsanalyse nach Mayring (2002; 2010) vorgegangen. Mit Hilfe dieser Vorgehensweise konnte der Forschungsgegenstand, hier die Austauschbeziehung zwischen Personalmanagement und Unternehmensleitung, als Ganzes betrachtet werden (vgl. Mayring 2010, S. 65). Dabei ließen sich die wesentlichen Inhalte identifizieren und zu Kategorien verdichten (vgl. Mayring 2008, S. 472).

In einem ersten Schritt wurde noch vor Sichtung des Datenmaterials aus dem theoretischen Bezugsrahmen (vgl. 3.2.6; 4.4) ein vorläufiges, grobes Kategoriensystem abgeleitet. Dieses bestand aus den theoretischen Hauptdeterminanten „Ressourcenkontrolle durch das Personalmanagement", „Ressourcenkontrolle durch die Unternehmensleitung" sowie „Ressourceninteresse des Personalmanagements" und „Ressourceninteresse der Unternehmensleitung". Weiterhin wurde in Anlehnung an den erweiterten Bezugsrahmen eine Kategorie „Legitimität des Personalmanagements durch den Einsatz des Personalcontrollings" aufgenommen. In einem zweiten Schritt wurde das Kategoriensystem induktiv entlang des Datenmaterials modifiziert, mit dem Ziel, ein finales System aus Ober- und Unterkategorien zu bilden. In diesem Schritt differenzierte sich das Kategoriensystem und ließ auf Basis der Offenheit der qualitativen Forschungsmethode weitere (neue) Kategorien zu. Insbesondere das wechselseitige Interesse an den Ressourcen des anderen Akteurs, der Nutzen des Personalcontrollings sowie Merkmale der Austauschbeziehung wurden zu zentralen Kategorien des modifizierten Kategoriensystems. Auf der Grundlage dieses Kategoriensystems wurden die Transkripte kodiert. Anschließend wurden die inhaltstragenden Textstellen paraphrasiert, generalisiert und schließlich auf die wesentlichen Inhalte reduziert (vgl. Mayring 2002, S. 94-97; Mayring 2010, S. 67-85). Im Ergebnis liegt ein finales Kategoriensystem vor, das in Abbildung 22 darstellt ist.

Interesse des Personalmanagements an Ressourcen der Unternehmensleitung
- Finanzielle Ressourcen
    - Mitarbeiterkapazität und Weiterbildungsbudget
    - IT-Infrastruktur
- Nicht-finanzielle, symbolische Ressourcen
    - Anerkennung der Relevanz des Personalmanagements
    - Einbeziehung des Personalmanagements in Entscheidungen der Unternehmensleitung

Interesse der Unternehmensleitung an Ressourcen des Personalmanagements
- Professionelle Personalarbeit
    - Professionelles Personalcontrolling
    - Rolle des Personalmanagements als strategischer Partner
- Personalwirtschaftliche Informationen
    - Reporting zum Zweck der Transparenzschaffung
    - Informationen für personalwirtschaftliche Entscheidungen
    - Informationen für nicht-personalwirtschaftliche, unternehmerische Entscheidungen

Nutzen für das Personalmanagement durch den Einsatz des Personalcontrollings
- Operativer Nutzen für die Personalarbeit
    - Systematisierung und Komplexitätsreduktion durch Transparenz
    - Grundlage für die Personalarbeit und für die Ableitung konkreter Personalmaßnahmen
    - Qualitätsverbesserung und Erfolgsmessung der Personalarbeit
- Legitimatorischer Nutzen für das Personalmanagement
    - (Akzeptierte) Fundierung und Professionalisierung der Argumentationsbasis
    - Türöffner für qualitative Diskussion von Personalthemen und Entscheidungen
    - Anerkennung der Wertigkeit des Personalmanagements

Austauschbeziehung zwischen Personalmanagement und Unternehmensleitung
- Kontext der Austauschbeziehung
    - Alternative Ressourcenquellen
    - Entwicklungsstand des Personalcontrollings
    - Bedeutung des Personals
    - Individuelle Promotoren der Austauschbeziehung
- Kombination von Expertentum und Informationskontrolle als Machtquelle des Personalmanagements
- Wahrnehmung und Realisierung des Machtpotenzials durch den Einsatz des Personalcontrollings
    - Realisierung und Wahrnehmung von Macht und Abhängigkeit
    - Wahrnehmung des eigenen Machtpotenzials durch das Personalmanagement
    - Wahrnehmung der Ressourcen des Personalmanagements durch die Unternehmensleitung
    - Realisierung des Machtpotenzials durch das Personalmanagement

Abb. 22: Finales Kategoriensystem

Das Kategoriensystem enthält vier Hauptkategorien, die jeweils in Unterkategorien differenziert wurden. Die ersten beiden Hauptkategorien beziehen sich auf das „Interesse des Personalmanagements" bzw. das „Interesse der Unternehmensleitung" an den Ressourcen des jeweils anderen Akteurs und greifen somit das Ressourceninteresse als eine der zentralen Determinanten des theoretischen Bezugsrahmens auf. Entsprechend fanden hier die ursprünglichen Kategorien „Ressourceninteresse des Personalmanagements", „Ressourceninteresse der Unternehmensleitung" bzw. „Ressourcenkontrolle des Personalmanagements" und „Ressourcenkontrolle der Unternehmensleitung" Eingang. Außerdem wurde der Gegenstand der Ressourcen konkretisiert, der im Bezugsrahmen (vgl. 3.2.6; 4.4) noch allgemein gehalten war. Für das Personalmanagement konnten „finanzielle Ressourcen" und „nicht-finanzielle, symbolische Ressourcen" als Unterkategorien identifiziert werden. Die Unternehmensleitung ist an Ressourcen des Personalmanagements interessiert, die sich gleichfalls in zwei Unterkategorien unterscheiden lassen: „Professionelle Personalarbeit" und „Personalwirtschaftliche Informationen". Die dritte Hauptkategorie zum „Nutzen für das Personalmanagement durch den Einsatz des Personalcontrollings" ist eine Kategorie, die nicht deduktiv aus dem theoretischen Bezugsrahmen abgeleitet wurde, sondern induktiv entstand. Die ursprüngliche Kategorie zur Legitimität durch den Personalcontrolling-Einsatz wurde in diese neue Kategorie aufgenommen und weiter ausdifferenziert. Außerdem kann ein neuer (Nutzen-)Aspekt hinzu, so dass die dritte Hauptkategorie den „operativen Nutzen" und den „legitimatorischen Nutzen", den das Personalmanagement aus dem Einsatz des Personalcontrollings generiert, als Unterkategorien umfasst. Schließlich wurde eine vierte Kategorie induktiv gewonnen, in der die „Austauschbeziehung zwischen Personalmanagement und Unternehmensleitung" abgebildet wird. Sie umfasst als Unterkategorien den „Kontext der Austauschbeziehung" sowie die „Kombination von Expertentum und Informationsmacht als Machtquelle des Personalmanagements" und schließlich die „Wahrnehmung und Realisierung des Machtpotenzials durch den Einsatz des Personalcontrollings". Die Ergebnisse werden in Kapitel 6 dargestellt und mit aussagekräftigen Zitaten der Interviewteilnehmer (Personalmanagement = PM, Unternehmensleitung = UL) unterstützt.

5.4 Bewertung der Güte der qualitativen Studie

Nicht mehr Bestandteil der qualitativen Inhaltsanalyse, dennoch ein wesentlicher Schritt im Rahmen einer empirischen Forschung, ist die Bewertung der vorgenommenen Untersuchung hinsichtlich ihrer Güte. Diese erfolgt anhand von Gütekriterien, die der **Feststellung der Qualität empirischer Forschung** dienen (vgl. Lamnek 2010, S. 127). Zu diesem Zwecke werden die Gütekriterien Objektivität, Reliabilität sowie Validität herangezogen (vgl. Bortz/Döring 2006, S. 326-328; Lamnek 2010, S. 130-134; Przyborski/Wohlrab-Sahr 2010, S. 35-42). Die Anwendung dieser Kriterien erfolgt auch im Rahmen quantitativer Forschung, jedoch ist ihre Übertragung auf qualitative Forschung nicht ohne Kritik geblieben (vgl. Mayring 2002, S. 141-142; Mayring 2010, S. 116-118). Das ist vor dem Hintergrund der Unterschiede zwischen qualitativen und quantitativen Forschungsmethoden (vgl. 5.1) schlüssig, weil bei qualitativen Methoden im Gegensatz zu quantitativen Methoden die argumentative Bewertung und „[d]er gegenstandabhängige und kontextnahe Charakter"

(Bähring et al. 2008, S. 91) der Studie in den Vordergrund rücken (vgl. auch Buchanan/Bryman 2007, S. 487).

Zur Behebung dieser Kritik werden die klassischen Gütekriterien zur Beurteilung qualitativer Forschung und ihrer Ergebnisse an die Besonderheiten qualitativer Forschung angepasst, indem anwendbare Teilaspekte übernommen werden (vgl. Miles/Huberman 1994, S. 277-280; Steinke 1999, S. 168). Alternativ oder ergänzend können Gütekriterien angelegt werden, die mit Blick auf diese Besonderheiten entwickelt wurden (vgl. Flick 2010, S. 489). Hierzu zählen die allgemeinen Gütekriterien qualitativer Forschung (vgl. Mayring 2002, S. 144-148) oder modifizierte Formen der klassischen Gütekriterien (vgl. Bähring et al. 2008, S. 91). Im Folgenden wird auf die klassischen Gütekriterien sowie ihre an die Besonderheiten qualitativer Forschung angepassten Kriterien eingegangen:

Objektivität beschreibt die Unabhängigkeit der Ergebnisse von der Person des Forschers und die Repräsentativität der ausgewählten Daten mit Blick auf die Erhebung, Auswertung und Interpretation. Die Bewertung der Objektivität des Forschungsprozesses bzw. der intersubjektiven Überprüfbarkeit der Ergebnisse wird im Rahmen der qualitativen Forschung nachrangig behandelt (vgl. Flick 2010, S. 499). Mayring (2010) geht beispielsweise in seiner Bewertung der Tauglichkeit klassischer Gütekriterien für die Inhaltsanalyse nicht auf Objektivität ein (vgl. Mayring 2010, S. 116-118).

Dennoch lassen sich Aussagen zur Objektivität treffen: Die begrenzte Standardisierbarkeit der Erhebung steht der Objektivität der Durchführung sowie der Auswertung auf den ersten Blick entgegen. Ausgehend von dem qualitativen Paradigma, nach dem die Berücksichtigung der Situation und des individuellen Verständnisses des Interviewteilnehmers den Erkenntnisgewinn unterstützt, ist der Objektivitätsbegriff anzupassen (vgl. Bortz/Döring 2006, S. 326; Lamnek 2010, S. 155-156; Diekmann 2011, S. 531). Zugunsten der Offenheit der Erhebung wird daher Subjektivität bewusst zugelassen (vgl. Steinke 1999, S. 138-140). Das führt so weit, dass das Gütekriterium bisweilen umgedreht wird, so dass nicht Objektivität angestrebt wird, sondern eine angemessene kontextspezifische Subjektivität. Dementsprechend wird nicht der Anspruch intersubjektiver Überprüfbarkeit, sondern **intersubjektiver Nachvollziehbarkeit** erhoben (vgl. Helfferich 2011, S. 155-157). In diesem Zusammenhang wird das Kriterium der Transparenz betont. Zu diesem Zwecke (sowie auch zur Reliabilität) spielt die Dokumentation des Forschungsvorgehens, z. B. durch Beibehaltung wörtlicher Zitate, eine wesentliche Rolle (vgl. Bähring et al. 2008, S. 91; Steinke 2008, S. 324-325; Lamnek 2010, S. 161). Die vollständige Dokumentation und Einbeziehung aussagekräftiger, wörtlicher Zitate im Rahmen der Ergebnisbeschreibung und -diskussion (vgl. 6) dient dementsprechend auch in dieser Arbeit der intersubjektiven Nachvollziehbarkeit.

Reliabilität bezieht sich auf die Zuverlässigkeit der Erhebung und der Ergebnisse sowie deren exakte Reproduzierbarkeit. Als ein Reliabilitätsmaß lässt sich das Mittel der Wiederholung des Kodierungsprozesses, d. h. der Analyse, nicht der Erhebung, formulieren. Hierzu wurde die Kodierung der Interviews mit einem zeitlichen Abstand von vier Monaten (im Dezember 2012) nach der ersten Kodierung stichprobenartig wiederholt, um die sogenannte Intracoder-Reliabilität der Kodierungen zu gewährleisten (vgl. hierzu Lombard/Snyder-Duch/Campanella Bracken 2002; Früh 2007, S. 120). Diese bildet das inhaltsanalytische Gütekriterium der Stabilität der Auswertung (vgl. Mayring 2010, S. 120), weil sie darauf abzielt festzustellen, ob das Datenmaterial durch den gleichen Forscher gleich kodiert wurde. Dieses Kriterium kann daher auch als interpersonaler Konsens verstanden werden, der sich auf die Gültigkeit der vorgenommenen Interpretationen bezieht (vgl. Bähring et al. 2008, S. 91). Eine Überprüfung der Konsistenz der entwickelten Kategorien ist somit eine Möglichkeit der Reliabilitätsprüfung, ohne dass sie den Anspruch einer genauen Abbildung der Zuverlässigkeit erhebt.

Die sogenannte Intercoder-Reliabilität untersucht dagegen die Reproduzierbarkeit der Kodierung und ist damit eher ein Objektivitätsmaß (vgl. Mayring 2010, S. 117, 120). Sie kann angewendet werden, wenn das Datenmaterial durch mehr als einen Forscher kodiert wird (vgl. Früh 2007, S. 188; Schnell/Hill/Esser 2008, S. 413). Weiterhin ist durch die vollständige Aufzeichnung und Transkription des Datenmaterials eine Nachvollziehbarkeit der Studie gewährleistet, auch wenn eine vollständige Reproduktion des Materials durch Wiederholung der Interviews weitestgehend ausgeschlossen ist (vgl. Steinke 1999, S. 141; Bortz/Döring 2006, S. 327; Helfferich 2011, S. 154-155).

Dem Kriterium der **Validität** wird in der qualitativen Forschung ein größeres Gewicht zuteil als der Objektivität und der Reliabilität (vgl. Flick 2010, S. 492; Lamnek 2010, S. 137). Es beschreibt, ob eine Erhebung „gut" ist, d. h. ob das im Forschungsinteresse stehende Konstrukt gemessen wird und deshalb eine hohe Gültigkeit bzw. Genauigkeit aufweist in dem Sinne, dass erfasst wurde, was erfasst werden sollte (vgl. Neuendorf 2002, S. 112). Mehr noch als die Genauigkeit der Erhebung steht die Genauigkeit der Auswertung sowie der Interpretation im Fokus qualitativer Forschung. Das liegt daran, dass die Situation bewusst Eingang in die Erhebung findet und sich eine qualitative Methode durch ihre Anpassungsfähigkeit an die Situation auszeichnet (vgl. Steinke 1999, S. 159-160, 165-166; Lamnek 2010, S. 133-134).

Weiterhin wird zwischen verschiedenen Validitätsmaßen unterschieden (vgl. z. B. Flick 2010, S. 492-499; Lamnek 2010, S. 134-141; Mayring 2010, S. 119-120). Im Rahmen der vorliegenden Untersuchung sind drei Validitätsmaße anwendbar: (1) Die prozedurale Validierung wurde gewährleistet, indem die Interviews genau und vollständig aufgezeichnet und transkribiert wurden (vgl. Flick 2010, S. 497; Lamnek 2010, S. 141). (2) Durch die theoretische Fundierung des Bezugsrahmens, der als Rahmen zur Herleitung der Leitfäden sowie als Grundlage für die Deduktion des vorläufigen Kategoriensystems diente, wurde die Konstruktvalidität erhöht (vgl. Mayring 2010, S. 120). (3) Auch wurde die kommunikative Validierung durch die Diskussion der Vorgehensweise wie auch der Ergebnisse der Studie mit „Mitglieder[n] der Scientific Community" (Lamnek 2010, S. 139) gestützt.

6 Beschreibung und Diskussion der Ergebnisse der qualitativen Studie

6.1 Interesse des Personalmanagements an den Ressourcen der Unternehmensleitung

Die Ergebnisse der Befragung geben Aufschluss über das Ressourceninteresse des Personalmanagements. Aus den Aussagen der Interviewteilnehmer wurden verschiedene Ressourcen identifiziert, an denen das Personalmanagement zum Zwecke seiner Aufgabenerfüllung interessiert ist und die von der Unternehmensleitung kontrolliert werden. Diese Ressourcen lassen sich in **„finanzielle Ressourcen"** und **„nicht-finanzielle, symbolische Ressourcen"** unterscheiden, die von den Interviewteilnehmern in weitere Ressourcen konkretisiert werden.

Sie beschreiben als Ressourcen, die vom Personalmanagement benötigt werden, solche Ressourcen, die budgetrelevant sind und deren Einsatz durch die Unternehmensleitung als höchste budgetverantwortliche Instanz genehmigt wird. Dabei heißt es in den Interviews, diese Ressourcen *„reduzier[en] sich am Ende des Tages meines Erachtens immer aufs Geld" (PM2).* Aus diesem Grund sind sie als finanzielle Ressourcen zu bezeichnen. Zum einen werden hierunter **Mitarbeiterkapazität und Weiterbildungsbudget** verstanden, denn *„was die Personalabteilung braucht, ist erst mal Personal. [...] Und die brauchen auch Leute, die entsprechende Qualifikationen haben" (UL8*; vgl. auch PM18). Zu ähnlichen Ergebnissen kommen andere Studien, die den Ressourcenbedarf des Personalmanagements untersuchen (vgl. Brandl/Pohler 2010, S. 1038-1039). Zum anderen benötigen die Personaler zur Erfüllung ihrer Aufgaben *„schlichtweg IT-Infrastruktur [...] gewisse Tools, sei es denn BI, also Business Intelligence Lösungen, die im Zweifelsfall halt auch gerade fürs Personalcontrolling relevant [sind]" (PM9*; vgl. auch PM10; PM11). Diese **IT-Infrastruktur** wird nicht im Sinne eines Grundgerüsts verstanden; vielmehr besteht der Wunsch nach ausgereiften, erweiterten und harmonisierten Informationssystemen und -landschaften (vgl. Tyson/Fell 1986, S. 134; Farndale 2004, S. 259): *„die brauchen ein vernünftiges Tool, um die Daten zu erfassen [...], um die Daten auszuwerten [...]" (UL2).*

Als weitere Ressourcen, die das Personalmanagement von der Unternehmensleitung benötigt, lassen sich aus den Interviews zweierlei immaterielle Ressourcen erkennen. Sie zeichnen sich dadurch aus, dass ihre Beschaffung keine direkten Ausgaben verursacht. Vielmehr sind sie symbolischer Natur (vgl. auch Nienhüser 2008, S. 27) und entstehen in der Interaktion zwischen Personalmanagement und Unternehmensleitung. Es handelt sich um die „Anerkennung der Relevanz des Personalmanagements" sowie die „Einbindung des Personalmanagements in Entscheidungen der Unternehmensleitung".

Die **Anerkennung der Relevanz des Personalmanagements** bezieht sich auf das Verständnis der Unternehmensleitung, dass das Personalmanagement zum Erfolg des Unternehmens beiträgt: *„wichtig ist, ist zu erkennen, dass HR 'ne wichtige Rolle spielt in diesem Kontext. Es gibt Unternehmen […] wenn Sie da rein marschieren und mit der Geschäftsführung reden, dann hat HR heute noch eine Rolle, die Personalverwalter. Die sollen sich da hinsetzen und im besten Falle die Schäfchen zählen und das Geld überweisen und ansonsten sollen sie Ruhe geben. Dabei […] ist es wichtig, […] dass 'ne Unternehmensleitung erkennt, dass HR als Business Partner funktioniert und dass wir da 'nen erheblichen Beitrag leisten können" (PM12).* Dass diese Anerkennung bei der Unternehmensleitung vorherrscht, wird nicht als selbstverständlich erachtet: *„streckenweise sind wir da noch im […] in der intellektuellen Nachkriegszeit so in dem Sinne von […] wie so Personal verstanden wird" (PM16;* vgl. auch PM9; PM13). Eine solche Anerkennung ist jedoch auch aus Sicht der wissenschaftlichen Literatur relevant, weil mit ihr die Wahrnehmung der zentralen Bedeutung und des Wertbeitrags des Personalmanagements einhergeht (vgl. Buyens/De Vos 2001, S. 85).

Weiterhin benötigt das Personalmanagement von der Unternehmensleitung die **Einbindung ihre Entscheidungen** des Unternehmens. Die Aussagen der Interviewteilnehmer machen deutlich, dass durch diese Einbindung bezweckt wird, personalwirtschaftliche Standpunkte in Entscheidungen einzubringen. Deshalb ist es für das Personalmanagement von Interesse, involviert zu werden: *„es ist praxisrelevant […], dass der HR Bereich oder gerade Personal ein wichtiger Erfolgsfaktor von 'nem Unternehmen ist. Deswegen müssen wir da irgendwie in die Köpfe, müssen wir da in den Diskussionen mit reinkommen, an einen Tisch auch kommen, wenn die Entscheidungen getroffen werden" (PM18).* Eng damit verbunden ist eine Versorgung mit Informationen: *„[…] auf GF-Ebene müssten wir natürlich sagen: Oh, stopp, das ist ein Thema, da müssten wir mal den Personaler dazu holen. Weil das kann der ja nicht riechen, dass wir über irgendetwas nachdenken" (UL5*; vgl. auch UL6). Auch in der Literatur wird hervorgehoben, dass eine Einbeziehung bereits in die Strategieformulierung sowie in strategische Entscheidungen wesentlich für die Einflussnahme auf die Ressourcenverteilung im Unternehmen ist, weil das Personalmanagement hierbei Personalthemen platzieren kann und bei der Budgetverteilung berücksichtigt wird (vgl. Bennett/Ketchen/Schultz 1998, S. 3).

6.2 Interesse der Unternehmensleitung an den Ressourcen des Personalmanagements

6.2.1 Professionelles Personalcontrolling und Rolle des Personalmanagements als strategischer Partner

Weiterhin liefert die Befragung Erkenntnisse über das Ressourceninteresse der Unternehmensleitung. Die Unternehmensleitung interessiert sich nach Aussage der Interviewteilnehmer für eine **professionelle Personalarbeit** des Personalmanagements, die die Unternehmensleitung in der Erfüllung ihrer Managementaufgaben unterstützt und einen strategischen Beitrag für das Unternehmen leistet: *„wenn der Personalbereich den Auftrag in sich verspürt, da 'ne Rolle zu spielen, dann muss er da rein, [...] sich da nicht auf operative Arbeit beschränken und dann rumjammern, [...] dass sie nur am Katzentisch ein Plätzchen findet" (UL6).* Damit verbunden ist ein Personalmanagement, das sich aktiv einbringt und nicht zulässt, dass es außen vor bleibt und nicht in Entscheidungen einbezogen wird (vgl. auch Barney/Wright 1998, S. 44). Hier spiegelt sich auch die anhaltende Professionalisierungsdebatte im Personalmanagement wider. Unter Professionalität des Personalmanagements und der Personalarbeit wird neben einer professionellen Ausbildung der Personaler die Wahrnehmung personalwirtschaftlicher Aufgaben verstanden, mit dem Ziel, einen Wertbeitrag für das Unternehmen zu leisten (vgl. Hummel 2006, S. 12-13; Süß 2010, S. 284). Die Interviewteilnehmer konkretisieren die mit einer professionellen Personalarbeit zusammenhängenden weiteren Ressourcen in ein „professionelles Personalcontrolling" sowie in die „Rolle des Personalmanagements als strategischer Partner".

Das Verständnis über den Einsatz eines **professionellen Personalcontrollings** besteht darin, dass das Personalmanagement unter anderem in der Lage ist, den Bedarf der Unternehmensleitung nach vollständigen, richtigen und genauen Zahlen zu erfüllen (vgl. PM6; PM12; PM13). Diese unterstützen die Unternehmensleitung in ihren Aufgaben: *„Personalkennzahlen [, die] auf jeden Fall erst mal stimmig sind und dass die Personalkennzahlen in der Art und Weise geeignet sind, die Entscheidungsfindung zu unterstützen" (UL3).* Weiterhin interessiert sich eine Unternehmensleitung nicht nur für vergangenheitsorientierte, sondern auch für zukunftsgerichtete Informationen (vgl. PM11), die proaktiv analysiert werden (vgl. PM2). Nach diesem Verständnis übernimmt ein professionell arbeitendes Personalmanagement auf Basis des Personalcontrollings eine über seine traditionellen, operativen Aufgaben hinausgehende proaktive, systematische, strukturierte Erklärungs- und Unterstützungsfunktion für die Unternehmensleitung: *„Personalarbeit können Sie auch freihändig machen, sag ich immer. Sie können immer sagen, Personalentwicklung ist wichtig. Sie können immer sagen, Schulungen und Weiterbildung ist wichtig. Oder Sie können immer sich vorne hinstellen und sagen, wir haben eine demographische Herausforderung. Also, das sind […] für mich no-brainer, die können Sie immer anbringen. Die Frage und die Kunst ist doch, wenn Sie jemand fragt, ja, warum haben Sie denn ein demographisches Problem" (PM17).* Vor diesem Hintergrund geht ein professionelles Personalcontrolling über die Bereitstellung von Informationen hinaus, weil es zusätzlich Interpretationen und Empfehlungen liefert. Dieses Personalcontrolling gewinnt für die Unternehmensleitung folglich an Bedeutung, indem es den Wertbeitrag des Personalmanagements für das Unternehmen nachvollziehbar macht (vgl. hierzu auch Legge 1978, S. 79).

Ein weiterer Aspekt der Professionalisierungsdebatte im Personalmanagement betrifft die **Rolle des Personalmanagements als strategischer Partner**. Es wird deutlich, dass es für Unternehmensleitungen von Interesse ist, dass Personaler die Rolle des strategischen Partners und eine *„Managementsicht einnehmen, die Fragen, die sich Management stellt und […] die Themen, die Management hat, zu adressieren und zu beantworten" (UL6),* weil *„[d]as Management braucht sicherlich Personal[management] als […] Unterstützungsfunktion, nicht als Behinderungs- und Verhinderungsfunktion und braucht jemand, der ihm die entsprechenden Mittel und professionellen Instrumente an die Hand gibt" (UL6),* denn *„das erwarten die, dass HR das Business versteht. Nur dann können wir sie richtig beraten" (PM12).* In diesen Aussagen spiegelt sich das Verständnis wider, dass das Personalmanagement verschiedene Rollen im Unternehmen übernimmt (vgl. z. B. Tyson/Fell 1986, S. 23-29; Storey 1992, S. 166-188). Insbesondere das in Wissenschaft und Praxis vielzitierte Modell nach Ulrich, das die Rolle des Personalmanagements als Business Partner (vgl. Ulrich 1997a) bzw. strategischer Partner (vgl. Ulrich/Brockbank 2005) hervorhebt, findet sich in den Aussagen einiger Interviewteilnehmer über den Aufbau ihres Personalmanagements wieder (vgl. z. B. PM7; PM9; PM11; PM17). Dieser strategische Partner zeichnet sich dadurch aus, dass er die Verfolgung der Unternehmensstrategie unterstützt und die in diesem Zusammenhang entstehenden Anforderungen seiner internen Kunden erfüllt. Dabei nimmt das Personalmanagement eine progressive, proaktive Rolle ein, unterstützt sowohl die Verfolgung der Personal- als auch der Unternehmensstrategie (vgl. Ulrich 1998; Caldwell 2001, S. 50; Truss et al. 2002, S. 40-41, 60) und leistet mit professioneller Personalarbeit einen Beitrag zum Unternehmenserfolg (vgl. Wright 2008, S. 1066). Die Ergebnisse der

Studie stützen an dieser Stelle somit auch die in der wissenschaftlichen Diskussion zu findenden Aussagen zur Verbreitung dieses Rollenverständnisses in der Praxis (vgl. Wehner et al. 2012).

6.2.2 Personalwirtschaftliche Informationen zur Transparenzschaffung und Entscheidungsunterstützung

Neben einer professionellen Personalarbeit sind **personalwirtschaftliche Informationen** von Interesse für die Unternehmensleitung. Dabei interessiert sich die Unternehmensleitung nicht nur für quantitative Informationen in Form von (kostenorientierten) Kennzahlen, sondern auch für qualitative Informationen, die diese Kennzahlen ergänzen und dem besonderen Charakter des Personals Rechnung tragen: *„Es geht ganz stark um qualitative Aspekte, weil die, sagen wir mal, rein monetären, aber auch die [...] in Zahlen zu fassenden qualitativen Themen sind eben in unserem Fall nicht alles. Bei uns dreht es sich um Menschen [...] oftmals auch sehr individuelle Menschen mit sehr eigenen Vorstellungen, und da ist es ganz sicherlich ganz wichtig, auch qualitative Informationen zu überwachen" (UL7;* vgl. auch PM9; PM18). Dieser besondere Charakter des Personals (vgl. 2.1.3) kommt auch in der Zieldualität des Personalmanagements, d. h. der Verfolgung sowohl sozialer als auch wirtschaftlicher Ziele, zum Ausdruck (vgl. Francis/Keegan 2006, S. 231; 4.2.3.1). In den Interviews wird deutlich, dass das Personalmanagement beide Zielarten gleichermaßen verfolgt. Somit geht es *„nicht nur um Quantitäten, es geht nicht nur um Kosten, sondern da eben man die Leute sich nicht backen kann oder [...] herzaubern kann, geht's ja stark um die Frage: was brauch ich da denn morgen für [...] Skills und Fähigkeiten" (UL6).* Das Interesse der Unternehmensleitung an personalwirtschaftlichen Informationen lässt sich anhand der Aussagen der Interviewteilnehmer in drei spezifische Ressourcen differenzieren: „Reporting zum Zweck der Transparenzschaffung", „Informationen für personalwirtschaftliche Entscheidungen" und „Informationen für nicht personalwirtschaftliche, unternehmerische Entscheidungen".

Beim **Reporting zum Zweck der Transparenzschaffung** geht es darum, dass die Unternehmensleitung einen Überblick über Kosten und Ergebniswirkung des Personaleinsatzes auf der einen und über personalbezogene, qualitative Aspekte auf der anderen Seite erhält: *„[...] irgendwelche qualitativen Sachen, [...] also so ein Thema, weiß ich nicht, Krankenstand, Wechselhäufigkeiten [...] Mitarbeiterzufriedenheit oder so was, das gehört eigentlich alles dazu [...]. Wo ich im Zweifel eigentlich nicht sagen kann, ja, das hat mir jetzt 1.000*

Euro Einsparung gebracht, sondern wo ich nur sage: [...] die Leute in dem einen Werk haben so 'ne Verweildauer von [...] drei Jahren und die anderen haben [...] von zehn Jahren. Das heißt, was ist denn eigentlich der Grund dafür und wie kann ich meine Wechselkosten reduzieren?[...] Dann würde ich mir wünschen, [...] dass das Personalcontrolling die Dinge aufdeckt oder die Dinge sozusagen mir an Information gibt, [...] das hat 'ne Auswirkung [...] auf mein Ergebnis in Euro" (UL5). Das Zitat macht deutlich, dass sowohl Einsparungen als monetäre, d. h. quantitative Größe als auch die mit dieser Einsparung verbundenen (qualitativen) Gründe von Interesse sind.

Diese gewünschte Transparenz erhalten die Befragten beispielsweise im Rahmen eines Reportings. Reportings sind in diesem Zusammenhang regelmäßige (standardisierte) Berichte, Ad-hoc-Anfragen sowie projekt- oder themenbezogene Analysen, *„es gibt, wie gesagt, jede Geschmacksrichtung bei diesen Reportings" (PM12).* Sie dienen der Information, Transparenzschaffung sowie Dokumentation: *„Wir berichten an den Vorstand, das ist die Pflicht. Wir berichten auch an den Geschäftsbericht und darüber hinaus natürlich für alle Fachabteilungen. Auf Sonderanfragen berichten wir auch, also schicken wir auch dann spezielle Berichte. Also Pflichtveranstaltung ist es sowieso, [...] und darüber hinaus halt Schaffung von Transparenz und Beantwortung von Detailfragen" (PM11).* Dabei werden die Anforderungen der Unternehmensleitung berücksichtigt: *„typischerweise ist ein Geschäftsführer, möchte so die [...] zehn Top-Kennzahlen über das Personalwesen regelmäßig reportet haben" (PM3).* Auf Basis dieser Informationen und der erzeugten Transparenz ist die Unternehmensleitung in der Lage, Entscheidungen zu treffen: *„Das sind so strategische Entscheidungen, die Sie [...] am Ende des Tages fällen müssen. Die können Sie aber nur fällen, wenn Sie [...] ein gutes Verständnis, 'ne Transparenz haben von dem, was eigentlich personalstrategisch sich zurzeit bei Ihnen abspielt" (PM5).*

Die in den Interviews beschriebenen Entscheidungen können sowohl personalwirtschaftlicher als auch unternehmerischer Art sein. Personalwirtschaftliche Informationen sind für die Unternehmensleitung von Interesse, weil sie diese **personalwirtschaftlichen Entscheidungen**, z. B. bezogen auf die Personalplanung und -besetzung (vgl. z. B. PM8; PM18), die Mitarbeiterführung (vgl. z. B. UL9) und die Personalentwicklung (vgl. z. B. UL2; UL6) zugrunde legen: *„Also Klassiker ist immer, wenn's darum geht, für [...] das nächste Geschäftsjahr einfach zu entscheiden: Wie sehen Personalentscheidungen aus, wo werden neue Mitarbeiter eingestellt, wo gibt's vielleicht Veränderungen von der Arbeitszeit. Das ist* *halt dieses gemeinsame Prüfen der Werte zwischen Personalabteilung und Geschäftsführung und damit halt 'ne Grundlage für Entscheidungen" (UL3).* Neben operativ relevanten Informationen, wie *„[e]ine optimale Urlaubsplanung, eine optimale Vertretungsplanung und eine Havarieplanung im Falle einer Krankheit" (UL4)* werden auch strategische Entscheidungen auf Basis der Informationen aus dem Personalmanagement getroffen. Das wird an einem genannten Beispiel zu Personalkürzungen deutlich, bei dem die betreffende Unternehmensleitung auf Basis der Informationen *„nicht [...] die Rasenmäher-Maßnahmen gegangen sind. Also, das hat einen Beitrag geleistet für eine strukturierte Krisenarbeit und keine panische Krisenarbeit" (PM11).* Daraus wird das Interesse der Unternehmensleitung an einem Personalcontrolling vor allem mit Blick auf die Führungs- und Führungsunterstützungsfunktion (vgl. Scherm/Pietsch 2005, S. 46; 2.2.4) ersichtlich. Personalcontrolling liefert in diesem Verständnis Entscheidungsunterstützung mit Blick auf das Personal als Wettbewerbsfaktor des Unternehmens und als ein Gegenstand der Managementaufgaben der Unternehmensleitung, d. h. der Planung, Organisation, Kontrolle, Personalführung und des Personaleinsatzes (vgl. Steinmann/Schreyögg 2005, S. 8-12; 2.3.3).

Dazu passt auch, dass nach Aussagen der Interviewteilnehmer personalwirtschaftliche Informationen der Unternehmensleitung auch bei **nicht-personalwirtschaftlichen, unternehmerischen Entscheidungen** als Basis dienen, denn diese benötigt *„managementrelevante Informationen, die dem Vorstand zur Verfügung gestellt werden [...] für strategische Entscheidungen. Das heißt, in Standortfragen, ja Prozessgestaltungsthemen, also wenn 'ne neue Produktlinie gefahren werden soll zum Beispiel: Wie muss die Mitarbeiterstruktur unter Kostenaspekten zum Beispiel aussehen?" (PM9*; vgl. auch PM10; UL2*).* In diesem Zusammenhang werden zukunftsorientierte Informationen erwartet (vgl. z. B. UL3), so dass Gefahren und Risiken aufgezeigt werden (vgl. z. B. PM5). Dabei können personalwirtschaftliche Informationen unterschiedlichen Einfluss auf Entscheidungen haben und entweder noch vor der Entscheidungsfindung (*„Das eine ist der Business-Case, der andere ist der People-Case. Und die werden zusammengeworfen. Bei vielen Themen ist der People-Case so kritisch von den Kosten her, dass er dazu führt, ob positiv oder negativ, dass der Gesamtcase explodiert" PM17*) oder danach eingebracht werden: *„wenn wir überlegen gewisse Märkte anzugehen, ja, strategisch anzugehen, da würde ich wahrscheinlich weniger sagen, dass diese Daten 'ne Rolle spielen, weil da spielen doch eher Marktanalysen 'ne Rolle. Ich glaub, das kommt dann eher im zweiten Schritt, wenn wir die Entscheidung getroffen haben, dass wir uns dann angucken: Wie sieht unsere Personalstruktur beispielsweise in dem Markt aus? Was* *brauchen wir? Und was […] müssen wir noch entwickeln?" (PM12).* Damit drücken die Interviewteilnehmer aus, dass personalwirtschaftliche Informationen einen Informationsgehalt für außerhalb des Personalmanagements liegende unternehmerische Entscheidungen liefern und die Personal- und Unternehmenssicht verknüpfen. Auch in der wissenschaftlichen Literatur, insbesondere zum strategischen Personalmanagement, wird die Erwartung geäußert, dass das Personalmanagement die Unternehmensziele und -strategien berücksichtigt und unterstützt (vgl. Schuler/Jackson 2005, S. 13).

6.3 Nutzen des Personalcontrollings für das Personalmanagement

6.3.1 Operativer Nutzen für die Personalarbeit

Die Interviews zeigen nicht nur, dass ein professionelles Personalcontrolling eine von der Unternehmensleitung nachgefragte Ressource darstellt (vgl. 6.2.1), sondern stellen auch heraus, dass sein Einsatz für das Personalmanagement von **operativem Nutzen** ist. Dieser operative Nutzen lässt sich auf Basis der Interviewaussagen wie folgt differenzieren:

Der operative Nutzen des Personalcontrollings äußert sich erstens in der **Systematisierung und Komplexitätsreduktion durch Transparenz**. Personalcontrolling schafft nicht nur Transparenz für die Adressaten des Personalmanagements, allen voran der Unternehmensleitung, sondern auch für das Personalmanagement selbst, *„[w]eil das Personalcontrolling doch dazu beiträgt, nicht nur durch Kennziffern, sondern auch durch […] die Systematik […] das Ganze […] transparent zu machen und zu systematisieren und insofern seh ich darin schon einen deutlichen Gewinn. Also bevor wir das gemacht haben, waren so meine Kollegen, vielleicht ich auch, alles so bissle freischaffende Künstler" (PM6).* Damit geht einher, dass das Personalcontrolling dem Personalmanagement einen Überblick verschafft: *„ich hab durch den Überblick [die] Möglichkeit vielleicht schnelle Entscheidungen zu treffen. Und ich sehe Prioritäten, was zukünftig getan werden muss" (PM14).* Auf diese Weise dient das Personalcontrolling dem Personalmanagement bei der Erfüllung seiner Aufgaben, *„weil sie dann die richtigen Dinge tun, also, weil sie nicht versuchen […] in Europa Leute zu rekrutieren, wenn sie in Amerika kurz sind" (UL2).* Vor diesem Hintergrund wird eine systematische Steuerung von Personal und Personalarbeit als notwendigerweise selbstverständlich (vgl. PM11) erachtet und hilft dem Personalmanagement die Komplexität seiner Aufgaben zu reduzieren: *„insofern dient es auch ein Stück weit, sag ich mal, als Leitfaden oder Struktur und im weitesten Sinne – auch was Prozesse oder Kommunikation angeht – vielleicht auch ein Stück weit zur Komplexitätsreduzierung" (PM9).*

Zweitens besteht der operative Nutzen des Personalcontrollings darin, dass das Personalcontrolling eine **Grundlage für die Personalarbeit und für die Ableitung konkreter Personalmaßnahmen** liefert. Es besteht ein Verständnis darüber, dass sich aus den Erkenntnissen, die mit Hilfe des Personalcontrollings gewonnen werden, Implikationen für die Personalarbeit ableiten: *„Und da schauen wir uns jetzt die Zahlen an, um für uns festzustellen, ist das ein Handlungsfeld, das wir beackern müssen, sei es im verbesserten Gesundheitsmanagement oder ähnlichem. So dass eben […] Personalcontrolling für mich, ja, Indikation für weitere Personalarbeit geben kann, vielleicht für Intensivierung von Personalarbeit in bestimmten Feldern, als auch sicherlich Verifizierung von Maßnahmen" (PM2).* Auf Basis des Personalcontrollings erhält das Personalmanagement folglich eine Grundlage für seine Arbeit und sieht sich in der Lage, konkrete Maßnahmen abzuleiten: *„Dasselbe Thema haben wir bei unserem Talentmanagement. Wie viele Teilnehmer brauchen wir […], um für ausreichend Nachwuchs auf den nächsten Hierarchieebenen zu sorgen. So ohne Personalcontrolling hätten wir da relativ schlechte Karten, könnten wir aus der Glaskugel schätzen […] wenn Sie da keine verlässlichen Zahlen [haben] […], dann haben Sie relativ schnell schlechte Karten. […] entweder haben Sie Glück, dass es passt oder es passt halt nicht" (PM1).* Die Metapher der Glaskugel verdeutlicht, dass der Einsatz des Personalcontrollings Klarheit schafft, wo ansonsten nur spekuliert wird. Dementsprechend werden die durch das Personalcontrolling gewonnenen Informationen von dem Personalmanagement selbst benötigt und für die Personalarbeit eingesetzt. Diesen Nutzen bestätigen auch Baron/Armstrong (2007), die argumentieren, dass „[d]ata as analysed and interpreted through measures provide information on human capital in order to provide the basis for evaluation, planning and action" (Baron/Armstrong 2007, S. 32; vgl. auch Toulson/Dewe 2004, S. 77).

Drittens wird die **Qualitätsverbesserung und Erfolgsmessung der Personalarbeit** durch Personalcontrolling hervorgehoben. Durch Personalcontrolling lässt sich die Personalarbeit in Güte (vgl. PM12; PM18) und Qualität verbessern, wenn es etwa *„die Aussagen exakter und belegbarer [macht]" (PM15*; vgl. auch PM10). Darüber hinaus lässt sich der Erfolg der Personalarbeit messen: *„Zahlen geben uns die Sicherheit, dass das, was wir tun, richtig ist, oder auch falsch. Personalwirtschaft […] in allen Bereichen: Compensation, Talent, Recruitment, Diversity, Development […] hat viel mit Zahlen zu tun und man kann Erfolge von HR messen" (PM12*; vgl. auch PM6). Folglich besitzt Personalcontrolling einen Nutzen für die Qualität der Steuerung sowohl des Personals als auch der Personalarbeit, d. h. wird sowohl faktor- als auch prozessorientiert (vgl. 2.1.1) eingesetzt.

Zusammenfassend zeigt sich der operative Nutzen des Einsatzes des Personalcontrollings in der Planung, Steuerung und Kontrolle des Personaleinsatzes sowie der Personalarbeit (vgl. Festerling/Möller 2009, S. 868): *„wenn man sich vorstellt, die Personalarbeit ist [...] in einem Auto [...], die Scheibe ist ziemlich milchig, man sieht also gar nicht so richtig durch [...] also wirklich klar zu sehen, wo wollen wir hin, wo stehen wir aber auch gerade, wie war es hinten, wie war es wirklich? Den Status Quo und die Zukunft wirklich auch klar zu sehen. Also Zahlen, Daten, Fakten eigentlich zu liefern, um entsprechend dann auch steuern zu können" (PM18).* Dementsprechend dient Personalcontrolling keinem Selbstzweck (vgl. z. B. PM1; PM4). Vielmehr unterstützt es das Personalmanagement darin, seine Aufgaben „gut" zu erfüllen, indem die Informationen aus dem Personalcontrolling zielorientiert personalwirtschaftlichen und unternehmerischen Entscheidungen zugrunde gelegt werden, so dass „[t]he motivation for gathering metrics should not come from a desire to have numbers to present at the next executive meeting. Rather they should come from the need to answer the following question: What decision will this metric support?" (Burkholder/Golas/Shapiro 2007, S. 254; vgl. auch Gates/Langevin 2010; Winkler/König/Kleinmann 2013, S. 237). Personalcontrolling bildet folglich die Grundlage für die operative Tätigkeit des Personalmanagements und ermöglicht die Wahrnehmung auch strategischer sowie am Unternehmenserfolg orientierter Aufgaben sowie der Rolle eines strategischen Partners: *„man sollte sich schon überlegen, was sind momentan die Themen, die eine Unternehmensleitung hat und wie kann ich die [...] aus Personalsicht unterstützen" (PM4).* Vor diesem Hintergrund liefert das Personalcontrolling quantitative und qualitative Informationen sowie Implikationen über den Erfolgsfaktor Personal, unterstützt die Entscheidungsfindung im Unternehmen (vgl. Flamholtz/Bullen/Hua 2002, S. 948) und das Personalmanagement „[t]o make a worthwhile contribution" (Tyson/Fell 1986, S. 132-133).

6.3.2 Legitimatorischer Nutzen für das Personalmanagement

Neben dem operativen Nutzen erfüllt ein Personalcontrolling aus Sicht der Interviewteilnehmer auch einen weiteren Nutzen, der sich nicht nur in der operativen Unterstützung des Personalmanagements bei der Ausübung seiner Personalarbeit ausdrückt, sondern darüber hinaus eine legitimatorische Funktion für das Personalmanagement übernimmt und daher **legitimatorischer Nutzen** genannt wird. Dieser legitimatorische Nutzen des Personalcontrollings für das Personalmanagement besteht darin, dass es die Wahrnehmung der Wichtigkeit des Personalmanagements und seiner Personalthemen im Unternehmen unterstützt, und lässt sich in drei Arten differenzieren:

Erstens äußert sich der legitimatorische Nutzen in der **(akzeptierten) Fundierung und Professionalisierung der Argumentationsbasis.** Mit dem Personalcontrolling erhält das Personalmanagement ein Instrument, das ihm eine zahlen- und faktenbasierte Argumentation ermöglicht, denn *„[...] es erleichtert die Argumentation, wenn man mal Zahlen dazu hat [...]. Und wenn man es schafft, ein weiches, personalpolitisches Problem in Zahlen zu fassen, dann ist es für die Menschen, die hier arbeiten, leichter verständlich. [...] in Unternehmen, wo Menschen oder Entscheider sitzen, die [...] mit Zahlen umgehen können, ist, wenn man irgendwas in eine Zahl, in eine Statistik, in einen Trend bringen kann, ist es leichter zu verstehen, als wenn ich so in [...] Prosa mein Unwohlsein äußere" (PM4*; vgl. PM6; PM8; PM16). Wie aus dem Zitat deutlich wird, hilft die Verwendung der Finanzsprache dabei, personalwirtschaftliche Argumente so auszudrücken, dass auch Nicht-Personaler im Unternehmen sie und ihre Bedeutung nachvollziehen können.

Weiterhin signalisiert diese Sprache, dass das Personalmanagement rational und ökonomisch handelt: *„diesen latenten Vorwurf, den HR ja häufig auch hat, sag ich mal, Sozialheinis wenn ich das mal ganz böse sag, also immer bloß dieses weich und nichts griffig und so 'ne richtige Aussage kriegt man ja auch nicht von Euch, so Standardsprüche. Wenn man die jetzt mal nimmt, dann kann man halt schon auch mal damit beweisen, dass man durchaus betriebswirtschaftliches Denken und auch [...] sag ich mal, rein ökonomisches Kalkül an den Tag legt" (PM9).* In diesem Sinne unterstützt der Einsatz des Personalcontrollings das Personalmanagement in seiner Argumentation oder dient sogar zu dessen Rechtfertigung, weil „concepts need to be replaced with evidence, ideas with results, and perceptions with assessments" (Ulrich 1997b, S. 303; vgl. auch Burkholder/Golas/Shapiro 2007, S. 253-254). Damit verbunden ist eine ökonomische Orientierung, die zur Akzeptanz des Personalmanagements und der Wahrnehmung seiner strategischen Rolle im Unternehmen führt (vgl. auch Francis/Keegan 2006, S. 236): *„Schauen Sie, ich kann nicht zum Vorstand gehen [...] und sagen [...] ich hab das Gefühl, wir zahlen zu schlecht. Ich mein, dann, dann holt die den Arzt. Das geht nicht, sondern ich muss [...] hingehen und kann sagen: ich hab das geprüft [...] Das sorgt für Professionalität und auch für Respekt. Und dann kannst Du auf Augenhöhe diskutieren" (PM12*; vgl. auch PM5). Dies bestätigt die Sichtweise, wie sie in der wissenschaftlichen Personalcontrolling-Diskussion zu finden ist, nach der eine Anpassung an eine quantitative, monetär geprägte Ausdrucksweise im Unternehmen als hilfreich oder sogar notwendig erachtet wird, denn um sich Gehör zu verschaffen und „[...] to earn credibility, human resources must be expressed in financial terms [...]" (Bullen/Eyler 2010, S. 5; ähnlich Elšik

1996, S. 351; Kobi 2002b, S. 42; Kobi 2005, S. 16; Scherm/Pietsch 2005, S. 47; Verma/Dewe 2008, S. 118; 2.2.5). Dieser Effekt ist darauf zurückzuführen, dass eine Effizienz- und Effektivitäts- bzw. Finanzorientierung als rational betrachtet und nicht hinterfragt wird (vgl. Brass/Burkhardt 1993, S. 447; Elšik 2004, S. 819). Auf diese Weise kann die Existenz des Personalmanagements gesichert und kann es von der Unternehmensleitung als professioneller Ansprechpartner wahrgenommen werden, weil Personalcontrolling-Ergebnisse „die Rolle der Personalabteilung als Business Partner stärken, indem sie die zahlengetriebene Sprache der operativen Einheiten spricht und mit ihnen auf Augenhöhe diskutieren kann" (Brast/Krüger 2010, S. 731). Damit einher geht ein psychologischer Effekt, wie es ein Personaler formuliert: *„Hätten wir das Personalcontrolling nicht, dann würde man sich um Längen schwerer tun, sag ich mal, in der Diskussion […] bestehen zu können. Weil es einfach doch immer wieder […] rein psychologisch gesehen, was schwarz auf weiß auf dem Papier steht, glaubt man, alles andere ist, na ja, sagen wir mal mit Unsicherheit behaftet" (PM9).* Dies unterstreicht den Glauben an die Rationalität, die von Zahlen ausgeht.

Zweitens besteht der legitimatorische Nutzen des Personalcontrollings in seiner Funktion als **Türöffner für die qualitative Diskussion von Personalthemen und Entscheidungen.** Vor dem Hintergrund, dass die vorherrschende Sprache im Unternehmen ökonomisch orientiert und zahlenbasiert ist und eine entsprechende Anpassung des Personalmanagements an diese Sprache dem Personalmanagement hilft, sich Gehör zu verschaffen, dient Personalcontrolling dazu, einen Einstieg in tiefergehende, inhaltliche und strategische Diskussionen zu finden: *„Wir müssen auch zahlengesteuert denken, damit wir Themen sensibilisieren können. Und dann sind wir drinnen mit den Themen" (PM13*; vgl. auch PM1; PM2). Wenn der Einstieg über quantitative Themen gelingt, ist die Tür für die Berücksichtigung qualitativer Themen durch Entscheidungsträger geöffnet und damit der Einfluss auf Entscheidungen durch Personaler gegeben: *„man muss da eigentlich erst mal einen Fuß in die Tür bekommen, über einen Personalcontroller, dass man sagt: Pass mal auf, ja, momentan kümmern wir uns um, was weiß ich, Urlaubsrückstellungen und all so ein Driet, aber das ist eigentlich nicht das, was Ihr braucht. Eigentlich müssten wir uns unterhalten über die strategische Einbindung, […] und dann ist so ein Thema wie Urlaubsrückstellungen nur noch chicken feed" (PM16).* Entsprechend wird Personalcontrolling aufgrund seiner Zahlenorientierung als Chance verstanden, Personalthemen auf die Tagesordnung zu bringen, so dass ein Nutzen des Personalcontrollings im „serving as an analytical framework to facilitate decision making; and […] motivating decision-makers to adopt a human resource perspective" (Flamholtz/Bullen/Hua

2002, S. 948; vgl. auch Toulson/Dewe 2004, S. 77; Kobi 2011, S. 60) besteht. Durch den Einsatz des Personalcontrollings kann folglich eine Einbeziehung des Personalmanagements in strategische Entscheidungen erzielt werden, aus der eine Legitimitätszuschreibung für das Personalmanagement resultiert (vgl. Kamoche 1994, S. 40; Buyens/De Vos 2001, S. 73). Vor diesem Hintergrund ergibt sich aus der Nutzung des Personalcontrollings eine regelrechte Machtquelle, die dem Personalmanagement einen Zugang zu Entscheidungsprozessen ermöglicht (vgl. hierzu Hardy/Leiba-O'Sullivan 1998, S. 452; 6.4.2).

Der dritte legitimatorische Nutzen des Personalcontrollings besteht in der **Anerkennung der Wertigkeit des Personalmanagements**: Das Personalmanagement wird im Unternehmen legitimiert, wenn es für die Akteure einen nachvollziehbaren Nutzen erzeugt, d. h *„je mehr ich da hatte, auch relevante Aspekte, Daten, Entwicklungen darstelle und die dann auch sogar gut erläutern kann und vielleicht sogar Hinweise, Handlungsempfehlungen rein geben kann, desto mehr kann ich auch […] Anerkennung erreichen als HR Bereich" (PM7).* Diese Aussage bestätigt, dass das Aufzeigen des Wertbeitrags wesentlich für die Anerkennung der Bedeutung eines Funktionsbereichs im Unternehmen ist und seinen Status beeinflusst (vgl. Marr 1989, S. 694). Folglich geht eine ökonomische Orientierung mit der Anerkennung bzw. der Legitimität des Personalmanagements einher (vgl. Grieger 2004, S. 69), so dass „[n]o longer will finance and accounting specialists determine the fate of the human capital alone but increasingly again the company's HR experts. [...] HCM strengthens the position of HR professionals in companies [...]" (Stein 2007, S. 310). In diesem Zusammenhang führt der Einsatz des Personalcontrollings dazu, dass die Glaubwürdigkeit des Personalmanagements (vgl. Elias/Scarbrough 2004, S. 31) und seine Relevanz im Unternehmen steigen.

6.3.3 Gesamthafte Betrachtung des Nutzens des Personalcontrollings

Die Aussagen der Interviewteilnehmer machen deutlich, dass sowohl die Unternehmensleitung als auch das Personalmanagement aus dem Einsatz des Personalcontrollings verschiedene konkrete Nutzen ziehen. Durch das Personalcontrolling ist das Personalmanagement beispielsweise in der Lage, eine wertorientierte Personalarbeit durchzuführen. Die Interviews bestätigen damit andere Studien, die ebenfalls zu dem Schluss kommen, das Personalcontrolling leiste einen „efficient service, meeting client needs and being seen to contribute to organizational goals" (Farndale 2005, S. 660).

Die Vorannahmen zur Bedeutung des Personalcontrollings als Ressource des Personalmanagements, die auf Basis des in dieser Arbeit zugrunde gelegten Bezugsrahmens abgeleitet wurden (vgl. 4.2.1; 4.2.2), finden sich im operativen Nutzen des Personalcontrollings wieder. Die Ergebnisse zum legitimatorischen Nutzen sind vor dem Hintergrund des theoretisch betrachteten Interesses des Personalmanagements an Legitimität und Wahrnehmung (vgl. 4.2.3.2) sowie des Kontextes der Austauschbeziehung zwischen Personalmanagement und Unternehmensleitung (vgl. 4.3.2) relevant. Insbesondere mit Blick auf die institutionellen Erwartungen der Unternehmensleitung über die Ökonomisierung des Personalmanagements und dessen Umgang mit diesen Erwartungen stellen sich die Fragen, ob es aus der Studie einerseits Hinweise für die Richtigkeit der in der Literatur diskutierten Annahme gibt, dass es sich beim Personalcontrolling um einen Rationalitätsmythos handelt und ob sich andererseits auch tatsächlich ein operativer Nutzen aus dem Einsatz des Personalcontrollings ergibt. Dies lässt sich anhand der Merkmale eines Rationalitätsmythos (vgl. 3.4.1; 4.2.2.2) klären.

Das erste Merkmal ist der **Taken-for-granted-Charakter** eines Rationalitätsmythos: In der Literatur wird konstatiert, dass sich Controlling als modernes Instrument von Unternehmen erwiesen hat. Seine Nutzung wird als Selbstverständlichkeit erachtet, da es eine als rational akzeptierte Möglichkeit darstellt, der wirtschaftlichen Komplexität und Dynamik zu begegnen (vgl. Elšik 2004, S. 808). Diese Beobachtung lässt sich auf Personalcontrolling übertragen, denn „jeder will es – zumindest dem Namen nach – haben, unabhängig davon, ob tatsächlich neue Aufgaben entstanden und zu lösen sind und eine Institutionalisierung der Funktionen notwendig ist" (Scherm 1992b, S. 522). Durch die Übertragung von Controlling auf das Personalmanagement wird auch das Personalcontrolling – trotz der damit verbundenen Probleme (vgl. 2.1.3) – nicht hinterfragt, weil der kollektive Glaube an den Mythos des Controllings besteht, dass Controlling rationale, objektive, eindeutige Zahlen liefert. Daher wird auch keine kritische Überprüfung dieser Annahme über die Leistungsfähigkeit des Personalcontrollings vorgenommen (vgl. Elšik 1996, S. 336; Scherm/Pietsch 2005, S. 51).

Diese theoretische Argumentation wird jedoch durch einzelne Interviewaussagen widerlegt, die deutlich machen, dass durchaus kritisch hinterfragt wird, was eigentlich messbar ist: *„[...] da kommt ja auch die Frage: kann man Personalarbeit messen? [...] ist doch alles so weich und jetzt kommen wir plötzlich mit quantitativen Größen" (UL6)*. Gleichzeitig werden Lösungen für dieses Problem identifiziert, z. B. *„das Thema Benchmarking, wo Konzerne eigentlich ein Riesenpotenzial haben, bevor sie sich immer draußen benchmarken, auch [...]*

mal intern zu schauen" (UL6). Ein anderes Beispiel ist die Nutzung von Trendaussagen in Abgrenzung zu absoluten Aussagen: *„Und wenn die nur eine Frage beantworten: Wie fühl ich mich [...]? Ich kann das messen, [...] dann stell ich die Frage, [...] fühlen Sie sich angemessen bezahlt? Was glauben Sie, was da die Leute antworten? Natürlich nicht. Aber das interessiert mich nicht, weil hier in dem Falle ist nicht die absolute Größe das entscheidende Kriterium, sondern die Entwicklung. Wenn ich in zwei Jahren ein Anstieg an Menschen hab, die sich nicht angemessen bezahlt fühlen, hab ich ein Problem" (PM12).* Es findet somit eine Auseinandersetzung mit der Übertragbarkeit des Controlling-Gedankens auf die Steuerung von Personal und Personalarbeit statt: *„ich glaube nicht, dass sich Personalcontrolling rein auf Zahlen aufbauen lässt, sondern da müssen sehr wohl auch qualitative Informationen einfließen. Und [...] nicht alles, was wir hier im Personalbereich vielleicht kennenlernen, lässt sich mit Zahlen ausdrücken" (PM2*; vgl. auch PM18). Diese Aussagen zeigen, dass keine (unhinterfragte) Übertragung traditioneller Finanzkennzahlen und Controlling-Methoden erfolgt, sondern die Besonderheiten von Personal und Personalarbeit berücksichtigt werden.

Das Personalmanagement entscheidet sich weiterhin bewusst, z. B. mit Blick auf begrenzte Kapazitäten, welches Ausmaß eines Personalcontrollings sinnvoll ist: *„ich denke, man muss net überall vorne dran sein. Wir beobachten die Dinge schon und scheuen uns auch net, irgendwo was abzuschreiben, aber jetzt hier immer's Rad neu erfinden oder erfinden zu wollen, das muss nicht unbedingt sein" (PM6).* Die kritische Auseinandersetzung mit dem Mythos Controlling kann so weit gehen, dass teilweise nicht der Begriff des Personalcontrollings gewählt wird, um Assoziationen mit Kontrolle zu vermeiden: *„wir nennen das Ganze eigentlich nicht oder möchten es nicht nennen Personalcontrolling, aus den Gründen, dass wir nicht politisch wie Kontrolleure auftreten wollen, sondern wir nennen es Human Capital Reporting" (PM3).* Der Controlling-Begriff kann weiterhin als zu eng verstanden werden, wie ein Beispiel zeigt, in dem eine alternative Benennung des Personalcontrollings gewählt wurde: *„Total Workforce Management: Reporting, Interpretation, Controlling, Maßnahmen. [...] Maßnahme! Nicht nur Information, das ist viel zu wenig" (PM17).*

Die Anlehnung an ein **akzeptiertes Normensystem** ist das zweite Merkmal eines Rationalitätsmythos. Insbesondere wenn das Personalmanagement sich „angesichts des zunehmenden Kostensenkungs- und Rechtfertigungsdrucks [gezwungen sieht], die eigene ökonomische Argumentationsfähigkeit zu verbessern" (Gerpott 1995, S. 8), unterstützen betriebswirtschaftlich akzeptierte (Bewertungs-)Methoden den Entscheidungsträger. Mit dem Personalcontrolling geht die Nutzung finanzbezogener Begriffe und Methoden einher, so dass personalwirtschaftliche Informationen sprachlich in einen akzeptierten und Objektivität vermittelnden Kontext eingebettet werden. Das findet sich auch teilweise in den Aussagen der Interviewteilnehmer wieder: *„was da einfach essentiell ist, dass es professionell gemacht ist. Also professionell bedeutet auch für mich, wirklich sich [...] an Controlling-Maßstäben zu orientieren, also vieles aus dem Controlling wirklich einfließen zu lassen, weil das naturgemäß aufgrund ihrer Aufgabe die Fachleute sind, wenn es um Zahlen geht" (PM2).* Nach diesem Verständnis verhilft Personalcontrolling dem Personalmanagement folglich, seine „ökonomische Argumentationsfähigkeit beim unternehmensinternen Wettbewerb um knappe Finanz- und Personalressourcen zu verbessern" (Gerpott/Siemers 1995, S. V). Dies gelingt, weil sich Personalcontrolling der Finanzsprache bedient (vgl. Scherm/Pietsch 2005, S. 51-52; Verma/Dewe 2008, S. 118; 6.3.2). Dieses finanzwirtschaftlich geprägte Vokabular ist Ausdruck eines Normensystems von Kennzahlen und Wertorientierung und signalisiert rationale Erfolgsmessung, Professionalität und Kompetenz (vgl. Elšik 1996, S. 342-343; Denis/Langley/Rouleau 2006, S. 350). Die Verwendung einer entsprechenden, akzeptierten Sprache mittels des Personalcontrollings verschafft dem Personalmanagement Gehör (vgl. Kobi 2002b, S. 42) und entspricht den Erwartungen der Anspruchsgruppen bzw. der Umwelt des Personalmanagements (vgl. Elšik 2004, S. 819).

Jedoch wird das Personalcontrolling in der betrieblichen Praxis der Interviewteilnehmer zwar nur als Türöffner, nicht jedoch als ausreichend für die Akzeptanz im Unternehmen verstanden: *„wir sind ja eine reine Unterstützungsfunktion. Man kann ja nicht sagen, nur weil wir jetzt zwei Zahlen haben, ist jetzt die Sensibilität [...] höher. Sondern das ist ja ein bunter Strauß von Kommunikation untereinander, von Diskussion, von Arbeitskreisen und unter anderem gibt's halt dann auch Zahlen, die das Ganze belegen und unterstützen. Ich glaube, Personalcontrolling allein würde das nicht schaffen. Das ist eher [...] eine Basis, damit das gelingt" (PM13).* Somit ist es dem Personalmanagement durchaus bewusst, dass zwar die Bedienung an etablierten und akzeptierten Methoden und Sprachen hilfreich ist, jedoch findet keine Überschätzung (des Mythos) statt.

Das dritte Merkmal besteht in einem **hohen Allgemeinheitsgrad**: Die Unschärfe des Personalcontrollings resultiert aus einer breiten begrifflichen Diskussion in der Literatur (vgl.

2.2) und führt dazu, dass es auch in der Praxis an begrifflicher Klarheit mangelt und „eine systematische Auseinandersetzung mit der Frage, wie Personal-Kennzahlensysteme gestaltet sein müssen, damit sie sich zur Steuerung eignen, fehlt" (Schneider 2005, S. 31). Während in der Literatur ein Mangel an Umsetzungshinweisen für die Praxis festgestellt wird (vgl. z. B. Scherm/Pietsch 2005, S. 51-52), zeigen die Interviews, dass in den Unternehmen ein Umgang mit Personalcontrolling gefunden wurde, der an die spezifischen Gegebenheiten angepasst ist. So finden sich Hinweise darauf, dass die Wahl der Bandbreite und der (Detail-)Tiefe des Personalcontrolling-Einsatzes in Abhängigkeit von der Bedeutung des Personals im Unternehmen erfolgt (vgl. 6.4.1.3). Deutlich wird eine derartige pragmatische Herangehensweise auch an den unterschiedlichen Auffassungen der Aufgaben des Personalcontrollings. Diese reichen von einer Informations- und Reportingfunktion (vgl. z. B. PM2; PM9; UL5) über eine Koordinations- und Unterstützungsfunktion (vgl. PM6) bis hin zu einer Gestaltungsfunktion bezogen auf die Unternehmensstrategie (vgl. z. B. PM13).

In der Literatur heißt es weiter, dass die versprochene Objektivierung und Genauigkeit dem hohen Allgemeinheitsgrad eines Mythos sowie seiner Generalisierbarkeit zum Opfer fallen (vgl. Scherm/Pietsch 2005, S. 51-52). Aus den Interviews wird deutlich, dass die Objektivierungsmöglichkeit durch Personalcontrolling dahingehend erkannt wird, dass das Personalcontrolling einen Ersatz oder eine Ergänzung zum sogenannten Bauchgefühl liefert: *„es geht manchmal um Gefühle und Meinungen und auch um Einschätzung, aber wenn ich die Zahl weiß, kann ich die Einschätzungen halt besser einordnen, als wenn ich sie nicht weiß" (PM11).* In diesem Sinne geben Zahlen – trotz ihrer Unsicherheit und Mehrdeutigkeit – ein realitätsnäheres Bild ab als Gefühle: *„Wir arbeiten lieber [...] uns an harten Fakten ab, weil das [...] wird nicht so sehr durch, sag ich mal, persönliche Empfindungen und Erfahrungen beeinflusst, die also, weil die Zahlen mehr die Realität abgeben" (PM10).* Dennoch findet sich nicht das Verständnis, dass Personalcontrolling (ausschließlich) quantitativ ausgerichtet sein muss: *„Aber ich glaube halt, dass es in unserem Fall qualitativ orientiert mehr Sinn macht, weil es an den Kern der Sache geht. Also, weil Sie können den Menschen schlechter in Kennzahlen einsortieren als, ich sag mal, bewertbare Größen" (UL8).* Folglich wird eine Verknüpfung quantitativer mit qualitativen Informationen vor dem Hintergrund der Besonderheit des Controlling-Gegenstands Personal (vgl. 2.1.3) als möglich und sinnvoll erachtet.

Die **Vermeidung empirischer Überprüfung** stellt schließlich das vierte Merkmal eines Rationalitätsmythos dar: Der hohe Allgemeinheitsgrad, die Generalisierbarkeit und die Mehrdeutigkeit des Personalcontrolling-Begriffs tragen dazu bei, dass Daten, Kennzahlen, Ergebnisse und sein Beitrag zu einer personalwirtschaftlichen Wertschöpfung (empirisch) wenig überprüfbar sind (vgl. Scherm/Pietsch 2005, S. 51-52). Folglich lassen sich kaum exakte Ergebnisse des Personalcontrollings ermitteln, so dass der tatsächliche Beitrag des Personalmanagements zur personalwirtschaftlichen Wertschöpfung verborgen bleibt. Mythen basieren vielmehr auf „einem geteilten Glauben" (Walgenbach 1998, S. 276). Personalcontrolling, heißt es dazu in der Literatur, lässt sich nicht auf die vermutete Exaktheit seiner Daten und Kennzahlen hin überprüfen und verbleibt eine „symbolische Problemlösung" (Scherm/Pietsch 2005, S. 52). Weil an den Nutzen des Personalcontrollings jedoch geglaubt wird, werden die Probleme des Personalcontrollings (vgl. 2.1.3) nicht hinterfragt.

In der Praxis findet sich hierzu jedoch ein anderes Bild. Die Interviewteilnehmer sind sich der Probleme des Personalcontrollings durchaus bewusst (vgl. z. B. PM8; PM18). Es besteht nicht der Anspruch, ein vollständig quantitatives Personalcontrolling auszuführen. Vielmehr wird es als Vorteil und Alleinstellungsmerkmal des Personalcontrollings betrachtet, dass eine Verknüpfung von quantitativen und qualitativen Informationen erfolgt und Ergebnisse diskutiert und hinterfragt werden: *„die Zahlen alleine, ich muss sie ja bewerten. Und ich muss dazu auch noch eine, ja, eine Fachbewertung abgeben können" (PM12).* Die fehlende Exaktheit der Zahlen kann dann auf der einen Seite dazu führen, dass sie angegriffen werden. Auf der anderen Seite eigenen sich diese Zahlen dennoch für Tendenzaussagen und werden deswegen als nützlich angesehen: *„das ist auch sehr schwer im […] Personalthema, so konkrete Zahlen. […] Also jede Personalkennzahl kann nieder diskutiert [werden] und wird auch, weil's geht. Das geht bei 'ner Finanzkennzahl einfach nicht. […] trotzdem gibt uns doch die Tendenz 'nen Ausblick und trotzdem können wir davon eben Entscheidungen und Fragestellungen ableiten" (PM13).* Gleichzeitig wird auch die Leistung des Personalmanagements und damit verbunden der Einsatz des Personalcontrollings im Unternehmen hinterfragt, insbesondere wenn damit hohe Budgets (vgl. z. B. PM17) oder existentielle, externe Ressourcen (vgl. z. B. PM4) verbunden sind: *„man muss ja auch ein gewisses Standing dann in den Zahlen haben, weil es wird hinterfragt, das ist ja auch das gute Recht. Und da muss ich dieses […] Hinterfragen auch aushalten können" (PM13).*

Personalcontrolling weist somit zwar auf den ersten Blick Merkmale eines Rationalitätsmythos auf. Jedoch sprechen insbesondere die pragmatische Ausübung des Personalcontrollings sowie der aus seinem Einsatz resultierende operative Nutzen dafür, dass dieser Annahme auf Grundlage der Interviews nicht gänzlich zugestimmt werden kann. Hiernach stellt das Personalcontrolling vielmehr ein Instrument für das Personalmanagement dar, das die Professionalität des Personalmanagements und damit verbunden dessen (kognitive und pragmatische) Legitimität im Unternehmen verbessern kann (vgl. Elias/Scarbrough 2004, S. 30). Folglich lässt sich festhalten, dass Personalcontrolling dem Personalmanagement einen differenzierten, mehrteiligen Nutzen bringt und nicht nur als Mythos oder Legitimationsfassade dient: Das Personalmanagement erhält einen „coequal place in the inner circle of decision-takers" (Tyson/Fell 1986, S. 136), weil durch den Einsatz des Personalcontrollings die Qualität seiner Personalarbeit verbessert (operativer Nutzen) und der Wertbeitrag des Personalmanagements aufgezeigt werden kann (legitimatorischer Nutzen). Auf Basis dieser durch das Personalcontrolling getriebenen Professionalisierung kann das Personalmanagement seine Rolle als strategischer Partner und die damit verbundenen über traditionelle, verwaltende Personalaufgaben hinausgehenden strategischen Aufgaben erfüllen.

Zusammenfassend kontrolliert das Personalmanagement durch den Einsatz des Personalcontrollings Ressourcen, die seine Macht gegenüber der von diesen Ressourcen abhängigen Unternehmensleitung und eine Austauschbeziehung zwischen Personalmanagement und Unternehmensleitung begründen. Die Aussagen der Interviewteilnehmer zeugen jedoch von unterschiedlichen Ausprägungen dieser Austauschbeziehungen. Daher werden die Interviews im Weiteren dahingehend analysiert, welche Hinweise sie zur Erklärung dieser Ausprägungen geben.

6.4 Austauschbeziehung zwischen Personalmanagement und Unternehmensleitung

6.4.1 Kontext der Austauschbeziehung und des Personalcontrolling-Einsatzes

6.4.1.1 Alternative Ressourcenquellen

Für die Erklärung einer Austauschbeziehung ist der Kontext wichtig, in dem diese stattfindet, denn die Bedeutung von Ressourcen ist nicht „context-independent" (Clegg/Kornberger/Pitsis 2008, S. 263; vgl. auch Finkelstein 1992, S. 508; 4.3.2). Ebenfalls ist die Aufmerksamkeit eines Akteurs und damit seine Wahrnehmung anderer Akteure und ihrer Ressourcen situationsabhängig (vgl. Ocasio 1997, S. 188). Daher bietet die Kontrolle über bestimmte

Ressourcen nur in bestimmten Kontexten tatsächlich auch Machtpotenzial (vgl. hierzu auch Salancik/Cooper Brindle 1997, S. 113). Ausgehend vom theoretischen Bezugsrahmen prägt das Vorhandensein von alternativen Ressourcenquellen den Kontext einer Austauschbeziehung (vgl. 3.2.4.2), so dass das Personalmanagement und die Unternehmensleitung wechselseitig voneinander abhängig sind bzw. Macht übereinander haben, wenn sie jeweils an den Ressourcen des anderen interessiert sind und hierzu keine oder wenige alternative Ressourcenquellen bestehen. Auf Basis des Datenmaterials können für ihre Austauschbeziehung verschiedene Aussagen über alternative Ressourcen abgeleitet werden.

Sowohl bei den Befragten des Personalmanagements als auch bei denen der Unternehmensleitung besteht die Ansicht, dass es im Unternehmen für das Personalmanagement keine **alternativen Quellen für Ressourcen der Unternehmensleitung** gibt: *„letztendlich ist natürlich die Geschäftsführung diejenige, die die Macht hat. Die die Macht verteilt. Weil am Ende des Tages [...] ist die Geschäftsführung diejenige, die entscheidet. [...] Und ohne deren Entscheidung geht eigentlich gar nichts" (PM2).* An dieser Stelle schlagen sich die exponierte hierarchische Position und die damit verbundene (formale) Macht der Unternehmensleitung nieder (vgl. 4.1). Gerade bei der Betrachtung alternativer Quellen für die identifizierten finanziellen Ressourcen (vgl. 6.1) wird deutlich, dass die Personaler keine Alternativen außerhalb der Unternehmensleitung sehen, weil die Beschaffung von Mitarbeitern und IT mit Ausgaben verbunden ist. Diese werden von der Unternehmensleitung kontrolliert: *„irgendwann muss das Ganze bezahlt werden und spätestens an dem Punkt brauchen Sie ein Approval" (PM5).* Es ist jedoch möglich, dass im Rahmen der delegierten Budgetverantwortung nicht mehr jede Ausgabe durch die Unternehmensleitung selbst kontrolliert wird (vgl. PM12). Eine Ausnahme kann außerdem die Ressource Mitarbeiterweiterbildung im Sinne von Know-how-Aufbau bilden. Hier wird berichtet, dass auf kostenneutrale Alternativen zurückgegriffen wird, die teilweise außerhalb des Unternehmens – und damit außerhalb der Ressourcenkontrolle der Unternehmensleitung – liegen: *„zum Know-how-Austausch und -Aufbau nutzen wir sehr gerne kostengünstige Wege. Ja sind vernetzt in verschiedenen HR Roundtables, sind da sehr offen für Austausch, Umfragen etc. [...] und da sind wir grade auch mit Blick auf Ressourcenknappheiten natürlich immer sehr offen" (PM7).*

Die Betrachtung **alternativer Quellen für die Ressourcen des Personalmanagements** zeigt ein differenziertes Bild bezogen auf die Möglichkeiten der Beschaffung personalwirtschaftlicher Informationen (vgl. 6.4.1.1): In einigen der untersuchten Unternehmen ist das

Personalmanagement die einzige oder hauptsächliche Quelle für personenbezogene Informationen. Diese Ressource von anderen Akteuren zu erhalten *„ist absolut nicht möglich, weil meine Daten sind nicht in einem integrierten System, die sind nur in der Abteilung Human Resources verfügbar und können auch nur von hieraus gestartet und abgefragt werden" (PM15*). Dies kann beispielsweise (datenschutz-)rechtliche Gründe haben (vgl. z. B. PM2; PM6). Dagegen kommen Personalkosten als errechnete, quantitative, finanzorientierte Informationen häufig auch aus dem Finanzcontrolling, selbst wenn die Rohdaten hierzu vom Personalmanagement geliefert werden: *„das macht bei uns Finanz. Das heißt, die Personalkostenplanung und das Personalkostencontrolling macht Finanz auf Basis unserer Daten" (PM12).* Vor diesem Hintergrund verwundert es nicht, dass das Finanzcontrolling als alternative Ressourcenquelle für personalwirtschaftliche Informationen wahrgenommen wird (vgl. PM4).

In kleineren Unternehmen können darüber hinaus personenbezogene und insbesondere qualitative personalwirtschaftliche Informationen auch durch die Unternehmensleitung selbst oder durch Linienvorgesetzte kontrolliert werden: *„In [...] einem Unternehmen, das so was wie Linienfunktionen hat, also sprich zugeordnete Abteilungen, ist es immer noch die Aufgabe des jeweiligen Vorgesetzten. Weil da ist die Personalarbeit eigentlich angesiedelt" (UL4;* vgl. auch UL9). Die Dezentralisierung personalwirtschaftlicher Aufgaben ist jedoch auch in großen Unternehmen zu finden und kann somit eine generelle Bedrohung des Machtpotenzials des Personalmanagements darstellen (vgl. Galang/Ferris 1997, S. 1409; Haunschild 1998, S. 271-272).

Das führt zu dem weiteren Schluss, dass ein Personalmanagement, das sein Personalcontrolling auf ein Personalkostencontrolling oder eine quantitative Personalplanung reduziert, als Ressourcenquelle austauschbar ist, wenn die reinen Zahlen auch außerhalb des Personalmanagements verfügbar sind. Es versäumt in diesem Fall die Erschließung des Machtpotenzials aus einem qualitativen, strategischen Personalcontrolling, weil nicht (nur) das quantitative, sondern das qualitative Personalcontrolling – im Sinne von Informationen in Kombination mit ihrer Interpretation und der Ableitung von Maßnahmen – wichtige Ressourcen bereitstellt: *„Ein Datum zu haben, ist 'ne nette Sache, dann hab ich 60 Prozent, was sagt mir das? Und letzte Woche hatte ich 50 Prozent [...] also das Interpretieren, um daraus dann 'ne Schlussfolgerung zu ziehen, muss ja HR machen, [...] Daten aus dem System ziehen kann jeder" (UL1*; vgl. auch UL8; PM8; PM17; 6.4.2). Belässt es das Personalmanagement bei der reinen Informationslieferung, kann sich folglich die Abhängigkeit der Unternehmensleitung vom Personalmanagement reduzieren. Auch sinkt diese Abhängigkeit, wenn die Unternehmensleitung personalwirtschaftliche Aufgaben selbst übernimmt und aus diesem Grund die Ressource der personalwirtschaftlichen Informationen selbst kontrolliert.

Der Kontext der Austauschbeziehung und des Personalcontrolling-Einsatzes stellt sich somit differenziert dar. Das ist vor dem Hintergrund der Heterogenität der befragten Unternehmen nicht verwunderlich und gibt einen Eindruck davon, dass trotz des Vorhandenseins eines Personalcontrollings die Macht des Personalmanagements variiert. Zur weiteren Erklärung dieser unterschiedlichen Ausprägungen der Macht bzw. der Austauschbeziehungen lassen sich drei weitere Kontextfaktoren betrachten, die aus dem Datenmaterial identifiziert wurden. Mit ihrer Hilfe können ergänzende Einblicke über den Einsatz des Personalcontrollings in der Austauschbeziehung zwischen Personalmanagement und Unternehmensleitung erfolgen.

6.4.1.2 Entwicklungsstand des Personalcontrollings

Die Ressource „professionelles Personalcontrolling" (vgl. 6.2.1) zeichnet sich dadurch aus, dass sie über eine Datenerhebung und -aufbereitung hinausgeht, indem sie weitergehende Analysen und Interpretationen beinhaltet: *„das Thema Personalcontrolling [...] kommt ja erst dann zum Leben, wenn Sie Kombinatorik anwenden, zwischen Workforce-Daten und Geschäft. So, und das ist eigentlich die [...] Kunst, Personalcontrolling zum Leben zu erwecken, dass Sie mit den Daten, die man hat, entsprechende Analytics durchführen" (PM17).* Jedoch bestehen in den verschiedenen Unternehmen unterschiedliche Entwicklungsstände des Personalcontrollings, so dass neben dem Verständnis des Personalcontrollings als Kostencontrolling (*„Wir gucken auf Kosten. Insofern hat das heute keine strategische Bedeutung", UL5)* auch Personalcontrolling als weitergehendes Steuerungs- und Überwachungsinstrument interpretiert werden kann: *„Also, es soll wirklich ein Steuerungsmechanismus sein, wo wir sehen können, wo fährt unsere HR Arbeit hin, fahren wir in die richtige Richtung" (PM18*; vgl. auch PM11*)*. Folglich existieren in den Unternehmen unterschiedliche Entwicklungsstände und Ausprägungen des Personalcontrollings und seiner Aufgaben.

Im Datenmaterial finden sich außerdem Aussagen zur Veränderung des Personalcontrollings innerhalb eines Unternehmens: *„ich würd's immer trennen in zwei Themen: Personalstatistik und das Thema Reporting und Analysen und die erste Zeit war's mit Sicherheit eher 'ne Personalstatistik" (PM9).* Diese zwei Themen spiegeln die Personalcontrolling-Systematik nach Wunderer/Sailer (1987a, b; vgl. 2.2.2) wider, nach der eine Grundform des Personalcontrollings sich auf **Kosten und Statistiken** beschränkt, während die weiterführenden Formen des Personalcontrollings verstärkt auf Analysen zur **Effizienz und Wirksamkeit** setzen. Es wird somit deutlich, dass sich der Einsatz des Personalcontrollings im Zeitverlauf verändern bzw. weiterentwickeln kann: *„aus der Vergangenheit kommend, wenn man das betrachtet, war Personalcontrolling ein reiner Informant, ja, also ich brauch Zahlen, liefer mir die. So, und jetzt durch die neuen Diskussionen, die wir haben, entsteht der Blick darauf, Personalcontrolling soll nicht nur Zahlen liefern, sondern wir schauen uns auch Prozesse an" (PM14).* Ein professionelles Personalcontrolling besitzt diesem Verständnis nach unterschiedliche Ausprägungen und wandelt sich von einer harten Finanzorientierung hin zur Reflexion und Berücksichtigung prozessualer, strategischer Themen (vgl. auch Verma/Dewe 2008, S. 118). Diese Wandlung ist den Aussagen der Interviewteilnehmer folgend Ergebnis historischer Entwicklungen und unterschiedlicher Anforderungen und somit des Kontextes, in dem Personalcontrolling eingesetzt wird.

6.4.1.3 Bedeutung des Personals

Die Analyse der Interviews ergibt, dass dem Personal in den einzelnen Unternehmen eine unterschiedliche Bedeutung beigemessen wird. Auch der Literatur ist zu entnehmen, dass die Wichtigkeit einer Ressource kontextabhängig ist (vgl. Hardy/Clegg 2006, S. 757). Die Bedeutung des Personals ist ein wesentlicher Kontextfaktor der Austauschbeziehung zwischen Personalmanagement und Unternehmensleitung, weil sie die Wichtigkeit des Personalmanagements beeinflusst: Wenn das Personal eine wichtige Ressource für die Unternehmensleitung ist, kann auch die Wichtigkeit des Personalmanagements steigen (vgl. Bennett/Ketchen/Schultz 1998, S. 13).

Aus dem Datenmaterial lässt sich ableiten, dass sich der Wert der Ressource Personal zum einen aus einer unternehmensinternen Sicht ergibt, d. h. der Bedeutung des Personals im Vergleich zu anderen Produktionsfaktoren im Unternehmen. Zum anderen kann die Bedeutung auch extern induziert sein, wenn Anspruchsgruppen des Unternehmens Erwartungen an den Einsatz und das Management des Personals haben. Anspruchsgruppen sind dabei jene Akteure, die Ressourcenlieferanten darstellen (vgl. Tsui/Milkovich 1987, S. 526). Das Interesse der Unternehmensleitung an der Ressource Personal und in der Folge auch an seinem Management sowie an personalwirtschaftlichen Informationen ist höher, wenn aus internen und/oder externen Gründen eine Relevanz des Personals vorliegt und „human resources are perceived to be of central importance for the business" (Buyens/De Vos 2001, S. 85). Vor diesem Hintergrund werden nachfolgend Hinweise in den Interviews zur internen und externen Bedeutung des Personals näher betrachtet.

Die **interne Bedeutung des Personals** hängt davon ab, ob das Personal ein zentraler Wertschöpfungsfaktor für das Unternehmen ist: *„Unser Personal ist unser A und O. Also ohne unser Personal können wir unser Unternehmen ja nicht aufrechterhalten und das ist auch nicht einfach nur irgend so ein lapidarer Satz" (UL4*; vgl. auch PM12*)*. Ist das Personal nicht bedeutend für das Geschäftsmodell bzw. für die Erfüllung der Kernkompetenz des Unternehmens bzw. stellen die Mitarbeiter und deren Qualifikationen nicht die Kernkompetenz des Unternehmens dar, ist gleichsam die Bedeutung des Personalcontrollings gering ausgeprägt (vgl. z. B. PM9). Wenn jedoch die Ressource Personal relevant ist, dann sind es auch die zu ihrer Steuerung notwendigen personalwirtschaftlichen Informationen bzw. eine professionelle Personalarbeit: *„wenn ich [...] mit der Personalressource arbeiten möchte und Themen habe wie: Was haben wir für Möglichkeiten 'ne Person zu entwickeln. [...] Dass ich da eben jemand hab, der sagt: Ok, ich helfe Dir mal zu erklären, was Du hier eigentlich willst" (UL8).* Die Bedeutung eines Personalcontrollings geht somit mit dem Bewusstsein für die Relevanz des Personals einher (vgl. hierzu auch Bennett/Ketchen/Schultz 1998, S. 6, 14). Es wird deutlich, dass in Abhängigkeit davon, ob es sich beim Personal um einen Wettbewerbsfaktor für das Unternehmen handelt und in der Folge die interne Bedeutung des Personals für den Unternehmenserfolg hoch oder gering ist, auch Personalcontrolling als Steuerungsinstrument des Personals wichtig oder unwichtig ist: *„Wenn es egal ist, wenn ich in einem Umfeld bin, wo ich leicht Personal bekomme, wo ich [...] eine große Gewinnmarge hab, wo ich gut verdiene, wo ich vielleicht in Unternehmen, wo Personal keine große Rolle spielt, sondern wo ich vielleicht sehr kapitalintensiv bin oder rohstoffintensiv bin, da braucht das kein Mensch. Also, ich sag mal so, Personalcontrolling ist wichtig in Bereichen, wo der Faktor Arbeit der Hauptfaktor ist" (PM4).* Das ist etwa in Branchen der Fall, in denen das Personal die Kernkompetenz und den zentralen Erfolgsfaktor darstellt: *„Das Thema Personal ist für uns als Beratungsunternehmen, wo wir keine eigenen Produkte herstellen, tatsächlich der entscheidende Faktor und entscheidet auch über, ob wir erfolgreich sind oder nicht. Von daher ist die Frage, haben wir die richtigen Mitarbeiter [...] – und haben wir auch sogar die richtige Strategie, die wir mit unseren Leuten durchführen können – eine der zentralen Fragen, die uns im Vorstand bewegt, und da versuchen wir übers Personalcontrolling 'ne Antwort zu geben" (UL6*; vgl. auch UL8*)*. Die Unternehmensleitung interessiert sich in dem

Fall für qualitative personalwirtschaftliche Informationen, da es *„ganz stark um qualitative Aspekte [geht], weil die, sagen wir mal, rein monetären, aber auch [...] die in Zahlen zu fassenden qualitativen Themen, sind eben in unserem Fall nicht alles. Bei uns dreht es sich um Menschen, und Menschen, die in der Beratung arbeiten, sind oftmals auch sehr individuelle Menschen mit sehr eigenen Vorstellungen, und da ist es ganz sicherlich ganz wichtig, auch qualitative Informationen zu überwachen" (UL7).*

Vor dem Hintergrund, dass die Wichtigkeit des Personals anerkannt ist, kann es zu einer Abhängigkeit der Unternehmensleitung vom Personalmanagement kommen: *„also wenn ich Personalcontrolling mache und sage: Personalcontrolling bringt dem Unternehmen was. [...] und ich hab 'ne Personalabteilung, die macht das, [...] Dann ist, bin ich natürlich als Geschäftsführung, [...] ums mal negativ auch zu sagen, bin ich auch abhängiger, weil ich weiß: Oh, ich brauch den, weil wenn der nicht mehr funktioniert oder keine Lust mehr hat, dann werd ich ja schlechter" (UL5;* vgl. auch UL1). Diese Abhängigkeit ist auch damit zu erklären, dass die Unternehmensleitung und das Personalmanagement ein gemeinsames Verständnis über die Bedeutung des Personals haben (vgl. PM5; auch Enz 1988, S. 284-285). Damit gehen gleichsam eine höhere Akzeptanz für das Personalmanagement und seinen Wertbeitrag einher: *„die Akzeptanz heute des Personalbereichs [...] auf Geschäftsführungsebene [...] durchaus hoch ist. Natürlich nicht jetzt, weil wir sagen, das ist ein netter Kerl, der da sitzt, sondern weil wir auch sehen: Ok, das ist für uns ein wichtiger Faktor" (UL5).* Dabei kann dieses Bewusstsein über die Bedeutung des Personals abhängig von der Unternehmenssituation sein: *„praktisch ist das wirklich ein Thema, das eine ganz große Herausforderung ist des modernen HR Controllings, die Sensibilisierung zu schaffen. Das geht in der Krise ganz einfach. Aber wenn's dem Unternehmen sehr gut geht, ist das schwer" (PM13).* Neben einer konjunkturellen Krise können auch unternehmensinterne Gründe (z. B. betriebliche Restrukturierung, vgl. PM11) dazu führen, dass Informationen über das Personal im Unternehmen an Bedeutung gewinnen, denn diese Bedeutung *„steigt dann enorm an, wenn es akute aktuelle Themen gibt" (PM1).*

In einem Interview wird sehr deutlich gemacht, welche Macht das Personalmanagement im Unternehmen haben kann, wenn die Bedeutung des Personals und damit verbunden der Personalarbeit manifestiert ist: *„Die können sich gar nicht mehr vorstellen, dass wir als Personalbereich sozusagen nur in der einen Ecke Sozialpartnermanagement [...] und Entwicklung uns bewegen. Sondern wir sind stark ökonomisch fundiert in diesem*

Unternehmen und haben da auch eine entsprechend starke Position, was sehr gut ist, was auch geschätzt wird" (PM17), „alle größeren Cases, [...] die zu entsprechenden Veränderungen führen, die werden zuvor bei uns entsprechend angefragt" (PM17). Aus den Aussagen wird deutlich, dass die interne Bedeutung des Personals in dem betrachteten Unternehmen ihren Ausdruck in der Einbindung des Personalmanagements in strategische Entscheidungen und in der Nachfrage nach einem Personalcontrolling findet.

Die **externe Bedeutung der Personalressource** nimmt Bezug auf den externen Kontext des Unternehmens und ergibt sich daraus, dass in der Unternehmensumwelt Anforderungen und Erwartungen zum Umgang mit dem Personal und dem damit verbundenen Reporting existieren. Als Grundlage hierfür werden in den Interviews beispielsweise rechtliche Normen und Regularien (vgl. PM4; PM12) oder interessengruppenspezifische Anforderungen diverser Stake- und Shareholder genannt, z. B. von Betriebsräten oder Investoren (vgl. z. B. PM7): *„Das hat natürlich damit zu tun auch, dass Unternehmen sich am Aktienmarkt bewegen und dass der Aktienmarkt Personal anders im Blick hat als [...] bei [...] einer GmbH, die mit dem Aktienmarkt nichts zu tun hat" (PM5).* Das Interesse der Unternehmensumwelt geht mit entsprechenden Erwartungen an das Unternehmen und damit an die Unternehmensleitung als Repräsentant des Unternehmens einher. Sie entspricht diesen, um externe Ressourcen zu erhalten, die für das Unternehmen von existentieller Bedeutung sind: *„gerade die Private-Equity-Firmen, wo also die Shareholder, [...] die Geldgeber, Banken [...] oder irgendwelche Fonds, Vermögensbeteiligungen sind, die nutzen diesen Nachhaltigkeitsbericht für die Bewertung der Firmen im Fall des Exits [...] Und dazu gehört auch der Ausschnitt Personal, HR, und dazu gibt es bestimmte Richtlinien" (PM2).* Die Informationen zum Personal in dem Nachhaltigkeitsbericht beeinflussen folglich nicht nur die interne Personalarbeit, sondern wirken auch auf die Finanzierung des Unternehmens: *„da gibt's Aktionärsversammlungen und da stehen die Vorstände und da müssen die berichten [...] aufgrund dieser ganzen Berichte gehen die Banken hin und gucke: Aha aha aha aha, wie solide sind die? Wie viel Bonität können wir denen geben? Wie wird denn die Kreditlinie" (PM3).* Um den Erwartungen und dem Informationsbedarf der externen Anspruchsgruppen des Unternehmens zu begegnen, benötigt die Unternehmensleitung personalbezogene Berichte und Auswertungen. Vor diesem Hintergrund besteht in dem Einsatz des Personalcontrollings bzw. in den hieraus generierten personalwirtschaftlichen Informationen eine Ressource, an der die Unternehmensleitung vor dem Hintergrund unternehmensexterner Forderungen interessiert ist.

6.4.1.4 Individuelle Promotoren der Austauschbeziehung

Als weiterer Kontextfaktor konnten aus den Interviews individuelle Akteure als Promotoren identifiziert werden, die den Einsatz des Personalcontrollings und das Zustandekommen der Austauschbeziehung zwischen Personalmanagement und Unternehmensleitung fördern. Die Unterstützung durch (individuelle) Promotoren wird auch in der Personalcontrolling-Literatur als Bedingung genannt, um die Akzeptanz für den Einsatz des Personalcontrollings im Unternehmen zu erhöhen (vgl. Gerpott 1995, S. 46-47). Die Interviews konkretisieren den Promotorenbegriff und weisen drauf hin, dass solche Promotoren aus der Unternehmensleitung kommen können: *„Das ist eine neue Priorität, die auch unser Vorstandsvorsitzender gesetzt hat [...] er hat ein hohes Verständnis für unsere Themen, die wir haben, auch für unsere Probleme, die damit einhergehen" (PM11;* vgl. auch PM1).

Die Bedeutung des Personals und der Einfluss des Personalmanagements werden beispielsweise von der **Offenheit der Unternehmensleitung für personalwirtschaftliche Themen** bis hin zur Besetzung einer eigenen Position in der Unternehmensleitung, z. B. der des Arbeitsdirektors, gefördert (vgl. Farndale 2004, S. 225): *„HR war immer irgendwie im Vorstand vertreten [...]. Aber jetzt haben wir ein echtes, richtiges, lebendiges Vorstandsmitglied da sitzen und das tut der Funktion gut. [...] das zeigt auch, dass die Funktion gewonnen hat. [...] Höher kann man nicht aufgehängt sein [...]" (PM12).* Diese Erkenntnis entspricht Ergebnissen anderer Studien, nach denen das Personalmanagement seine strategische Rolle erst erfüllen kann, wenn dies auch von der Unternehmensleitung unterstützt wird (vgl. Tootell et al. 2009, S. 388; Wehner et al. 2012, S. 926).

Diese Promotoren schaffen einen förderlichen Kontext für den Einsatz des Personalcontrollings und für die Austauschbeziehung zum Personalmanagement. Ein möglicher Grund besteht darin, dass die Unterstützung auf einem gemeinsamen Verständnis über den Wert einer Ressource – hier der Ressource Personalcontrolling – beruht (vgl. Enz 1988, S. 284-285, 288; Denis/Langley/Rouleau 2006, S. 370-371). Das Interesse der Unternehmensleitung im Rahmen der Austauschbeziehung ist folglich von „the valuation of the contributions made and inducements demanded by each" (Pfeffer/Salancik 2003, S. 27) abhängig, d. h. davon, ob sie die Ressourcen des Personalmanagements wertschätzt (vgl. 6.4.1.3). Als Folge des Verständnisses der Unternehmensleitung für die Bedeutung des Personals zeichnet sich der Kontext für das Personalmanagement durch einen besseren Status aus: „Where managing directors held a strong people orientation they were likely to grant high status and influence to the personnel function" (Kelly/Gennard 1996, S. 21). Dazu gehört auch, dass die Promotoren Kommunikations- und Informationswege schaffen und einen Kontext im Unternehmen bilden, in dem Personal und Personalmanagement wertgeschätzt werden und der Einsatz des Personalcontrollings relevant ist: *„dadurch, dass wir kurze, also kurze Informationswege haben und haben eigentlich einen ganz guten Draht zum Vorstand bei all solchen Dingen" (PM10), „wir sind bei jedem Vorstandsbeschluss beteiligt, wo's um Personal geht, ja" (PM10).* Das Personalmanagement erhält auf diese Weise Legitimität durch die Unternehmensleitung.

Ein anderer Grund für die Unterstützung durch individuelle Promotoren leitet sich aus der historischen Betrachtung der Austauschbeziehung zwischen Unternehmensleitung und Personalmanagement ab. Als Beispiel werden hierzu gewachsene **Mitbestimmungsstrukturen** und die **Bedeutung des Arbeitsdirektors** herausgestellt: *„vom Prinzip her ist das also eine langjährig starke Funktion im Unternehmen. Wir sind auch montan-mitbestimmt [...] wir [führen] immer zu allen unseren Entwicklungen einen intensiven Dialog mit der Mitbestimmung [...] und diesen Dialog führt der Personalbereich. Das heißt also, wenn die Gesellschaft eine Strategie entwickelt, dann diskutiert der Personalbereich mit der Arbeitnehmer-Seite. [...] Also unser Arbeitsdirektor ist zu solchen Themen immer im Dialog mit dem Konzernbetriebsrat und der IG Metall. Und von daher ist es quasi, es geht gar nicht ohne [...] und der Dialogpartner ist halt der HR Bereich" (PM11).* Derart etablierte Strukturen können zu „geronnener" (Nienhüser 2003, S. 154) Macht führen, weil Akteure, die in der Vergangenheit über Macht verfügt haben, diese dazu nutzen, auch zukünftig Macht zu haben. Hierzu beeinflussen sie auf Basis ihrer Macht Prozesse und Strukturen sowie die Legitimität anderer Akteure (vgl. Salancik/Pfeffer 1977, S. 18; Lachman 1989, S. 233). In diesem Sinne agieren sie als Promotoren und beeinflussen die Machtverteilung im Unternehmen. Dabei kann auch die **Repräsentanz des Personalmanagements auf Unternehmensleitungsebene** die Unterstützung und den Einfluss des Personalmanagements im Unternehmen begründen (vgl. auch Kelly/Gennard 1996, S. 7): *„die Akzeptanz bei der Unternehmensleitung [ist] schon sehr hoch, weil wir da auch in sehr engem Kontakt sind [...] mein Chef, also der Personalleiter [...], der ist also fast täglich beim Arbeitsdirektor. [...] Wir werden gefragt, wir werden eingebunden und der Arbeitsdirektor, der ruft auch hier persönlich an [...] wenn's jetzt um irgendwelche Kostenberechnungen geht, dann verlässt er sich da vollkommen auf uns. Wir haben's volle Vertrauen, muss ich sagen, und das ist ein gewisser Beweis für die Akzeptanz" (PM6;* vgl. auch PM7; PM12; UL6).

Ein wesentlicher Aspekt ist dementsprechend auch die **Person des Promotors**, im Sinne seiner Persönlichkeit, Erfahrung und Führung: *„[...] bei uns, bei allen Beteiligten schon die Erkenntnis da ist, wie wichtig die Personalarbeit und auch das Personalcontrolling ist. Und das Ganze ist auch ein bisschen geprägt dadurch, dass einer der drei Geschäftsführer selber aus dem Personalbereich kommt, die Firma gegründet hat und bis vor circa zwei Jahren diesen Personalbereich selber geleitet hat und dadurch natürlich sehr stark dieses Thema beeinflusst mit seiner Persönlichkeit" (UL3).* Im mikroinstitutionalistischen Zweig des Soziologischen Neoinstitutionalismus (vgl. 3.4.1) ist mit Blick auf derartige Promotoren die Rede von „backers" (DiMaggio 1988, S. 15), die entsprechende Unterstützungsleistungen erbringen. Das gelingt den Promotoren auf Grundlage ihrer eigenen Legitimität: Unterstützt ein legitimierter Promotor einen Akteur, wird diesem Akteur durch die Umwelt des Promotors ebenfalls Legitimität zugeschrieben (vgl. Brandl 2005, S. 48; Drees/Heugens 2013, S. 1672). Daher stellt insbesondere die Unternehmensleitung durch ihre hierarchische Position und das damit einhergehende hohe Ausmaß an zugeschriebener Legitimität (vgl. 4.1.1) einen geeigneten Unterstützer dar (vgl. hierzu auch Süß 2009, S. 144). Wenn sie einem Akteur Legitimität zuschreibt, hat dies vor dem Hintergrund ihrer großen formalen Macht folglich eine weitreichende Wirkung auf die Akzeptanz des Akteurs. Ein Interviewteilnehmer spricht in diesem Zusammenhang von einem „spill-over"-Effekt, der auch auf die Zuschreibung von Macht wirkt: *„Natürlich hat aber auch eine Geschäftsführung [...] immer die Möglichkeit, mir gewisse Macht zu verleihen" (PM2).* Hieraus wird das Verständnis des Personalmanagements für den Wert, der mit der Legitimitätszuschreibung durch die Unternehmensleitung einhergeht, deutlich. Indem das Personalmanagement mit diesen Unterstützern in Austausch tritt, Koalitionen bildet, sie überzeugt oder andere (teils mikropolitische) Taktiken einsetzt (vgl. Neuberger 2006b, S. 194; Neuberger 2009, S. 30-31; 6.5.5), kann es die Unterstützung der Unternehmensleitung gewinnen und hierauf aufbauend im Unternehmen Einfluss erhalten.

Wenn das Personalmanagement die Akzeptanz seiner Arbeit und die Bedeutung des Personals sowie des Personalcontrollings im Unternehmen erhöhen will, ist somit eine Unterstützung durch individuelle Promotoren hilfreich (vgl. auch Beer 1997, S. 54-55): *„Das sind dann, was weiß ich, einzelne Entscheidungsträger, die gewisse Voluminas bewegen. Das einfach, sag ich mal, 'nen strategischen Impact in der Organisation hat" (PM9).* Promotoren auf Unternehmensleiterebene wirken förderlich für das Personalmanagement und stellen diesem die wichtigen symbolischen Ressourcen der Anerkennung des Personalmanagements und der

Einbeziehung in Entscheidungen (vgl. 6.1) zur Verfügung. Durch den Einsatz des Personalcontrollings kann das Personalmanagement versuchen, die Unternehmensleitung als Promotor für sich zu gewinnen: *„Ich glaub, es braucht schlichtweg an der Stelle noch ein bisschen Zeit, sag ich mal, um die Wirksamkeit oder um letztendlich auch die Akzeptanz, sag ich mal, ja weg von Einzelthemen, ja wirklich als strategischer Partner zu etablieren [...] es ist wirklich sehr stark einzelfallabhängig, wie komm ich am Schluss an die einzelnen Key Player heran, um da 'ne Akzeptanz zu schaffen" (PM9).* Hierbei hilft dem Personalmanagement der legitimatorische Nutzen, der mit dem Einsatz des Personalcontrollings und der damit verbundenen Signalwirkung bezogen auf Rationalität einhergeht (vgl. 6.3.2): *„Wenn die morgen kämen und hätten mehr Controlling gemacht und mehr objektiviert, was sie glauben, was los ist. [...] mit Fluktuationskennziffern kommen, die kommentiert haben und daraus Aussagen treffen oder wenn die plötzlich ankommen und sagen: [...] ich unterstütze Euch jetzt [...] mit mehr Kostenanalysen aus unserer Sicht des Personals, dann würde ich schon sagen: [...] ich nehm das erst mal ernst und guck mir das auch mit Interesse an" (UL8).* Somit wird deutlich, dass der Kontext der Austauschbeziehungen auch auf individueller Ebene bestimmt wird und in diesem Zusammenhang individuelle Akteure und ihre Interessen Einfluss auf die Bedeutung des Personalcontrollings besitzen.

6.4.2 Kombination von Expertentum und Informationskontrolle als Machtquelle des Personalmanagements

Vor dem Hintergrund, dass die Erhebung und Bereitstellung personalwirtschaftlicher Informationen auch durch alternative Quellen im Unternehmen erfolgen kann (vgl. 6.4.1.1), ist die Informationskontrolle keine ausreichende Machtquelle für das Personalmanagement. Auf Basis der Interviewaussagen lässt sich jedoch zeigen, worauf ein mögliches, nicht substituierbares Machtpotenzial des Personalmanagements beruht bzw. welche Ausprägungen der personalwirtschaftlichen Informationen des Personalmanagements zu einer Abhängigkeit der Unternehmensleitung führen können. Dies gelingt mit Blick darauf, welche konkreten Informationen durch alternative Quellen kontrolliert werden:

- Die **reinen quantitativen Controlling-Informationen**, insbesondere aus dem Personalkosten- bzw. -budgetcontrolling, aber auch Basiskennzahlen, wie z. B. Mitarbeiterzahl, können von verschiedenen Quellen im Unternehmen, i. d. R. dem Finanzcontrolling, geliefert werden: *„Also wenn's das Personalcontrolling nicht gäbe? [...] dann macht's ein anderer, ja. Wir haben ja auch noch ein Controlling. Das Financial Controlling ist natürlich im Unternehmen größer und auch vielleicht für die Steuerung des Unternehmens* *wichtiger, das sagt man ungern, aber das sag ich jetzt einfach mal, das Financial Controlling spielt eine sehr starke Rolle bei uns im Unternehmen. [...] wenn es uns [...] nicht geben würde, würde das Financial Controlling natürlich auch die Belegschaften miterfassen" (PM11*; vgl. auch PM8*)*. Während für Personalcontrolling-Informationen dementsprechend alternative Quellen existieren können, finden sich nach Aussage der Interviewteilnehmer für die personalwirtschaftliche Entscheidungsunterstützungs- und Beratungsleistung dagegen häufig keine alternativen Quellen (vgl. 6.4.1.1).

- Weiterhin kann mit einer Durchführung des Personalcontrollings durch alternative Quellen außerhalb des Personalmanagements einhergehen, dass die **spezifischen Merkmale des Personals** (vgl. 2.1.3) außer Acht gelassen werden: *„dieses Verständnis, dass personalwirtschaftliche Zusammenhänge komplexer und längerfristiger sind als das [...] Controller oder sonst was überhaupt rechnen oder darstellen können. [...] wenn ich eine Kühltruhe heute gekauft habe, kann ich sie bestenfalls, wenn sie mir nicht [...] im Markt morgen gleich wieder verkaufen. Wenn ich einen Mitarbeiter heute einstelle, kann ich den in der Regel nicht, zumindest nicht kostenneutral, morgen wieder rausschmeißen. Ich kann es tun, aber er, es kostet mich trotzdem noch ein bisschen Geld. Das sind so ganz einfach Wirkungsmechanismen" (PM16).* Daher liefert die Interpretation durch das Personalmanagement auf Basis seiner Erfahrungen und seines Wissens eine Ressource, die nicht von anderen Quellen kontrolliert wird (vgl. auch Kelly/Gennard 2001, S. 89).

Hieraus kann abgeleitet werden, dass es sich bei der wichtigen Ressource nicht allein um die Personalcontrolling-Informationen handelt, sondern um die damit verbundenen **qualitativen, proaktiven, strategischen Informationen** im Sinne von Interpretationen, Kommentierungen, Maßnahmen sowie Hinweisen auf Risiken und strategische Implikationen. Das wird dadurch unterstrichen, dass die Unternehmensleitung ein Interesse daran hat, dass das Personalmanagement auch qualitative Informationen anstatt eines reinen Zahlenwerks oder Kostencontrollings bereitstellt: *„Der Nutzen für den Vorstand, [...] ich denke auf jeden Fall, es müssten in Summe noch ein Stück weit mehr qualitative Faktoren berücksichtigt werden" (PM9).* Die Interviewteilnehmer stellen somit heraus, dass nicht das Reporting als solches als wichtige Ressource geschätzt wird, sondern die inhaltliche, qualitative Nutzung der Informationen. Dieses Argument wird auch in der Literatur aufgeführt, indem darauf verwiesen wird, dass nicht die Aufdeckung von Kostensenkungspotenzialen, sondern die Hervorhebung des Nutzens des Personals und der Personalarbeit für das Unternehmen relevant ist: „The concept of human capital management emphasizes the essential point that a firm's human resources and subsequently its HRM system can be more than a cost to be minimized" (Becker et al. 1997, S. 44; vgl. auch Burkholder/Golas/Shapiro 2007, S. 1, 20). Das Personalmanagement hat folglich mit dem Instrument Personalcontrolling die Möglichkeit deutlich zu machen, dass es sich bei dem Personal nicht nur um einen Kostenfaktor handelt.

Vor diesem Hintergrund kommt es einer Beschränkung seines Machtpotenzials gleich, wenn das Personalmanagement ein reines **personalwirtschaftliches Kennzahlenreporting** anbietet. Vielmehr bestehen in einem Reporting verknüpft mit der Interpretationsleistung sowie in der Ableitung von Maßnahmen die Ressourcen, die in der Austauschbeziehung zwischen Unternehmensleitung und Personalmanagement die Macht des Personalmanagements erhöhen können, denn diese Ressourcen werden ausschließlich durch das Personalmanagement kontrolliert, *„weil wir sagen: a) das ist unsere Kernkompetenz und b) haben wir irgendwo auch ein Datenschutzthema, und diese häufig auch personenbezogenen Daten gehen den Finanzbereich nichts an. Also insofern haben wir auch das Personalcontrolling im Personalbereich angesiedelt. War natürlich auch schon mal in der Diskussion: Gehört's eigentlich in den Finanzbereich? Aber gerade aus dem Thema Datenschutz, aber auch Kernkompetenz des Personalbereichs, wurde dann entschieden, das lassen wir so, wie es ist, nämlich im Personalbereich" (PM6*; vgl. auch PM9). Die inhaltliche Auseinandersetzung mit den (zumeist quantitativen) Informationen mit dem Ziel ihrer qualitativen Nutzung kann folglich als Kernkompetenz des Personalmanagements verstanden werden, weil es für diese **Nutzung spezifischen Wissens** bedarf. Wenn dieses spezifische Wissen nicht eingebracht wird, besteht die Möglichkeit, dass personalwirtschaftliche Informationen durch andere Akteure standardisiert oder automatisiert erstellt werden. Eine derartige „[r]outinization is [...] thought indirectly to affect power either by reducing uncertainty or by increasing substitutability" (Hinings et al. 1974, S. 23).

Sind also diese qualitativen Informationen nicht mehr an den Austauschpartner Personalmanagement gebunden, sinkt in der Folge die Abhängigkeit von ihm. Das Vorhandensein eines Personalcontrollings ist vor diesem Hintergrund nicht vollständig hinreichend für das Zustandekommen einer Austauschbeziehung mit der Unternehmensleitung und der damit verbundenen Abhängigkeit der Unternehmensleitung vom Personalmanagement: *„Wenn wir ganz klar nachweisen können, in [...] fünf Jahren haben wir so viel Austritte, und gleichzeitig haben wir eine marginale Bewerbungsquote, dann brennt bei uns der Baum in fünf Jahren. [...] Dann spielt aber natürlich dann die die Erfahrung und die Kompetenz der der Fachab-*

teilung eine große Rolle. Da ist dann auch Schluss mit Zahlen im Personalbereich, meine ich jetzt. [...] Personal ist [...] ein weiches Thema. [...] Die Zahlen sind sicherlich der Türöffner, gerade so allgemeine Zahlen. Aber dann muss man in die Details rein und da muss man dann beraten und da braucht es dann die Fachabteilungen und da sind dann Zahlen gar nicht mehr so wichtig" (PM13). Folglich sind die reinen quantitativen Informationen und Statistiken ein Türöffner für die Austauschbeziehung, während ein professionelles Personal-controlling im Sinne eines über ein Kosten- oder Kennzahlenreporting hinausgehenden qualitativen, strategischen Steuerns und Beratens zu einer Abhängigkeit der Unternehmens-leitung vom Personalmanagement führt (vgl. hierzu auch Tyson 1999, S. 50-51). Es ist daher zu differenzieren, ob Personalcontrolling als finanzorientiertes Reportinginstrument oder zur Unterstützung für weitergehende, strategische Entscheidungen eingesetzt wird (vgl. hierzu auch Toulson/Dewe 2004, S. 88).

Zusammenfassend ist nicht allein die Kontrolle von Informationen als Machtquelle des Perso-nalmanagements zu betrachten. Vielmehr wird deutlich, dass „the authority and power of the personnel/HR director is based on the function's possession of expertise in people management knowledge and skills" (Kelly/Gennard 2001, S. 89; vgl. auch Brandl/Pohler 2010, S. 1037). Somit ist die Bedeutung von Macht aus **Expertentum** hervorzuheben. Expertentum als Machtquelle bezieht sich auf die Sachkenntnis bzw. das (überlegene) Wissen eines Akteurs (vgl. French/Raven 1959, S. 163; Crozier 1964, S. 163; Crozier/Friedberg 1979). Im Hinblick auf das Expertentum steht die Annahme bzw. Zuschreibung, nicht das tatsächliche Vorhandensein oder eine bestimmte Qualität von Wissen im Vordergrund (vgl. Sandner 1990, S. 19). Wesentlich ist also, ob andere Akteure von dem Expertentum überzeugt sind, d. h. dem Akteur zuschreiben, dass er wichtiges Wissen besitzt und wichtige Aufgaben erfüllt. Die Erwartung des Austauschpartners ist von wesentlicher Bedeutung, denn aus der subjektiven Wahrnehmung des Wertes einer Ressource ergibt sich die Macht des ressour-cenkontrollierenden über den ressourceninteressierten Akteur (vgl. Galang/Ferris 1997, S. 1407; 3.2.3; 4.2.3.2; 6.5). Somit ist die Macht aus Expertentum davon abhängig, wie andere die Wichtigkeit dieses Wissens wahrnehmen (vgl. Nienhüser 2003, S. 159). Sie beruht dementsprechend auf Wissensvorteilen und einer Kompetenzasymmetrie zwischen Personal-management und Unternehmensleitung (vgl. Paefgen 2008, S. 179, 219). Das Personal-management kann folglich Expertentum bzw. -wissen besitzen, wenn

- es über Informationsmacht verfügt, weil es auf Grundlage von Informationen über das Personal und die Personalarbeit Wissen aufbauen kann,

- es Wissen vorhält bzw. ihm Wissen zugeschrieben wird, das keine andere Stelle im Unternehmen kontrolliert,
- dieses Wissen nicht substituierbar ist und ein „monopoly of knowledge" (Pfeffer 1981a, S. 113) besteht, weil kein gleiches oder gleichwertiges Wissen zur Verfügung steht.

Im Gegensatz zu Informationen ist Wissen zunächst nicht uneingeschränkt als Austauschressource geeignet, weil es nicht uneingeschränkt übertragbar ist und insbesondere implizites Wissen an den Wissensträger gebunden ist (vgl. Nonaka 1994, S. 16; 4.2.2.1). Vor dem Hintergrund der Diskussion alternativer Ressourcenquellen ist jedoch gerade diese Tatsache der Nichtübertragbarkeit des impliziten Wissens ein Hinweis darauf, dass es sich hierbei um eine Machtquelle des Personalmanagements handeln kann, die wiederum eine Austauschressource – z. B. qualitative Informationen und Beratungsunterstützung – begründet. Während das Expertenwissen exklusiv und nicht losgelöst von dem Akteur, der darüber verfügt, besteht (vgl. Scherm/Pietsch 2007, S. 86), handelt es sich bei der Ressource Information um eine Ressource, die objektiv erscheint und ungebunden vorliegt (vgl. Sandner 1990, S. 20-21). Insofern konkretisiert sich die Machtquelle des Personalmanagements, weil nicht die Kontrolle der Information allein, sondern ihre Kombination mit der Fähigkeit zur Interpretation bzw. mit Expertentum das Machtpotenzial des Personalmanagements konstituiert (vgl. Salancik/Pfeffer 1977, S. 19). Die **Kombination von Informationsmacht und Expertentum** führt folglich dazu, dass das Personalmanagement auf Basis seines Wissens (als einziger Akteur) spezifische, nicht substituierbare Informationen bereitstellen, interpretieren (vgl. auch Kelly/Gennard 2001, S. 95; Nienhüser 2003, S. 159; Roche/Teague 2012, S. 1353) und die Nachfrage der Unternehmensleitung nach personalwirtschaftlichen Informationen bedienen kann. Dabei untermauert der Einsatz des Personalcontrollings die Expertenstellung des Personalmanagements (vgl. Elias/Scarbrough 2004, S. 30) und infolgedessen seine Machtquelle bzw. Ressourcenkontrolle.

6.5 Wahrnehmung und Realisierung des Machtpotenzials durch den Einsatz des Personalcontrollings

6.5.1 Ansatz zur Erklärung der unterschiedlichen Ausprägungen der Austauschbeziehung zwischen Personalmanagement und Unternehmensleitung

Nach der theoretischen Analyse (vgl. 4) konnte auch auf Basis der geführten Interviews empirisch festgestellt werden, dass sowohl das Personalmanagement als auch die Unternehmensleitung Ressourcen kontrollieren, die für den jeweils anderen Akteur von Interesse sind und dass in der Praxis eine Austauschbeziehung zwischen beiden Seiten zustande kommen kann. Dies ist jedoch nicht selbstverständlich, denn die Interviews zeigen auch, dass es nicht in allen betroffenen Unternehmen zu einem wechselseitigen Austausch und damit einer wechselseitigen Abhängigkeit kommt und dass es deutliche Unterschiede zwischen den Ausprägungen der Austauschbeziehungen gibt.

Eine erste Erklärung dieser Unterschiede gelang auf Grundlage des Datenmaterials sowie unter Einbeziehung der wissenschaftlichen Literatur: Aus der Betrachtung des **Kontextes der Austauschbeziehung** (vgl. 6.4.1) kann herausgestellt werden, dass in den befragten Fällen unter anderem das Vorhandensein alternativer Ressourcenquellen, der Entwicklungsstand des Personalcontrollings, die (unternehmensinterne und -externe) Bedeutung des Personals sowie individuelle Promotoren der Austauschbeziehung die Macht des Personalmanagements beeinflussen. Auf Basis des Vorhandenseins alternativer Ressourcenquellen für personalwirtschaftliche Informationen erfolgte weiterhin eine differenzierte Betrachtung des Machtpotenzials des Personalmanagements mit dem Ergebnis, dass nicht die reinen personalwirtschaftlichen Informationen, sondern ihre **Kombination mit dem personalwirtschaftlichen Expertentum seine Machtquelle** darstellt (vgl. 6.4.2).

Weitere Erklärungen lassen sich aus den Hinweisen in den Interviews ableiten, dass den Akteuren nicht selbstverständlich bewusst ist, welche Abhängigkeit zwischen Unternehmensleitung und Personalmanagement besteht und welche potenzielle Macht diese Akteure besitzen. Die Daten machen deutlich, dass nicht nur die **Wahrnehmung des Machtpotenzials** des Personalmanagements durch die Unternehmensleitung wichtig für das Zustandekommen einer Austauschbeziehung ist, sondern auch die **Realisierung des eigenen Machtpotenzials** durch das Personalmanagement. Damit beschäftigen sich die nächsten Abschnitte.

6.5.2 Wahrnehmung und Realisierung von Macht und Abhängigkeit

Die Interviews machen zwar deutlich, dass sowohl das Personalmanagement als auch die Unternehmensleitung an Ressourcen des jeweils anderen Akteurs interessiert sind. Sie stellen jedoch auch heraus, dass aufgrund des reinen Interesses noch keine Austauschbeziehung zustande kommt. Vielmehr wird die Wahrnehmung der Ressourcenkontrolle durch die Akteure als wesentlich betont, weil ansonsten keine Nachfrage entsteht: *„unsere Unternehmensleitung weiß noch gar nicht, was Personalcontrolling eigentlich alles liefern kann" (PM2).*

Eine Erklärung für die Bedeutung der Wahrnehmung besteht darin, dass Macht ein relationales Phänomen ist und somit von seiner Zuschreibung lebt, so dass „[i]f one actor believes, or perceives, another to possess the power to reward or punish, even though it does not, then the actor wishing to share that perceived resource will allow its behavior to be influenced" (Kelly/Gennard 2001, S. 87).

Weiterhin bedarf es vor dem Hintergrund kognitiver Beschränkungen (vgl. 2.3.2; 3.2.3) der Aufmerksamkeit bzw. Wahrnehmung eines Akteurs, damit Entscheidungsmöglichkeiten von ihm erkannt werden (vgl. Ocasio 1997, S. 190). Nach Aussage der Interviewteilnehmer mangelt es jedoch teilweise an dieser Wahrnehmung: *„Jetzt sagen wir mal so, vielleicht müssten die erst mal wissen, was Personalcontrolling eigentlich alles liefern kann. Das ist noch eine ganz andere Geschichte, da bin ich immer noch der Meinung, da wissen die noch gar nicht, was wir alles so können" (PM16).* Diese Aussage lässt sich in die personalwirtschaftliche Forschung einordnen, in der festgestellt wird, dass das Personalmanagement selbst trotz zunehmender Bedeutung der Personalressource kaum als strategisch wichtig wahrgenommen wird (vgl. Burkholder/Golas/Shapiro 2007, S. 17; 4.2.3.2). Infolgedessen bleiben auch die Ressourcen des Personalmanagements bzw. ihr potenzieller Nutzen für das Unternehmen unerkannt. Aus dem Datenmaterial lässt sich als Grund hierfür identifizieren, dass die kontrollierten Ressourcen nicht immer durch das Personalmanagement kommuniziert werden: *„Wenn man nicht weiß, [...] was für Potenzial in verschiedenen Bereichen ist, dann kommen sie natürlich [...] nur ganz selten dazu, sich mal ganz grundsätzlich Gedanken zu machen" (UL5).* Vor diesem Hintergrund verwundert es nicht, wenn Interviewteilnehmer aus der Unternehmensleitung angeben, dass ihnen die Möglichkeiten nicht bekannt sind bzw. sie den Eindruck haben, als ob dem Personalcontrolling, obwohl sie es als wichtig erachten, *„noch nicht der richtige Stellenwert beigemessen wird" (UL7).* Vor diesem Hintergrund wird gefolgert, dass es neben der Ressourcenkontrolle bedeutsam ist, dass diese Kontrolle und das eigene Interesse durch den potenziell abhängigen Akteur auch wahrgenommen werden: *„Sie können solche strategischen Themen nur dann sinnvoll vorantreiben, wenn das Management das als Notwendigkeit erkennt" (PM5).* Somit ist die **Wahrnehmung des Machtpotenzials** determinierend für die Austauschbeziehung (vgl. hierzu auch Elšik 1996, S. 352-353).

Die Aussagen der Interviewteilnehmer machen jedoch deutlich, dass die eigene und fremde Wahrnehmung des Machtpotenzials allein noch nicht zur Ausübung von Macht führt. Stattdessen wird der Bedarf einer aktiven **Realisierung des Machtpotenzials** hervorgehoben. Es wird als erforderlich erachtet, dass das Personalmanagement sein Machtpotenzial ergreift und Verantwortung im Unternehmen übernimmt (vgl. auch Kochan 2004): *„wenn der Personalbereich den Auftrag in sich verspürt, da 'ne Rolle zu spielen, dann muss er da rein. [...] sich da nicht auf operative Arbeit beschränken und dann rumjammern, [...] dass sie nur am Katzentisch ein Plätzchen findet" (UL6)*. Es wird deutlich, dass potenzielle Macht erst durch ihre aktive Nutzung ausgeübt werden kann (vgl. Brass/Burkhardt 1993). Aus diesem Grund ist der bewusste und auch von Kommunikation begleitete Einsatz der Macht und zu diesem Zwecke des Personalcontrollings wesentlich.

Zusammenfassend lässt sich folgern, dass ein Austausch zwischen Unternehmensleitung (UL) und Personalmanagement (PM) erfordert, dass beide Akteure ihre jeweilige Macht und Abhängigkeit wahrnehmen und realisieren. Bestehen (1b) ein unbewusstes Ressourceninteresse der Unternehmensleitung und gleichzeitig eine (1a) unbewusste Ressourcenkontrolle des Personalmanagements, also fehlende Wahrnehmung auf beiden Seiten und daraus folgend unbewusste Macht des Personalmanagements bzw. unbewusste Abhängigkeit der Unternehmensleitung, führt dies dazu, dass (2) kein Austausch zustande kommt und damit lediglich eine (2a) potenzielle, nicht realisierte Macht des Personalmanagements bzw. eine (2b) potenzielle Abhängigkeit der Unternehmensleitung existiert (vgl. Abb. 23).

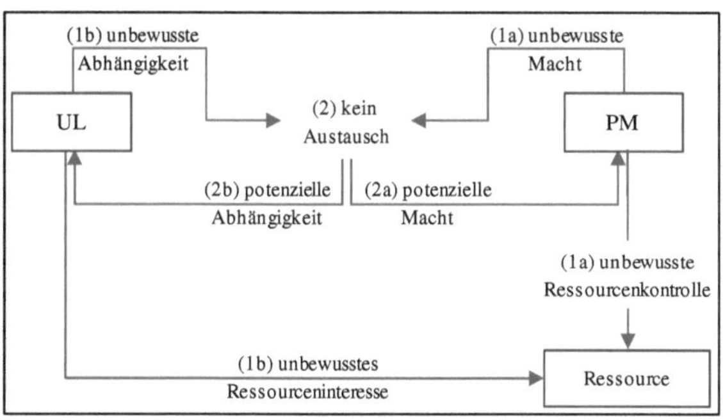

Abb. 23: Unbewusste und potenzielle Macht und Abhängigkeit

Einem Austausch geht somit als Bedingung voraus, dass das Personalmanagement seine potenzielle Macht wahrnimmt und auch „effectively control or tactically use them" (Pettigrew 1974, S. 27). Bei (1a) wahrgenommener Macht und Ressourcenkontrolle strebt das Personalmanagement einen (2) Austausch an, so dass es zur (2a) Realisierung seiner Macht kommt. Gleichzeitig ist es erforderlich, dass auch die Unternehmensleitung (1b) ihr Ressourceninteresse und ihre Abhängigkeit wahrnimmt und in der Folge (2b) ihre Abhängigkeit von dem Personalmanagement realisiert (vgl. Abb. 24).

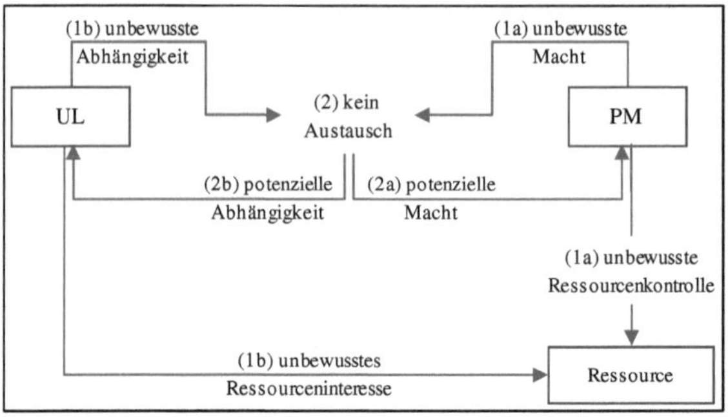

Abb. 24: Wahrgenommene und realisierte Macht und Abhängigkeit

Die Wahrnehmung des Machtpotenzials ist somit auf beiden Seiten der Austauschbeziehung relevant. Wenn das Personalmanagement sein Machtpotenzial und auch die Unternehmensleitung ihre potenzielle Abhängigkeit vom Personalmanagement erkennt, kann es zu einer bewussten und aktiven Realisierung des Machtpotenzials des Personalmanagements kommen. Dabei kann die Wahrnehmung des Personalmanagements im Hinblick auf das eigene Machtpotenzial eines Rollenwandels bedürfen (vgl. 6.5.3), während die Wahrnehmung der Unternehmensleitung hinsichtlich ihrer Abhängigkeit vom Personalmanagement eine gezielte Kommunikation (vgl. 6.5.4) und die Machtrealisierung durch das Personalmanagement dessen aktive Handlungsstrategien erfordern (vgl. 6.5.5).

6.5.3 Wahrnehmung des eigenen Machtpotenzials durch das Personalmanagement

Aus den Interviewaussagen zur Wahrnehmung des Einflusses des Personalmanagements und seiner Anerkennung im Unternehmen kann abgeleitet werden, dass die Wahrnehmung der **Rolle des Personalmanagements** im Unternehmen problematisch ist, weil sein Ansehen im Vergleich zu anderen Abteilungen schlechter ist: *„die Finance-Leute im Unternehmen haben tendenziell ja innerhalb der Verwaltung ein besseres Standing als die Personalleute. Und das kommt eben daher, dass […] auch Entscheider oder auch die Unternehmensleitung tendenziell zahlenaffiner ist, aus zahlenaffinen Menschen besteht. Das heißt, die können mit Finance-Leuten, sprechen die eine Sprache. Und wenn der Sozialonkel ankommt, der nervt nur. Ist so" (PM4).* Daher wird es als wesentlich verstanden, dass das Personalmanagement sein Ansehen und seine Rolle verändert: „*Weil man gesagt hat, was wir jetzt tun müssen ist*

Folgendes, Personal ist zu wischi waschi, wir müssen jetzt hingehen und Personal so aufsetzen, wie jetzt mal ganz, ich übertreib jetzt natürlich, wie ein Produktionsprozess. Das muss messbar sein, das muss überprüfbar sein, da muss es Reports zu geben, dann muss es auch 'nen Outcome zu geben, ja? Und und dann haben wir 'nen ganz anderen Stand im Unternehmen [...] viele Mitarbeiter oder Abteilungen zählen Personal ja immer zu einer Mutterfunktion, [...] und das heißt, da geht man hin, wenn man irgendwas hat. Das dürfen Sie natürlich nicht zulassen. Wenn Sie sich darauf reduzieren lassen [...] dann sind Sie nicht mal mehr 'ne Serviceabteilung im ernstzunehmenden Sinne [...] deshalb dürfen Sie aber nicht zur Mutter der Nation werden. Oder zum Vater" (PM5). Dieses veränderte Rollenverständnis wird auch in der praxisorientierten Literatur diskutiert und dabei herausgestellt, dass der Umgang mit Zahlen einen „unverzichtbare[n] Bestandteil eines zeitgemäßen Personalmanagements" (Kosub 2012, S. 68) darstellt.

Somit wird deutlich, dass bei den Interviewteilnehmern das Bewusstsein über die Bedeutung einer Rollenveränderung des Personalmanagements vorliegt. Sie stellen fest, dass nicht mehr *„die Wald- und Wiesen-Personaler [gebraucht werden]. [...] Wir erwarten von unseren Business Partnern, dass sie das Business verstehen" (PM12)* und *„dass eben nicht Personalwesen der Kümmerer ist und [...] ich beaufsichtige hier die Akten" (PM4).* Eine derartige Rollenveränderung erfordert jedoch aus Sicht der Befragten einen herausfordernden Rollenwandel bzw. Perspektivenwechsel für das Personalmanagement: *„wenn momentan Personalarbeit eher aus Gefühl, aus Kontakten gesteuert und gemacht wird und wenn man dann auf Zahlen guckt, ist das ein großer Wandel und der wird hier auch herausfordernd sein, den zu vollziehen" (PM18).* Eine solche Herausforderung kann darin bestehen, dass dieser Wandel zu Konflikten zwischen der alten und der neuen Rolle führt (vgl. Caldwell 2003, S. 993; Roche/Teague 2012, S. 1334). Das zeigt sich beispielsweise in der Diskussion über die Balance zwischen einem ökonomisch orientierten und einem mitarbeiterorientierten Personalmanagement bzw. der Verbindung seiner wirtschaftlichen und seiner sozialen Ziele (vgl. Haunschild 1998, S. 248; Kochan 2004, S. 133; Toulson/Dewe 2004, S. 87; Francis/Keegan 2006, S. 235-236; Kinsey 2012, S. 18; 4.2.3.1). Vor diesem Hintergrund ist der Wandel nicht unproblematisch: *„da muss eben Personal mit den richtigen, sagen wir, strategischen Sichten ihr Personalcontrolling darauf ausrichten und [...] das fällt tatsächlich vielen sehr schwer" (UL6).* Die beschriebene Veränderung wird als so weitreichend erachtet, dass mit ihr nicht nur ein Wandel des eigenen Rollenverständnisses, sondern auch ein **Wandel der Profession des Personalmanagements** einhergeht: *„es kommt da eine neue*

Generation von Personalmanagern, kommt in die Unternehmen rein mit diesen Sichtweisen, mit diesem Grundverständnis, das ist das Allerwichtigste, was für den Unternehmenserfolg entscheidend ist" (UL6). Aus diesem Verständnis resultiert die Notwendigkeit, dass „the next generation of HR professionals will need to [...] become more analytical and able to document the benefits associated with effective HR policies and practices" (Kochan 2004, S. 132; vgl. auch Beer 1997, S. 51; Ulrich 1998, S. 129; Demmer 2010, S. 27-28). Dies allerdings setzt voraus, dass bei den Personalern veränderte Kenntnisse und Fähigkeiten vorhanden sind, die dem Personalmanagement ermöglichen, unternehmerisch, strategisch und analytisch zu denken und zu handeln (vgl. Kosub 2012, S. 68-69).

Mit der veränderten Rolle des Personalmanagements ist somit verbunden, dass es die Bedeutung einer unternehmerischen Steuerung und den Nutzen der (Leistungs-)Messung erkennt (vgl. Caldwell 2001, S. 46). Vor diesem Hintergrund bietet Personalcontrolling aus Sicht der Befragten die Grundlage für eine zahlenorientierte Argumentation, auf deren Basis sich das Personalmanagement als wertvoller Ansprechpartner für die Unternehmensleitung etablieren kann: *„irgendwann sind wir [...] genauso an der Seite der Entscheider wie das Controlling mittlerweile, also das richtige, in Anführungsstrichen richtige Controlling, Finanzcontrolling" (PM18).* Das kann dazu führen, dass Controlling zu einer priorisierten Aufgabe des Personalmanagements wird (vgl. Burkholder/Golas/Shapiro 2007, S. 33). In den Interviews wird jedoch deutlich, dass Controlling nicht als primäre Aufgabe oder Selbstzweck verstanden wird, sondern – neben einem operativen Nutzen (vgl. 6.3.1) – als Grundlage für die Wahrnehmung der veränderten Rolle des Personalmanagements (vgl. z. B. PM1; PM4). Mit Hilfe des Personalcontrollings gelingt es diesem, sich wie andere Funktionsbereiche im Unternehmen an strategischen Aufgaben und Entscheidungen zu beteiligen.

Aus dem Datenmaterial wird jedoch auch deutlich, dass die Veränderung des Personalmanagements in den Unternehmen unterschiedlich ausgeprägt ist und sich in verschiedenen Rollen ausdrückt. Diese beziehen sich auf die Entwicklung von einer traditionellen, operativ orientierten Personaladministration (*„unsere HR Business Partner, gibt's auch starke Unterschiede, aber bei vielen ist auch dann, so ein bisschen, das Verständnis, [...] dass sie nicht wirklich HR auch steuern, sondern eher Ansprechpartner für HR Themen sind" PM18)* hin zu einem analytischen Mitgestalter, der professionelle oder sogar strategische Personalarbeit ausübt: *„Während HR früher mehr ein administratives Anhängsel war, ein ausführendes Organ [...] ist das heute so, dass wesentliche Richtungsentscheidungen im HR*

Bereich auch ganz deutlich durch HR mitentschieden werden, dass es dort Gestaltungsmöglichkeiten gibt, ein sehr viel professionelleres und ausgebildeteres Management" (PM7). Diese Beobachtungen lassen sich in die Diskussion über die Entwicklung des Personalmanagements von einer nicht mehr (nur) administrativen, unterstützenden Abteilung hin zu einem professionellen Management der erfolgsrelevanten Ressource Personal einordnen, wie sie auch im Rahmen anderer Studien aufgezeigt wird (vgl. Beer 1997; Russ/Galang/Ferris 1998, S. 135-138; Buyens/De Vos 2001, S. 71; Wright 2008, S. 1066-1068). Deutlich wird dies auch durch die Strukturierung des Personalmanagements in der Praxis nach dem Modell von Ulrich (1997a) oder vergleichbaren Modellen (vgl. z. B. Legge 1978, S. 79-85; Tyson/Fell 1986; Storey 1992). Im Ulrich-Modell werden verschiedene Rollen des Personalmanagements vom administrativen Experten über den Employee Champion oder Change Agent bis hin zum strategischen Partner (vgl. auch Ulrich/Brockbank 2005) definiert. Im vorliegenden Sample verweisen einige Interviewteilnehmer explizit auf eine Ausrichtung des Personalmanagements an dem Ulrich-Modell (vgl. z. B. PM7; PM9; PM11; PM17; 6.2.1), während andere vergleichbare Strukturierungen vornehmen (vgl. z. B. PM13; UL9).

Die Interviews machen auch deutlich, dass innerhalb eines Personalmanagements mehrere Rollen wahrgenommen werden, so dass sich neben strategischen Partnern weiterhin Personalverwalter finden: *„es gibt mit Sicherheit einzelne Personaler, [...] da sind viele dabei, denen das nichts sagt. Muss man ganz brutal sagen. [...] die sind auch gut darin, in ihrem täglichen Sich-um-die-Mitarbeiter-zu-kümmern und das auch alles zu machen, das ist auch wunderbar. Mit denen hat das relativ wenig zu tun" (PM4).* Mit der Übernahme einer strategischen Rolle des Personalmanagements gehen Herausforderungen für die individuellen Akteure des Personalmanagements einher (vgl. Wehner et al. 2012, S. 914). Das gilt insbesondere für „those that think their job is primarily about personnel administration, keeping employees happy, dealing with diversity, equal opportunities and union negotiations" (Kearns 2010, S. 181; vgl. auch Beer 1997, S. 49; Wright et al. 1997, S. 15; Wright 2008, S. 1074; Brandl/Pohler 2010, S. 1026). Das ist darauf zurückzuführen, dass für die Ausübung der neuen Rollen ein Wandel des Verständnisses über die eigenen Tätigkeiten und die Rolle im Unternehmen verbunden ist (vgl. Ulrich 1998, S. 133-134). Hierzu wird eine Neuinterpretation ihrer Rolle als Personaler von einem administrativen Unterstützer hin zu einem strategischen Partner gefordert (vgl. Caldwell 2003, S. 984; Wright 2008, S. 1065). Diese Neuinterpretation beginnt beim Personalmanagement selbst und damit „that the HR manager first has to be aware that change is desirable" (Truss et al. 2002, S. 41). Folglich erfordert der

Rollenwandel die Veränderung der eigenen Wahrnehmung des Personalmanagements sowie eine unternehmerisch gesprägte (Um-)Orientierung seiner Entscheidungen und Handlungen.

6.5.4 Wahrnehmung der Ressourcen des Personalmanagements durch die Unternehmensleitung

Die Interviews zeigen, dass die Kommunikation der Ressourcenkontrolle des Personalmanagements für das Zustandekommen einer Austauschbeziehung von Bedeutung ist, weil hierdurch die Unternehmensleitung die Ressourcen des Personalmanagements und seine eigene Abhängigkeit erst wahrnimmt: *„Vielleicht liegen diese Informationen auch alle im HR Bereich vor, aber zumindest ich hab da keinen zusammenfassenden Einblick, der manchmal schon sehr wünschenswert wäre. [...] Ich denke, wenn wir deutlicher unsere Informationsbedürfnisse klar machen würden, dann gäbe es die Information sicherlich auch" (UL7)*. Die Bedeutung der Wahrnehmung ergibt sich aus der Annahme, dass Macht seiner Zuschreibung bedarf (vgl. Hickson et al. 1971; Sandner 1990, S. 19). Daher wird es als hilfreich erachtet, wenn sich das Personalmanagement um die Aufmerksamkeit anderer Akteure bemüht, damit seine Ressourcen und es selbst als Austauschakteur wahrgenommen werden: *„Ich glaube schon, dass das Thema Kommunikation und [...] im großen Teil nach intern ja heute schon gerichtet ist. Wenn das noch gut aufgemacht ist und wenn das plötzlich viele sagen: Mensch, die sprechen die richtigen Fragen an, das ist nicht so die klassische, weichgespülte Personalersprache. Also man kann ja ein Referral-Programm* [Programm zur Mitarbeiteranwerbung, Anmerk. d. Verf.] *auf verschiedene Art und Weisen auch intern vermarkten und kommunizieren – das kann man halt hergebracht machen, das kann vielleicht mal mit Unternehmenskommunikation oder vielleicht mal 'ne externe Agentur richtig sexy aufbereiten, die Themen – dass man merkt: hey, das macht Spaß" (UL6).* Wenn die Aufmerksamkeit der Unternehmensleitung auf das Personalmanagement gerichtet wird, gelangt das Personalmanagement folglich mit seinen Ressourcen in die Wahrnehmung der Unternehmensleitung.

Vor diesem Hintergrund besitzt Kommunikation eine Signalwirkung. Ein solches Signal reduziert die Informationsasymmetrie zwischen zwei Akteuren, hier zwischen dem Personalmanagement und der Unternehmensleitung. Die Signalisierung der eigenen Ressourcen dient der Anbahnung der Macht- bzw. Austauschbeziehung und kann sich in der Aufklärung und Überzeugung des Austauschpartners ausdrücken (vgl. Felsch 2010, S. 100-101): *„Wir fragen: Ist es jetzt das, was Du brauchst oder möchtest Du was anderes? Zusätzlich kann was* *wegfallen, also insofern sind wir da ständig im Dialog" (PM6).* Diese Aufklärung und Überzeugung kann so weit gehen, dass mit ihr eine Legitimitätszuschreibung erfolgt. Diese Wahrnehmung und Legitimitätszuschreibung gelingen, wenn das Personalmanagement „is in a position to define what is critical, and this opportunity is more likely when [...] [it] expresses consensus on values held by [...] top management" (Enz 1988, S. 285), d. h. wenn ein Konsens zwischen dem eigenen Verständnis und dem der Unternehmensleitung über die wichtigen Herausforderungen des Unternehmens existiert. Hierzu wurden aus dem Datenmaterial unterschiedliche (Kommunikations-)Taktiken identifiziert, mit denen das Personalmanagement einen solchen Konsens sowie seine Rolle und seinen Einsatz des Personalcontrollings als Grundlagen wichtiger Ressourcen deutlich macht.

- Eine erste Taktik besteht in der **Anlehnung an die im Unternehmen vorherrschende Finanzsprache**: *„der Personalvorstand [...] [ist] mehr Zahlenmensch, also der auch wirklich wissen will, bevor wir ein neues Thema haben, wie sind denn die Zahlen, Daten, Fakten dazu und bitte vorschlagen, was ihr vorhabt, aber vorher bitte erst mal Zahlen, Daten, Fakten" (PM18;* vgl. auch 6.3.2). Eine Sprache zu adaptieren und wichtige Ressourcen vorzuhalten wird jedoch als nicht ausreichend erachtet. Es bedarf im Sinne eines Marketings in eigener Sache zusätzlich der Kommunikation der Ressourcenkontrolle, um sie als Leistung des Personalmanagements darzustellen, die positiv beurteilt wird (vgl. Elšik 1996, S. 351-352; Beatty/Huselid/Schneier 2003, S. 107). Daher sind weitere Taktiken hilfreich, die aufzeigen, dass die kontrollierten Ressourcen einen entscheidenden Wettbewerbsfaktor des Unternehmens betreffen und deshalb wichtig sind (vgl. Galang/Ferris 1997, S. 1409).

- Vor diesem Hintergrund ist eine zweite Taktik zu verstehen, die in den Interviews beschrieben wird. Es handelt sich darum, die Kommunikation der personalwirtschaftlichen Informationen und der damit verknüpften personalwirtschaftlichen Expertise im Rahmen einer **unmittelbaren Interaktion mit der Unternehmensleitung** vorzunehmen: *„Also meine Idee ist, [...] dass nicht einfach nur per Post [...] verschickt wird, sondern dass das präsentiert wird und auch schon direkt mit 'nem Austausch verbunden wird. [...] Um auch direkt in den Austausch gehen zu können mit 'ner Geschäftsführung, direkt auch die Wirkung mit aufnehmen zu können, was sind so erste Fragen, die dann kommen, [...] aber das dann auch zu erläutern, warum wir meinten, dass wir was mit drin haben, was vielleicht eigentlich interessant sein dürfte, um dann vielleicht auch mal die Augen zu öffnen" (PM7).* Folglich wird Wert darauf gelegt, die Kommunikation bewusst zu steuern und die Möglichkeit zur Schaffung von Wahrnehmung aktiv zu nutzen, was der Aussage entsprechend in einem direkten Austausch zum Ausdruck kommen kann.

Beide Taktiken können als Beispiele für ein Kommunikations- bzw. Informationsmanagement verstanden werden, mit denen ein erwünschter (legitimierter) Eindruck bezweckt wird (vgl. auch Richardson 1985, S. 143; Fandt/Ferris 1990, S. 144). Sie können nach diesem Verständnis auch als Taktiken eines „management of meaning" (Buchanan/Badham 2008, S. 77) bzw. eines „impression managements" (vgl. z. B. Kacmar/Carlson 1999, S. 1293) beschrieben werden, die der Erzeugung von Aufmerksamkeit und damit verbunden der Wahrnehmung des Personalmanagements und seiner Macht dienen. **Impression Management** besagt, dass „symbolic actions of the HR department which create and maintain the perception that the HR function is a critical and strategic concern become important in determining its power within the organization" (Galang/Ferris 1997, S. 1407; vgl. auch Bjurström 2007, S. 2). Es zielt durch aktive, insbesondere symbolische Aktivitäten auf die Verbesserung der eigenen Reputation im Rahmen sozialer Interaktionen (vgl. Cialdini 1989, S. 45; Elsbach 1994, S. 57; Elšik 1996, S. 347; Kelly/Gennard 2001, S. 89). Das ist insbesondere in Machtbeziehungen zwischen Akteuren unterschiedlicher Hierarchiestufen zu beobachten, wenn der untergeordnete Akteur den übergeordneten Akteur beeindrucken möchte (vgl. Drory/Zaidman 2006, S. 76).

Vor diesem Hintergrund kann auch die – als erste Taktik – beschriebene Nutzung einer etablierten Finanzsprache (vgl. PM18) als Taktik des Impression Managements verstanden werden. Sie unterstützt die Wahrnehmung bzw. Legitimität des Personalmanagements und seiner Ressourcen und zielt somit wie auch die Nutzung etablierter (Reporting-)Standards auf die Verwendung bereits akzeptierter und legitimierter Prozesse ab. Diese strahlen in der Folge auf die weiteren Aktivitäten des Personalmanagements aus und vermitteln den Eindruck von Rationalität und Legitimität (vgl. Elsbach/Sutton 1992, S. 700). Ferner lassen sich aus weiteren Aussagen der Interviewteilnehmer Impression Management-Taktiken ableiten:

- Den Interviewteilnehmern ist bewusst, dass eine **positive Bewertung der Ressourcen** des Personalmanagements durch die Unternehmensleitung relevant ist: *„Personalcontrolling, das [...] ist manchmal sogar, glaub ich, gar nicht so geliebt im Unternehmen [...] von daher [...] sozusagen diese Funktion anzureichern und [...] wenn es dann im Unternehmen 'nen Ruf hat, strategisches Personalcontrolling, das auf Managementebene Funktionen zuliefert, dann wird es definitiv ein Riesenschritt nach vorne sein" (UL6).*

Taktiken des Impression Managements zielen vor diesem Hintergrund darauf ab, gerade die Ressourcen, die für andere Akteure interessant sind, zu kommunizieren bzw. zu präsentieren und die eigenen Ergebnisse positiv darzustellen (vgl. Cialdini 1989, S. 45; Elšik 1996, S. 347).

- Weiterhin ist es erforderlich, dass die **Glaubwürdigkeit des positiven Eindrucks**, den das Personalmanagement und seine (unerwarteten) Ressourcen, wie das Personalcontrolling, hinterlassen, nicht gefährdet wird: *„[...] 'ne unbedingte Genauigkeit. Ein HR Controller darf sich keine Fehler erlauben. Denn sonst ist die Glaubwürdigkeit sofort weg. [...] Weil beim Finanzcontroller brauchen sie die Zahlen. Wenn sie falsch sind, werden sie sie beim nächsten Mal trotzdem abfragen, weil sie sie brauchen. Beim HR Controller [...] fragen Sie sie einfach gar nicht mehr ab. Das ist einfach [...] der Unterschied" (PM13).* Diese vorsichtige Herangehensweise ist vor dem Hintergrund anderer Studien nachvollziehbar, die darauf hinweisen, dass Zuverlässigkeit bzw. Glaubwürdigkeit wichtige Bewertungskriterien der Unternehmensleitung gegenüber Spezialisten und ihren Leistungen sind. Daher stellt ihre Erzeugung „as the process of developing positive feelings in the perception of relevant others" (Pettigrew 1974, S. 28) eine wesentliche Taktik dar.

Auch wenn sich Hinweise darauf finden lassen, dass das Personalmanagement ein Impression Management einsetzt, muss damit kein ausschließlich symbolisches Verhalten verbunden sein. Dieses würde auf dem Aufbau einer legitimierten Fassade, nicht aber auf substantiellen Aktivitäten basieren, so dass ein Akteur „can attempt, again through communication, to become identified with symbols, values, or institutions which have a strong base of social legitimacy" (Dowling/Pfeffer 1975, S. 127; vgl. auch Zott/Huy 2007, S. 70). Das Datenmaterial macht vielmehr deutlich, dass das Personalmanagement in den befragten Unternehmen zwar ein Bild kreiert und seine Reputation teilweise bewusst steuert, dies jedoch auf Basis eines vorhandenen und auch substantiell eingesetzten Personalcontrollings erfolgt. Hinweise auf Entkopplungsstrategien und Lippenbekenntnisse (vgl. Meyer/Rowan 1977, S. 356-357; Walgenbach 2006, S. 377; 3.4.1) konnten dagegen nicht gefunden werden (vgl. 6.3.3). Das verwundert nicht vor dem Hintergrund der Erkenntnis anderer Studien, dass der Legitimitätseffekt eines Impression Managements sinkt oder sogar ein gegenteiliger Effekt bewirkt wird, wenn dieses in zu hohem Maße bzw. zu offensichtlich eingesetzt wird (vgl. Ashforth/Gibbs 1990, S. 186-187).

6.5.5 Handlungsstrategien des Personalmanagements zur Realisierung seines Machtpotenzials

Neben Kommunikationstaktiken, die auf die Erzeugung von Wahrnehmung des Machtpotenzials zielen, erfordert die Realisierung des Machtpotenzials gezielt eingesetzte Handlungsstrategien. Ihr Einsatz erfolgt in Abhängigkeit des Kontextes, wobei ein wesentlicher Kontextfaktor der Handlungsstrategien und der Austauschbeziehung zwischen dem Personalmanagement und der Unternehmensleitung die Abhängigkeit eines Akteurs von dem anderen Akteur ist (vgl. Tsui 1990, S. 477; Oliver 1991, S. 162-164; 4.3.2). Das Ausmaß der Abhängigkeit bestimmt, ob der Erwartung der Unternehmensleitung nachgegeben wird. Die Abhängigkeit von der Unternehmensleitung wird in den Interviews damit erklärt, dass sie die höchste hierarchische Stufe im Unternehmen darstellt: *„Wenn der Vorstand einen Auftrag rein gibt, einen Prüfauftrag oder was auch immer, dann wird das in der Hierarchie darunter gemacht. So ein Unternehmen ist ja keine demokratische Einrichtung, so ein Unternehmen ist eine hierarchische Einrichtung und oben schlägt dann halt unten" (PM1).* Damit ist die Macht verbunden, die Tätigkeiten der hierarchisch unterstellten Akteure zu beeinflussen (vgl. Saidel 1991, S. 545): *„wenn der Vorstand Daten braucht [...] dann muss man das auch tun" (PM11), „dann geht die* [Abfrage] *immer vor und dann werden die anderen Abfragen zurückgestellt [...]" (PM10).*

Dennoch zeigen die Ergebnisse der Studie, dass trotz hierarchischer Unterordnung des Personalmanagements nicht nur von einer unbedingten Abhängigkeit und in der Folge von unbedingter Erfüllung aller Forderungen der Unternehmensleitung durch das Personalmanagement auszugehen ist. Das ist mit Blick auf den theoretischen Bezugsrahmen nicht verwunderlich, denn bereits hier wurde argumentiert, dass sowohl passive als auch aktive Handlungsstrategien in Abhängigkeit verschiedener Kontextfaktoren möglich sind (vgl. Oliver 1991; 3.4.3.1). Diese Handlungsstrategien können in Anlehnung an die Darstellung der Abhängigkeit zwischen Unternehmensleitung und Personalleitung nach Frooman (1999) und Kelly/Gennard (2001) auch für die Austauschbeziehung zwischen Unternehmensleitung (UL) und Personalmanagement (PM) in eine Matrix überführt werden. Sie zeigt die (das Personalcontrolling betreffenden) Handlungsstrategien des Personalmanagements unter Bezugnahme auf die Kontextvariable Abhängigkeit und benennt die aus dem Datenmaterial identifizierten Strategien in Anlehnung an die Systematik von Oliver (1991) (vgl. Abb. 25).

		Abhängigkeit PM von UL: ja	Abhängigkeit PM von UL: nein
Abhängigkeit UL von PM	ja	Kompromiss	Widerstand
	nein	Einwilligung	keine Austauschbeziehung

Abb. 25: Handlungsstrategien des Personalmanagements in Abhängigkeit von seiner Macht (in Anlehnung an Frooman 1999, S. 200; Kelly/Gennard 2001, S. 91)

Im Falle wechselseitiger Unabhängigkeit zwischen Personalmanagement und Unternehmensleitung (Nicht-Abhängigkeit der Unternehmensleitung bei Nicht-Abhängigkeit des Personalmanagements: nein/nein) kommt **keine Austauschbeziehung** zustande. Es handelt sich um den Fall einer „pooled interdependence" (Thompson 1967, S. 54). Dieser Fall wurde jedoch im gesamten Sample nicht entdeckt und ist auch vor dem Hintergrund einer mindestens formal bedingten, hierarchischen Abhängigkeit des Personalmanagements von der Unternehmensleitung als nicht wahrscheinlich zu betrachten. Die drei weiteren Fälle finden sich jedoch in den Aussagen der Interviewteilnehmer wieder.

Das zu Beginn dieses Abschnitts beschriebene Verhalten des Personalmanagements hinsichtlich der Forderung der Unternehmensleitung kann mit der Handlungsstrategie **„Einwilligung"** beschrieben werden. Die Motivation hierzu ergibt sich aus der Abhängigkeit des Personalmanagements von den Ressourcen der Unternehmensleitung bei gleichzeitiger geringer oder nicht vorhandener umgekehrter Abhängigkeit (nein/ja): „The HR subunit will most likely strive first to satisfy the constituency having control over its financial resources" (Tsui 1990, S. 462). Dementsprechend verwundert es nicht, wenn sich in diesen Fällen ein Personalcontrolling findet, dessen Machtpotenzial unausgeschöpft bleibt: *„in unserem Unternehmen ist es eher so, dass man es als ausführendes, dienendes Management-Tool sieht [...] [das] natürlich alle Mitarbeiter irgendwo verwalten und administrieren soll, aber letztendlich nicht die Impulse in andere Entscheidungsfindung bringt" (UL1).*

Auch die Aussagen, dass das Personalcontrolling im Personalmanagement nicht zum Selbstzweck eingesetzt wird, sind teilweise ein Hinweis darauf, dass die Forderungen erfüllt werden, d. h. das in sie eingewilligt wird. Dabei wird weder der operative Nutzen für die Personalarbeit noch der legitimatorische Nutzen für das Personalmanagement wahrgenommen oder realisiert: *„Eine Personalabteilung würde nie für sich selber Daten erheben, um darauf* *zu sitzen, sondern letztendlich jede Personalabteilung macht das ja auch nur deswegen, weil sie der Geschäftsführung oder den Gesellschaftern berichtsfähig sein will" (PM3;* vgl. auch PM1). Dieses Verhalten des Personalmanagements ist von einer Entkopplungsstrategie (vgl. Meyer/Rowan 1977, S. 356-366) zu unterscheiden, weil die internen Prozesse tatsächlich angepasst und Daten, Berichte etc. erstellt werden. Dennoch erfolgt keine Verknüpfung der externen und internen Anforderungen der Unternehmensleitung mit den Aufgaben des Personalmanagements. Somit wird der legitimatorische Nutzen der Forderungserfüllung nicht mit den operativen Vorteilen des Personalcontrollings für das Personalmanagement und die Personalarbeit bzw. -prozesse verbunden.

Eine andere Handlungsstrategie besteht darin, Forderungen zu hinterfragen: *„Also ganz oft seh ich das bei uns, da kommt einer: Wir brauchen mal eine Statistik da und dazu. Ich sag: Ja okay, so okay, wer will die gemacht haben und was passiert dann? Und wenn dann, ja, ich will sie einfach nur haben, das ist schlecht" (PM4).* Das Personalmanagement ist bereit, sich gegen die Forderung aufzulehnen und sucht eher einen inhaltlichen **„Kompromiss"**, als dass die Forderungen nicht allein aufgrund hierarchischer Machtausübung erfüllt werden: *„Das ist jetzt nicht so, wer der Größte ist, der schreit, kriegt auch" (PM17).* Ein Grund für dieses Verhalten kann darin bestehen, dass das Personalcontrolling im Unternehmen etabliert ist und keine einseitige Abhängigkeit besteht, weil das Personalmanagement zwar Ressourcen der Unternehmensleitung braucht, aber auch die Unternehmensleitung Ressourcen des Personalmanagements benötigt und deshalb selbst abhängig ist. In diesem Fall liegt eine reziproke Interdependenz (Abhängigkeit der Unternehmensleitung bei Abhängigkeit des Personalmanagements: ja/ja) vor (vgl. Thompson 1967, S. 54-55), so dass sich beide Akteure einschränkten: *„Wir sagen, […] wir reduzieren das auf ein Minimum, dieses HR Prozesscontrolling, auf ganz wenige Kennzahlen. Das bedeutet aber natürlich auch, wir haben nicht […] die Eierlegende-Wollmilch-Sau. Das heißt auch, wir müssen Verzicht lernen. […] Das ist ein ganz schwieriger Punkt. Gerade bei der Geschäftsführung" (PM13).* Eine solche Strategie kann beispielsweise mit einem ökonomischen Kalkül begründet sein: *„Wenn jetzt der Geschäftsführer hier jetzt gleich in mein Büro reinkommt und sagt: Ich hätte gerne das und das oder ich brauch bitte so und so, dann kann ich sagen: ja, kann ich machen, aber diese eine Sache an der Stelle funktioniert nicht, weil das noch nicht so weit ist, oder weil wir, das geht grundsätzlich nicht, weil wir diesen, weil wir es einfach nicht haben. Das würd ich auch einfach ganz ehrlich so sagen. Ich würde nicht versuchen, […] über wochenlange Arbeit […] oder tagelange Arbeit das irgendwie zu machen [...] Dann muss man wirklich zum Kunden* *sagen: Lieber Kunde, im Moment geht es nicht, aber wenn das für dich so wichtig ist, dann frag ich mal, wie teuer das wird" (PM15*; vgl. auch PM7; PM8).

Ein besonderer Fall des Kompromisses findet sich bei einem Personalmanagement, das zwar selbst das Potenzial des Personalcontrollings erkennt, aber unter einer fehlenden Priorisierung der Bedeutung des Personalcontrollings im Unternehmen leidet. Im Datenmaterial finden sich derartige Fälle, in denen sich das Personalmanagement zunächst zurückhalten und warten muss: *„Und da ist [...] immer das Thema, dass eigentlich [...] grad solche Themen [...] recht spät erst aufschlagen und dann dadurch letztendlich schon [...] die Entfaltungsmöglichkeiten oder auch die Wirksamkeit, [...] von dem was Sie tun könnten, überhaupt nicht im Unternehmen wirksam werden kann. Wenn Sie am Schluss bloß noch Schadensbegrenzung machen können [...] in irgendwelchen Verträgen irgendwelche Poison Pills drin sind, also sprich irgendwelche Abfindungsregelungen zum Beispiel, die den ganzen Kauf dann unrentabel werden lassen, da haben Sie dann keine Chance mehr. Wobei, wenn, das sind im Zweifelsfall zwar die bitteren Pillen dann aber auch in der Regel führt so was im Zweifelsfall beim nächsten Mal häufig doch zu 'ner besseren Einbindung des Personalcontrollings oder HR insgesamt. Aber ich mein das ist eigentlich das, was man ja vermeiden möchte, ne. Im Zweifelsfall dann lernen durch Schmerz" (PM9*; vgl. auch UL6). Der Kompromiss besteht dann darin, dass das Personalcontrolling bzw. sein Potenzial nicht an erster Stelle genutzt werden, sondern sich das Personalmanagement damit begnügt, dass es zu einem späteren Zeitpunkt zum Einsatz kommt: *„es geht anscheinend erst ein bisschen über, es muss über Schmerzen manchmal kommen. [...] Ich mein, wie gesagt, seit fast 20 Jahren. Mir ist das oft genug passiert, dass ich gesagt hab, denkt an [...], Sie kennen ja das mit den drei Affen. Und nichts passiert. Und irgendwann kam dann: Mensch, Du hast Recht gehabt. Ja, hätten wir das doch mal letztes Jahr schon mal aufgegriffen. [...] Man muss ja [...] davor gewappnet sein, dass man hier hin und wieder mal selber einen auf die Schnauze kriegt damit" (PM16).* Hierin kann eine Kompromisshandlung (vgl. Oliver 1991, S. 153-154) erkannt werden, die auf Ausgleich bedacht ist und nicht darauf drängt, eine aktive Widerstandsposition einzunehmen und beizubehalten. Ein solches Personalmanagement muss dennoch nicht als resignierend bezeichnet werden, sondern kann ein Personalmanagement darstellen, das eine informelle Bestrafungsmacht besitzt (vgl. Tyson/Fell 1986, S. 56). Es verwendet diese dazu, dass die Unternehmensleitung den Nachteil aus einer Vernachlässigung des Personalcontrollings – in Form des in den Interviews genannten Schmerzes – erkennt, damit eine Gesprächsbereitschaft entsteht, die zu einem Kompromiss führen kann.

Weiterhin zeigen sich auch Hinweise auf die Ausübung der Handlungsstrategie **„Widerstand"** durch das Personalmanagement. Bei den befragten Fällen ist jedoch nicht eindeutig erkennbar, ob der Widerstand tatsächlich darauf zurückzuführen ist, dass zwar die Unternehmensleitung, nicht aber das Personalmanagement, abhängig von Ressourcen dieser Austauschbeziehung ist. In diesem Fall würde von einer sequentiellen Dependenz (vgl. Thompson 1967, S. 54) gesprochen werden, weil nur die Ressourcen des einen Akteurs für den anderen Akteur erforderlich sind (Abhängigkeit der Unternehmensleitung bei Nicht-Abhängigkeit des Personalmanagements: ja/nein).

Der Widerstand kann jedoch auch inhaltlich begründet sein: *„Es gibt einige Aufgaben, die sind nur beim Manager angesiedelt. Da sagen wir von HR, das ist Aufgabe des Managers, da muss er selber sehen, wie er die Aufgabe hinkriegt. [...] da es nicht unser spezielles Themengebiet ist, können wir nur [...] die Kennzahl vergleichend nebeneinander stellen, aber wir können da keine Arbeitsvorschläge, keine Lösungen entwickeln, weil das unsere Kompetenz ganz einfach übersteigt" (PM15*; vgl. PM8). Diese Handlung allerdings ist auch rational nachvollziehbar, so dass hier nicht zwingend eine Widerstandshandlung in Olivers Sinn (vgl. 1991, S. 156-157) vorliegt. Dementsprechend kann auch das Hinterfragen von Forderungen als Widerstand verstanden werden, jedoch nicht im Sinne der Taktiken Ignoranz oder Attacke, sondern vielmehr als Herausforderung (vgl. Oliver 1991, S. 156), indem hinterfragt wird, was der eigentliche Bedarf hinter der Forderung ist: *„nicht nur so 'ne Fotografie machen vom Moment, sondern immer dann Maßnahmen ableiten [...] Weil da nur Datenfriedhöfe regelmäßig irgendwohin melden, die guckt sich keiner an" (PM4).* Mit einer solchen Zurückweisung der Forderung erfolgt ein Hinterfragen bzw. eine Herausforderung bestehender Vorstellungen oder Regeln im Hinblick darauf, dass durch das Personalmanagement das Unternehmen mitgestaltet bzw. beeinflusst wird. Mit dieser Handlungsstrategie geht dementsprechend ein hoher Grad an Aktivität des Personalmanagements einher.

Zu dieser Einschätzung passen auch die Aussagen der Interviewteilnehmer, die deutlich machen, dass das Personalmanagement sein Machtpotenzial wahrnimmt und realisiert, weil es erkennt, dass Personalcontrolling *„eine Selbstverständlichkeit und Grundlage für die anderen Arbeiten darstell[t]" (PM11)* und entsprechend von Interesse ist. Seine Macht drückt sich auch darin aus, dass sich das Personalmanagement *„als Gesprächspartner [...] etabliert, oder man geht halt proaktiv auch auf den Vorstand zu und sagt, guckt mal, was ich hier zu dem* *und dem Thema, strategischem Projekt [habe], diese oder jene Untersuchung. Und dann ist es dann am Vorstand zu entscheiden, ist es jetzt relevant" (PM9).* Auch deuten Aussagen auf die Wahrnehmung des Machtpotenzials und auf den Willen seiner aktiven Realisierung hin, die sich darauf beziehen, dass das Potenzial in der Verknüpfung der Information mit der eigenen Expertise besteht und nicht in der substituierbaren Ressource Controlling-Information (vgl. 6.4.1.1; 6.4.2): *„Mein Ziel ist, dass wir hier vom HR Bereich heraus nicht so dicht an bilanziellen Tätigkeiten zu sein brauchen, wie das historisch gewachsen im Moment noch so ist" (PM7;* vgl. auch PM17).

Es kann festgehalten werden, dass das Personalmanagement und die Unternehmensleitung in einen Austausch treten, wenn erstens beide Akteure Ressourcen des jeweils anderen Akteurs benötigen und keine alternativen Ressourcenquellen existieren und zweitens beide Akteure diese wechselseitige Abhängigkeit und Macht auch wahrnehmen und schließlich realisieren. Die Realisierung des Machtpotenzials findet ihren Ausdruck in unterschiedlichen Handlungsstrategien des Personalmanagements gegenüber der Unternehmensleitung und ihren Forderungen und Erwartungen.

6.6 Zusammenfassende Betrachtung vor dem Hintergrund des theoretischen Bezugsrahmens

Die Ergebnisse der Studie zeigen, dass eine wechselseitige Austauschbeziehung zwischen Personalmanagement (PM) und Unternehmensleitung (UL) möglich ist, weil beide Akteure Ressourcen kontrollieren, die jeweils für den anderen interessant sind und von diesem für die Erfüllung seiner Aufgaben benötigt werden. Aufbauend auf den Ergebnissen der Studie lässt sich die Abbildung des Bezugsrahmens der empirischen Studie (vgl. Abb. 21 in 4.4) abschließend konkretisieren (vgl. Abb. 26).

Bei den Ressourcen der Unternehmensleitung handelt es sich um (1a) **finanzielle** und (1b) **symbolische Ressourcen**, während (2a) **personalwirtschaftliche Informationen** und (2b) **professionelle Personalarbeit** die Ressourcen des Personalmanagements sind. Infolgedessen besitzt nicht nur die Unternehmensleitung (formale) Macht, sondern auch das Personalmanagement kann Macht über die Unternehmensleitung ausüben. Mit Blick auf die Ressourcen des Personalmanagements wird deutlich, dass seine Macht mit dem (3) Einsatz des **Personalcontrollings** einhergeht. Dieser verhilft dem Personalmanagement dazu, von der Unternehmensleitung im Austausch die Ressourcen zu erhalten, die es selbst benötigt.

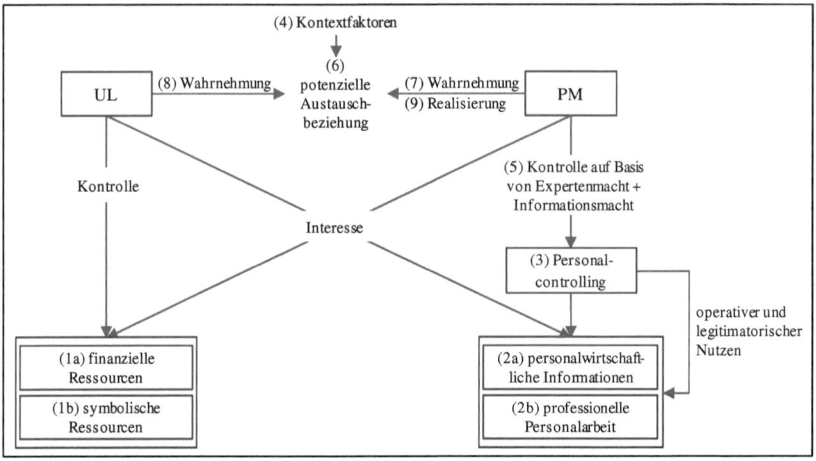

Abb. 26: Ergebnisse der Studie vor dem Hintergrund des theoretischen Bezugsrahmens

Soweit spiegeln die Ergebnisse den theoretischen Bezugsrahmen bzw. die theoretische Analyse (vgl. 4) wider. Jedoch zeigen sich in den Interviews trotz wechselseitiger Ressourcenkontrolle und Ressourceninteressen Unterschiede in den Ausprägungen der Austauschbeziehungen bzw. der Abhängigkeit und Macht des Personalmanagements und der Unternehmensleitung. Auf Basis des Datenmaterials lassen sich Hinweise zur Erklärung dieser unterschiedlichen Ausprägungen trotz wechselseitiger Ressourcenkontrolle und -interessen finden.

Das Zustandekommen und die Ausprägung der Austauschbeziehung zwischen Personalmanagement und Unternehmensleitung werden durch (4) diverse **Kontextfaktoren** beeinflusst. Das sind neben dem Vorhandensein alternativer Ressourcenquellen, welche die Macht eines Akteurs reduzieren, auch der Entwicklungsstand des Personalcontrollings im Sinne ihrer im Unternehmen praktizierten Ausprägung und Aufgabenschwerpunkte, die unternehmensinterne und -externe Bedeutung der Personalressource sowie die individuellen Akteure, die den Einsatz des Personalcontrollings fördern und Promotoren der Austauschbeziehung und des Personalcontrolling-Einsatzes darstellen (vgl. 6.4.1).

Weiterhin ergibt sich vor dem Hintergrund der Ressourcen des Personalmanagements sowie ihrer alternativen Quellen eine differenzierte Erkenntnis über die (5) Machtquellen des Personalmanagements. Beschränkt sich das Personalcontrolling auf eine ausschließliche Fokussierung auf (quantitative) Informationen, wird das Personalmanagement zu einer alternativen Quelle zum Finanzbereich „with a different set of measures and topic domains, [...] [and] its future indeed is likely to be dim" (Pfeffer 1997, S. 364), so dass sich das Machtpotenzial des Personalmanagements reduziert. Aus den Interviews kann vielmehr abgeleitet werden, dass nicht allein die Kontrolle von Informationen das Machtpotenzial für das Personalmanagement begründet, sondern die **Kombination von (nicht substituierbarem) Expertentum bzw. Expertenmacht und Informationsmacht** – zum Zwecke der Interpretation dieser Informationen und der Ableitung von Gestaltungsempfehlungen – die für die Unternehmensleitung wichtige Ressource darstellt (vgl. 6.4.2).

Vor dem Hintergrund der Ergebnisse ist hervorzuheben, dass von einer (6) **potenziellen Austauschbeziehung** und damit potenzieller Abhängigkeit und Macht auszugehen ist (vgl. 6.5.2). Dabei wird deutlich, dass insbesondere das Machtpotenzial des Personalmanagements einer aktiven Realisierung bedarf, weil dem Personalmanagement Macht nicht selbstverständlich zugeschrieben wird. Diese Realisierung jedoch wird durch die Wahrnehmung beider Akteure beeinflusst. Es konnten in diesem Zusammenhang drei Bedingungen für das Zustandekommen der Austauschbeziehung mit der Unternehmensleitung aus dem Datenmaterial identifiziert werden:

Erstens ist die (7) **Wahrnehmung seines eigenen Machtpotenzials** durch das Personalmanagement relevant. Dies geht mit einer Veränderung des Rollenverständnisses des Personalmanagements einher (vgl. 6.5.3). Zweitens sind die (8) **Wahrnehmung** der Macht des Personalmanagements und die **Zuschreibung von Legitimität** für das Personalmanagement und in der Folge die **Wahrnehmung der eigenen Abhängigkeit** durch die Unternehmensleitung erforderlich. Hierzu signalisiert das Personalmanagement seine Ressourcenkontrolle, z. B. durch Impression-Management-Taktiken. Aus den Ergebnissen wird klar, dass der Einsatz eines Personalcontrollings eine Grundlage der Ressourcen des Personalmanagements sein kann und die Wahrnehmung des Personalmanagements unterstützt, indem es seine ökonomische Steuerung und Professionalisierung der Personalarbeit fördert (operativer Nutzen) und zur Anerkennung des Personalmanagements führt (legitimatorischer Nutzen). Drittens ist die (9) **Realisierung des Machtpotenzials** durch das Personalmanagement mittels verschiedener Handlungsstrategien, die je nach Ausmaß der eigenen Abhängigkeit von der Unternehmensleitung passiv bis aktiv ausfallen, eine Bedingung für das Zustandekommen der Austauschbeziehung. Identifiziert werden konnten Einwilligungs-, Kompromiss- sowie Widerstandsstrategien und -handlungen.

Außerdem kann festgehalten werden, dass eine wechselseitige Austauschbeziehung zwischen Unternehmensleitung und Personalmanagement keine ausgewogene Machtbalance bedingt. Das Machtungleichgewicht zugunsten der Unternehmensleitung lässt sich mit der Aufbauorganisation und der hierarchischen Unterstellung des Personalmanagements erklären. Durch den Einsatz des Personalcontrollings kann sich die Macht und Abhängigkeit beider Akteure jedoch verändern, auch wenn nicht von einer vollkommenen Umkehr des Machtverhältnisses auszugehen ist. Ein solcher Fall wurde auch in der empirischen Studie nicht gefunden, jedoch ist das Personalmanagement im Rahmen seiner Rolle als strategischer Partner (vgl. PM12; PM17) in einigen Unternehmen machtvoller als in anderen Unternehmen, was diverse Gründe haben kann, die außerhalb des Bezugsrahmens liegen und daher nicht im Fokus der Studie lagen.

7 Schlussfolgerungen

7.1 Beiträge zur Diskussion von Personalcontrolling und Personalmanagement

7.1.1 Begriff und Gegenstand des Personalcontrollings

Mit Blick auf den legitimatorischen Nutzen des Personalcontrollings (vgl. 6.3.2) ist als eine Erkenntnis der Studie hervorzuheben, dass das Personalcontrolling sowohl die Personalarbeit verbessern als auch das Legitimitätsproblem des Personalmanagements mit Blick auf die Ökonomisierungsforderungen mindern kann. Dann lässt sich ein **(qualitativer) Zusammenhang zwischen dem operativen und dem legitimatorischen Nutzen** hervorheben, der bisher kaum Berücksichtigung in der Personalcontrolling-Literatur findet: Der operative Nutzen des Personalcontrollings selbst unterstützt den legitimatorischen Nutzen für das Personalmanagement. Das drückt sich darin aus, dass durch das Personalcontrolling die Qualität und der Erfolg der Personalarbeit gemessen und gesteigert werden können. Dies führt zur Anerkennung und Wahrnehmung der Personalarbeit und des Personalmanagements, so dass es zur Einbeziehung des Personalmanagements in die Entscheidungsfindungsprozesse im Unternehmen kommen kann (vgl. Kamoche 1994, S. 40; Buyens/De Vos 2001, S. 73; Wright 2008, S. 1069; PM12; PM17; PM18).

Der beschriebene Zusammenhang zwischen operativem Nutzen des Personalcontrollings für die Personalarbeit und legitimatorischem Nutzen für das Personalmanagement macht deutlich, dass die verschiedenen im Rahmen der Literaturanalyse identifizierten **Personalcontrolling-Perspektiven** (vgl. 2.2) gleichermaßen relevant sind. Sie müssen sich nicht gegenseitig ausschließen, sondern können gleichzeitig und nebeneinander bestehen. Die begriffliche Vielfalt der wissenschaftlichen Personalcontrolling-Diskussion findet sich somit in der Praxis wieder. Der Einsatz des Personalcontrollings durch das Personalmanagement erfolgt auch in Abhängigkeit des Kontextes der Austauschbeziehungen. Beispielsweise ist in einem Kontext, in dem die Bedeutung des Personals hoch ist und das Personalmanagement sowie der Einsatz des Personalcontrollings durch individuelle Promotoren gefördert werden, ein politisch oder legitimatorisch fokussiertes Personalcontrolling nicht vorrangig. Dort stehen vielmehr reflexionsorientierte und strategische Aufgaben im Vordergrund (vgl. PM17). Diese Erkenntnis unterstützt das Ergebnis der durchgeführten Literaturanalyse (vgl. 2.2.1), wonach die identifizierte Perspektivenvielfalt als Resultat der breiten begrifflichen Diskussion und des differenzierten Personalcontrolling-Einsatzes in der Praxis verstanden werden kann. Die

Studie leistet in diesem Sinne auch einen Beitrag zur begrifflichen Diskussion um die Identität des Personalcontrollings (vgl. auch Amalou/Süß 2011).

Anders als bisher in der Literatur vermutet (vgl. Scherm/Pietsch 2005), finden sich keine Hinweise für Personalcontrolling als **Rationalitätsmythos** bzw. für den Einsatz des Personalcontrollings als Legitimationsfassade (vgl. 6.3.3). Personalcontrolling wird als nutzenstiftendes Instrument verstanden und dieser Nutzen kritisch reflektiert. Die Interviews machen deutlich, dass ein operativer Nutzen substantiell ist und sich aus einer Reflexion der Personalarbeit ergibt. Diese Reflexion kann durch den Einsatz des Personalcontrollings angestrebt werden und geht über seine Nutzung als Kennzahlenlieferant hinaus (vgl. 2.2.4). Der operative Nutzen sowie die Fundierung von Personalarbeit und -entscheidungen werden auch darin deutlich, dass durch das Personalcontrolling die Professionalisierung der Personalarbeit und des Personalmanagements unterstützt wird (vgl. 6.3; 7.1.2; 7.3.1).

7.1.2 Einfluss des Personalcontrollings auf die Professionalisierung und die Rolle des Personalmanagements

Die theoretische und empirische Analyse in dieser Arbeit erweitern den Forschungsstand zum Einfluss des Personalcontrollings auf die Professionalisierung und die Rolle des Personalmanagements vor dem Hintergrund bestehender Ziel- und Rollenkonflikte.

Die Aussagen zum operativen Nutzen des Personalcontrollings (vgl. 6.3.1) verdeutlichen, dass das Personalcontrolling einen Treiber für die **Professionalisierung des Personalmanagements** darstellen kann. So wird von den Interviewteilnehmern die wissenschaftliche Auffassung im Rahmen der Professionalisierungsdiskussion geteilt, dass durch den Einsatz des Personalcontrollings eine Adaption der finanzwirtschaftlich geprägten Unternehmenssprache und -strategie erfolgt. Dementsprechend dient der Einsatz des Personalcontrollings der Professionalisierung der Personalarbeit und des Personalmanagements, indem hierdurch die Probleme einer traditionellen, administrativen Personalarbeit aufgehoben und Personalthemen ökonomisch fundiert, hierzu anerkannte Managementinstrumente genutzt werden und darauf hingewiesen wird, dass im Personalmanagement ein unternehmerischer Beitrag geleistet und betriebswirtschaftliches Wissen angewandt wird: „One implication of the adoption of human capital metrics was the greater ability to relate HR concerns to wider business issues" (Elias/Scarbrough 2004, S. 31; vgl. auch Dolan/Cannings 1995, S. 521). Damit einher gehen eine strategische Ausrichtung des Personalmanagements und die (weitere) Entwicklung des Personals zu einem nachhaltigen Wettbewerbsvorteil (vgl. Barney/Wright 1998, S. 44; Stein 2010, S. 203; Kinsey 2012, S. 16-18).

Vor diesem Hintergrund bestätigen die Erkenntnisse der Studie auch die Diskussion zum Beitrag des Personalcontrollings hinsichtlich der **Rollenveränderung des Personalmanagements**, nach der die „adoption of systems of human capital evaluation was linked to the attempted reformulation of the HR function as a 'strategic partner' within the organisation" (Elias/Scarbrough 2004, S. 28; vgl. auch Lawler 2005, S. 168; Levenson 2005, S. 28; 6.2.1). In den Interviews wird jedoch auch hervorgehoben, dass eine ökonomische Ausrichtung des Personalmanagements eine Herausforderung für die Mitarbeiter darstellt. Es wird deutlich, dass Personalcontrolling in den befragten Unternehmen unterschiedlich eingesetzt wird und in der Folge auch einen unterschiedlichen Nutzen für das Personalmanagement und seine Professionalisierung stiftet. Als Grund hierfür werden in den Interviews wie in der Literatur die veränderten Anforderungen an die erforderlichen Fähigkeiten der Personaler genannt, die ein mögliches Hindernis für die Einnahme einer neuen, strategischen Rolle darstellen: „Because becoming a strategic partner means an entirely new role for HR, it may have to acquire new skills and capabilities" (Ulrich 1998, S. 129). Die Professionalisierung erfordert in diesem Sinne einen entsprechenden Rollenwandel (vgl. PM18), der sich in kognitiven Veränderungen der Personaler bis hin zu einer neuen Personaler-Generation ausdrückt (vgl. z. B. UL6; 6.5.3). Vor diesem Hintergrund trägt die Studie dazu bei, die u. a. von Ulrich (1997a) angestoßene Diskussion um die Rolle und Professionalität des Personalmanagements zu ergänzen, indem mit Personalcontrolling ein Instrument identifiziert wird, das zur Erfüllung unternehmerischer Steuerungsaufgaben beiträgt (vgl. Tootell et al. 2009, S. 390).

Weiterhin lässt sich mit der Studie bestätigen, dass mit der Professionalisierung unternehmerische Ziele in das traditionell soziale Ziele verfolgende Personalmanagement Einzug nehmen (vgl. z. B. PM4). In der Literatur wird diese Zielpluralität teilweise kritisch betrachtet, weil sie in einen Ziel- und Rollenkonflikt münden kann (vgl. z. B. Tyson 1999, S. 51; Francis/Keegan 2006, S. 246; Krings 2012, S. 35). Im Rahmen eines solchen Konflikts kann das Personalmanagement den Einsatz des Personalcontrollings entweder daran ausrichten, was im Unternehmen Konsens bzw. das geteilte Werteverständnis ist, z. B. eine ökonomische, zahlenbasierte Orientierung. Es kann aber auch seine Rolle darin sehen, anders zu argumentieren, als die anderen Akteure im Unternehmen (vgl. hierzu auch Messner et al.

2008, S. 152) und eine Unvereinbarkeit der sozialen und unternehmerischen Ziele zu vertreten. Die Aussagen der Interviewteilnehmer deuten jedoch auf einen Mittelweg hin und machen deutlich, dass trotz einer quantitativen, ökonomischen Ausrichtung des Personalmanagements keine Vernachlässigung sozialer oder anderer qualitativer personalwirtschaftlicher Themen erfolgen muss (vgl. z. B. PM17). Die Studie stellt folglich die Relevanz einer ökonomischen neben – nicht anstatt – einer sozialen Orientierung des Personalmanagements und somit ihre Vereinbarkeit heraus. Weiterhin konnte festgestellt werden, dass die Balance zwischen verschiedenen Zielen durch den Kontext beeinflusst wird, z. B. vor dem Hintergrund der zunehmenden Bedeutung des Personals und des Personalcontrollings (vgl. 6.4.1). Folglich besteht eine Erkenntnis der Studie darin, dass das Personalcontrolling das Personalmanagement darin unterstützt, die Herausforderung einer **Balance zwischen ökonomischer und mitarbeiterorientierter Personalarbeit** zu bewältigen (vgl. PM5; PM12; PM18; Francis/Keegan 2006; Chenhall/Langfield-Smith 2007, S. 273; Demmer 2010, S. 28).

7.1.3 Einfluss des Personalcontrollings auf die Legitimität, die Wahrnehmung und die Macht des Personalmanagements

Sowohl die theoretische als auch die empirische Analyse machen deutlich, dass das Personalcontrolling eine Ressource des Personalmanagements darstellt, die im Rahmen der Austauschbeziehung zwischen Unternehmensleitung und Personalmanagement Legitimität schafft. Aus theoretischer Sicht erfolgt dies auf drei verschiedene Arten (vgl. 4.2.4): Die erste Art der Legitimität bezieht sich auf die Legitimität für die Unternehmensleitung. Diese erhält Legitimität, indem sie durch das Vorhandensein eines Personalcontrollings im Unternehmen dem institutionellen Druck der externen Umwelt nach rationaler Steuerung von Personal und Personalarbeit entsprechen kann (**externe kognitive Legitimität**). Zweitens erhält das Personalmanagement durch Personalcontrolling Ressourcen, die es bei der Unternehmensleitung gegen Legitimität tauschen kann. Diese ist dann im Sinne einer symbolischen Austauschressource zu verstehen (**Legitimitätsressource**). Drittens resultiert aus dem Einsatz des Personalcontrollings Legitimität des Personalmanagements gegenüber der Unternehmensleitung bezogen auf ihre Wahrnehmung des Personalmanagements als potenzieller Austauschpartner sowie seiner Austauschressourcen. Diese Legitimität ermöglicht überhaupt, dass die Austauschbeziehung zustande kommt und die Unternehmensleitung ihre Abhängigkeit von den konkreten Ressourcen des Personalmanagements wahrnimmt (**a-priori-Legitimität**).

Die empirische Analyse unterstützt die theoretische Annahme über den positiven Einfluss des Personalcontrollings auf die (a-priori-)Legitimität und die Wahrnehmung des Personalmanagements (vgl. 3.2.6; 4.2.3.2). Die Studie zeigt, dass der Nutzen des Personalcontrollings für das Personalmanagement neben dem operativen Nutzen für die Personalarbeit auch darin besteht, die Legitimität des Personalmanagements und seiner Personalarbeit zu fördern (vgl. 6.3). Dies gelingt durch eine akzeptierte, ökonomische und vielfach quantitative Argumentationsbasis, die die Anerkennung des Personalmanagements und seines Wertbeitrags unterstützt (vgl. z. B. UL7). Somit erweitert die Studie den Blick auf den in der Literatur als einseitig entweder objektiv rational und operativ oder subjektiv rational und legitimatorisch bewerteten Nutzen des Personalcontrollings (vgl. 2.2).

Aus der identifizierten Relevanz der a-priori-Legitimität wird weiterhin die im Bezugsrahmen hervorgehobene **Bedeutung von Wahrnehmung** deutlich (vgl. 3.2.6; 3.3). Die Bedeutung der Wahrnehmung von Macht und Abhängigkeit resultiert daraus, dass Macht ein Phänomen der Zuschreibung im Sinne der „definition of social reality created by participants as well as by their control over resources" (Pfeffer/Salancik 2003, S. 259) ist. Auch ist Wahrnehmung unter der Annahme bedeutsam, dass ein Personalmanagement in einen nicht nur einseitigen, sondern reziproken Austausch mit der formal mächtigeren Unternehmensleitung treten will.

Die theoretische und die empirische Analyse (vgl. 4.2.3.2; 6.5.2) zeigen, dass trotz Kontrolle des Personalcontrollings bei gleichzeitigem Interesse der Unternehmensleitung am Personalcontrolling kein Austausch zustande kommen muss, wenn es an der Wahrnehmung des Ressourceninteresses bzw. der Ressourcenkontrolle mangelt (vgl. UL7). Als Voraussetzung für das Zustandekommen einer von Macht und Abhängigkeit geprägten Austauschbeziehung konnte abgeleitet werden, dass das Personalmanagement überhaupt als potenzieller Austauschpartner wahrgenommen wird (vgl. Beatty/Huselid/Schneier 2003, S. 107) und die Unternehmensleitung ihre eigene Abhängigkeit von dem Personalmanagement erkennt. Die Interviews zeigen jedoch auch, dass nicht nur die Wahrnehmung der Unternehmensleitung ausschlaggebend für das Zustandekommen des Austausches mit dem Personalmanagement ist, sondern auch dessen eigene Wahrnehmung. Ein Personalmanagement, das nicht wahrnimmt, dass es Ressourcen kontrolliert, die für die Unternehmensleitung interessant sind, lässt sein eigenes Machtpotenzial ungenutzt. Nimmt es dagegen die Abhängigkeit der Unternehmensleitung von seinen Ressourcen und damit seine potenzielle Macht wahr, kann es diese realisieren, indem es der Unternehmensleitung seine Ressourcen aktiv zum Austausch anbietet und dafür im Gegenzug Ressourcen der Unternehmensleitung einfordert. Vor diesem Hintergrund ist die Wahrnehmung beider Austauschakteure gleichermaßen relevant.

Hieraus wird deutlich, dass die Arbeit zu einem Erkenntnisgewinn hinsichtlich der **Macht des Personalmanagements** beiträgt. Dies gelingt, weil die Interviews ein differenziertes Verständnis der Ressourcen des Personalmanagements aufzeigen, indem hervorgehoben wird, dass nicht die reine (quantitative) Information aus dem Personalcontrolling die wichtige Ressource darstellt, sondern die (qualitative) Interpretation, Maßnahmenformulierung und Beratungsleistung (vgl. 6.4.2).

Diese Erkenntnis ist auch auf Basis des Resource-Based-View zu untermauern. Aktuelle Diskussionen im Rahmen des Resource-Based-View über seine Mikrofundierung fokussieren die Rolle von Individuen bei der Erarbeitung nachhaltiger Wettbewerbsvorteile (vgl. Barney/Ketchen/Wright 2011, S. 1308-1309; Coff/Kryscynski 2011) und lassen sich zur Fundierung der Diskussion über die Austauschbeziehung zwischen Unternehmensleitung und Personalmanagement heranziehen: Die Aussagen der Interviewteilnehmer machen deutlich, dass erst die Verknüpfung der Personalcontrolling-Informationen mit personalwirtschaftlichem Expertenwissen dazu führt, dass diese wertvoll, einzigartig und nicht imitier- und substituierbar sind: *„das ist [...] [der] Unterschied zwischen erfolgreichem Personalcontrolling und reiner Buchhaltung" (PM4*; vgl. 6.4.2). Dementsprechend stellen die Kontrolle von Informationen und Expertentum ein Machtpotenzial (aus Sicht der Resource-Dependence-Theorie) bzw. einen Wettbewerbsvorteil (aus Sicht des Resource-Based-View) des Personalmanagements dar. Das Personalmanagement sichert sich diesen Wettbewerbsvorteil, indem es solche Ressourcen kontrolliert, die für das Unternehmen oder wichtige Austauschpartner im Unternehmen strategisch wichtig sind. Als aktiv agierender Akteur richtet das Personalmanagement seine Ressourcenausstattung derart aus, dass es hieraus nachhaltige Vorteile im intraorganisationalen Wettbewerb um finanzielle und nicht-finanzielle, symbolische Ressourcen erlangt. Folglich erweitert die vorliegende Arbeit den Erkenntnisstand über die Austauschressourcen des Personalmanagements.

Mit der Einbeziehung des Resource-Based-View in die Argumentation wird weiterhin eine Möglichkeit aufgezeigt, der Forderung nach der Verknüpfung der Resource-Dependence-Theorie mit dem Resource-Based-View zu entsprechen und eine Erklärung dafür zu finden, wie sich die Kontrolle von Wettbewerbsvorteilen begründet (vgl. Hillman/Withers/Collins 2009, S. 1417).

Weiterhin kann festgehalten werden, dass die Arbeit einen theoretischen Beitrag zur differenzierten Betrachtung des Personalcontrollings liefert. Im Gegensatz zu bisherigen Studien zum Personalcontrolling, die überwiegend anwendungsorientiert sind und sich beispielsweise auf die Deskription der Methoden und Adressaten des Personalcontrollings beschränken (vgl. z. B. Metz/Knauth 1994; DGFP e. V. 2007; Wickel-Kirsch 2013), sind die Ergebnisse in dieser Arbeit auch **theoretisch fundiert**. Vor dem Hintergrund der Theorie(anwendungs)diskussion in der personalwirtschaftlichen Forschung (vgl. z. B. Wright/McMahan 1992, S. 296; Martin/Nienhüser 1998, S. 11-15; Nienhüser 2002; Festing et al. 2004, S. 5; Süß 2004, S. 223) knüpft diese Arbeit daher an die Reihe der Arbeiten ein, die die konstatierte Theoriearmut verringern bzw. die theoretische Fundierung im Personalmanagement weiterentwickeln.

7.2 Beiträge zur Diskussion von intraorganisationalen Austauschbeziehungen

7.2.1 Doppelrolle der Legitimität und die Dynamik intraorganisationaler Beziehungen

Im Rahmen der Resource-Dependence-Theorie wird **Legitimität als Austauschressource** verstanden. Jedoch zeigt die Studie, dass Legitimität eine Doppelrolle innerhalb von Austauschbeziehungen besitzt, denn sie beeinflusst die Wahrnehmung über einen Akteur und seine Ressourcen und sorgt dafür, dass a-priori, d. h. vor der Erfahrung des Austausches, ein möglicherweise bisher nicht wahrgenommener Austauschpartner als solcher erkannt wird. A-priori-Legitimität kann folglich als eine **Bedingung für das Zustandekommen einer Austauschbeziehung** verstanden werden. Diese Legitimitätszuschreibung ist differenziert zu betrachten: Zum einen erfolgt die Wahrnehmung im Sinne der Zuschreibung soziopolitischer Legitimität auf Basis der Übereinstimmung erwünschter bzw. anerkannter Werte. Zum anderen ist die Zuschreibung kognitiver Legitimität davon abhängig, ob die Aktivitäten des Akteurs akzeptiert bzw. verstanden werden (vgl. Aldrich/Fiol 1994, S. 645-646; Messner et al. 2008; 3.4.2).

Für die Diskussion intraorganisationaler Austauschbeziehungen ist diese Erkenntnis von Bedeutung, weil sie der Erklärung für das Zustandekommen von Austauschbeziehungen dient. Sie erweitert das Verständnis von Ressourcenabhängigkeit, indem sie auch die

Abhängigkeit von a-priori-Ressourcen, wie der a-priori-Legitimität, verdeutlicht. Diese Ressourcen können im Sinne eines Vorschusses verstanden werden, weil sie als Voraussetzung der Wahrnehmung und in der Folge des Austausches fungieren. Folglich lässt sich die in der Literatur beschriebene wahrnehmungsbeeinflussende Bedeutung von Legitimität auf Austauschbeziehungen übertragen und festhalten, dass „legitimacy is a necessary, if not sufficient, condition for a superior corporate reputation" (Galang/Elšik/Russ 1999, S. 46).

Weiterhin wird deutlich, dass die beiden Rollen der Legitimität nicht unverbunden nebeneinander stehen, sondern im Rahmen einer „in Gang gebrachten" Austauschbeziehung sukzessive ineinander übergehen. Diese **prozessuale Sichtweise** zeigt sich auch (1) in den dem Austausch vorgelagerten Aktivitäten, wie z. B. der Beeinflussung der Wahrnehmung eigener Ressourcen, (2) in den Aktivitäten im Rahmen des Austausches, z. B. (institutionelle) Erwartungen und Forderungen, die mit dem Austausch verbunden werden, sowie (3) in den dem Austausch nachgelagerten Aktivitäten, die beispielsweise auf die Verringerung der Abhängigkeit abzielen. Diese Sichtweise geht über den austauschtheoretischen Bezugsrahmen auf Basis der Resource-Dependence-Theorie (vgl. 3.2.6) hinaus, nach dem die Ressource Legitimität zu einem Zeitpunkt nachgefragt und getauscht wird, vorangegangene oder nachfolgende Aktivitäten jedoch unberücksichtigt bleiben, während sie in den erweiterten Handlungsstrategien nach Oliver (1991; vgl. 3.4.3.1) und in den Balancierungsoperationen nach Emerson (1962; vgl. 3.2.5) implizit und damit in dem erweiterten austauschtheoretischen Bezugsrahmen (vgl. 3.5) berücksichtigt sind.

Auch wird die Bedeutung einer **dynamischen Betrachtung von Austauschbeziehungen** bzw. ihrem Kontext deutlich (vgl. z. B. Finkelstein 1992, S. 508; 6.4.1). In der Resource-Dependence-Theorie ist dieser Kontext in den drei Determinanten Ressourceninteresse, -kontrolle und -konzentration angelegt. Am deutlichsten wird dies bei der Ressourcenkonzentration, d. h. dem Vorhandensein alternativer Ressourcenquellen. Diese kann sich verändern, wodurch das Machtpotenzial eines Akteurs variabel ist (vgl. Hardy/Clegg 2006, S. 757). Zum Kontext gehören außerdem Akteure außerhalb der Austauschbeziehung, die nicht nur als alternative Ressourcenquellen, sondern als Promotoren der Austauschbeziehung auftreten können (vgl. 6.4.1.4). Die Dynamik bezieht sich weiterhin nicht nur auf Veränderungen der Ressourcenkontrolle, sondern auch auf die Veränderung des Ressourceninteresses eines abhängigen Akteurs.

7.2.2 Macht in intraorganisationalen Beziehungen

Austauschbeziehungen sind intraorganisational zwischen hierarchisch über- bzw. untergeordneten Akteuren möglich. Die Resource-Dependence-Theorie erklärt hierarchieübergreifende Austauschbeziehungen insbesondere mit einer hohen Ressourcenkonzentration, d. h. dem Fehlen alternativer Ressourcenquellen. Eine erweiterte Erklärung dieser hierarchieübergreifenden Macht und Abhängigkeit erfolgt im Rahmen der theoretischen Analyse durch die Einbeziehung von Machtquellen-Typisierungen (vgl. 3.3). Diese konkretisieren die in der Theorie unbestimmt gehaltenen **Gründe für die Kontrolle von Ressourcen sowie den Ressourcengegenstand**. Neben formalen Machtquellen sind es informelle Machtquellen in Form von nicht-personenbezogenen bzw. strukturellen oder personenbezogenen Machtquellen, die die Macht untergeordneter Akteure begründen können. Mit dieser Erweiterung lässt sich ein Verständnis der Resource-Dependence-Theorie unterstützen, das aufgrund seiner vernachlässigten Anwendung für intraorganisationale Beziehungen in der Forschung aus dem Blick geraten kann.

Insgesamt können aus der theoretischen und empirischen Analyse zwei Voraussetzungen für das Zustandekommen von Austauschbeziehungen abgeleitet werden, die gleichermaßen die Ausprägung der Austauschbeziehungen beeinflussen. Als eine Voraussetzung ist die **Wahrnehmung der Akteure** zu betrachten. Das ist damit zu begründen, dass die Reziprozität in Austauschbeziehungen nicht nur eine zentrale Bedeutung für den Austausch besitzt (vgl. Frooman 1999, S. 196). Sie ergibt sich vielmehr auch aus der Wahrnehmung der Macht und der Abhängigkeit, die dem Austausch zugrunde liegen. Die Ergebnisse dieser Arbeit bestätigen den Bedarf einer verstärkten Berücksichtigung von Wahrnehmungsprozessen im Rahmen der Betrachtung von Austauschbeziehungen (vgl. Gebert 1998, S. 263-264). Das ist vor dem Hintergrund der beschränkten Rationalität der Akteure (vgl. Simon 1957; 3.2.3) nachvollziehbar. Die Wahrnehmung von Macht und Abhängigkeit kann dabei als Bedingung für das Zustandekommen einer Austauschbeziehung aufgefasst werden: Wenn beide Akteure ihre Ressourcenkontrolle sowie ihr Ressourceninteresse erkennen, kommt es zur Wahrnehmung der potenziellen Abhängigkeit von dem bzw. der potenziellen Macht über den anderen Akteur (vgl. 6.5.2). Insbesondere im Falle mehrerer Ressourcenalternativen ist die Zuschreibung ein entscheidendes Kriterium für die wahrgenommene Abhängigkeit bzw. Macht (vgl. hierzu auch Pfeffer/Salancik 2003, S. 259).

Die **Machtrealisierung** stellt eine weitere Voraussetzung für das Zustandekommen von Austauschbeziehungen dar. Die Studie zeigt, dass das Vorliegen der drei theoretischen Determinanten Ressourcenkontrolle, -interesse und -konzentration allein das Zustandekommen sowie die Ausprägung einer Abhängigkeitsbeziehung nicht erklärt (vgl. 6.5.1). Es wird vielmehr klar, dass die in der Literatur getroffene Differenzierung zwischen potenzieller und realisierter Macht (vgl. Brass/Burkhardt 1993) bzw. auch der „skillful use of resources" (Pettigrew 1974, S. 27; vgl. auch Provan/Beyer/Kruytbosch 1980, S. 200) für die Untersuchung von Austauschbeziehungen relevant ist. Erst wenn Akteure – bewusst oder unbewusst – handeln, realisieren sie das Machtpotenzial aus ihrer Ressourcenkontrolle und es kommt ein Austausch zustande. Folglich ist es für die Ausübung eines Austausches bedeutsam, ein gegenüber einem anderen Akteur bestehendes Machtpotenzial in tatsächliche Macht zu überführen. Das gelingt, wenn der Akteur in der Lage ist, „to control access and use of the resources on which others depend" (Pfeffer 1981a, S. 106).

Als eine Ausnahme für diese Realisierungsnotwendigkeit wurde in anderen Studien die Positionsmacht identifiziert. Sie wird dem hierarchisch höchsten Akteur von anderen Akteuren zugeschrieben, ohne dass dieser seine Macht tatsächlich ausüben muss (vgl. Brass/Burkhardt 1993, S. 441; Ward 1998, S. 364). Die vorliegende Studie zeigt allerdings, dass in wechselseitigen Austauschbeziehungen hierarchieübergreifende bzw. -unabhängige Macht möglich ist. In diesen Fällen wird die Positionsmacht zwar nicht in Frage gestellt, ihr wird jedoch mit (aktiven) Handlungsstrategien begegnet (vgl. 6.5.5), so dass auch formale Macht zunächst nur ein Machtpotenzial darstellt.

Zusammenfassend besteht die Erkenntnis darin, dass die Kontrolle über wichtige Ressourcen nicht ausreichend ist, um Macht über einen anderen Akteur zu besitzen. Vielmehr ist das Ergreifen der potenziellen Macht durch ihre Nutzung bzw. Realisierung entscheidend (vgl. Hardy/Clegg 2006, S. 757; Clegg/Kornberger/Pitsis 2008, S. 263).

7.3 Implikationen für die Praxis

7.3.1 Ausprägungen des Personalcontrollings sowie Nutzen für das Personalmanagement

In den befragten Unternehmen finden sich unterschiedliche **Ausprägungen des Personalcontrollings**, von einem finanzorientierten Kostencontrolling bis hin zu einem strategischen Workforce Planning (vgl. 6.4.1.2). Das ist mit Blick auf die vielfältigen Gründe für seine Einführung in Unternehmen, z. B. zur Nachhaltigkeitsberichterstattung (vgl. PM3; PM14; UL5), nicht verwunderlich. Dementsprechend variieren auch die Aufgaben des Personalcontrollings. Es kann zur Standardisierung, Transparenzschaffung und Dokumentation beitragen (vgl. z. B. UL8), aber auch strategische Relevanz besitzen und in die Entscheidungsfindung eingehen (vgl. z. B. PM17). Aus der Ambivalenz eines Controllings im Personalmanagement, d. h. einer Zahlenorientierung bei gleichzeitiger Berücksichtigung der Besonderheiten des Personals (vgl. 2.1.3), ergibt sich ein Verständnis von Personalcontrolling als „kreatives Erbsenzählen" (vgl. z. B. PM13; PM15), das neben der Datenerfassung und -aufbereitung auch einen Beitrag zur (unternehmerischen) Lösungs- und Maßnahmenfindung leisten kann. Anders als es in kritischen Auseinandersetzungen mit dem Instrument Personalcontrolling diskutiert wird (vgl. z. B. Pietsch 2006), entsteht auf Basis der Interviewaussagen folglich der Eindruck, dass sich eine gleichzeitige Beachtung der Besonderheiten des Personals und dessen rationale Steuerung nicht widersprechen müssen. Vielmehr erfährt die (traditionell geprägte) Personalmanagement-Funktion eine Ergänzung um strategische und unternehmerische Fragestellungen, die die Bemühungen des Personalmanagements um ein neues Selbstverständnis prägen (vgl. Elšik 1990, S. 408). Die Interviewstudie bestätigt somit die breite Vielfalt des Personalcontrollings, wie sie sich in der Literatur wiederfindet (vgl. 2.2; 7.1.1).

Die Praxisliteratur geht in ihrer Auseinandersetzung mit dem Personalcontrolling hauptsächlich auf die mit seinem Einsatz verbundenen operativen Aufgaben und Ziele ein (vgl. z. B. Gutschelhofer/Sailer 1998, S. 190; DGFP e. V. 2007, S. 9-10; 2.1.2). Nur vereinzelt und mit Hinweis auf einen hierzu bestehenden Nachholbedarf wird auf den legitimatorischen Nutzen des Personalcontrollings verwiesen (vgl. z. B. Wickel-Kirsch 2013). Die Studie macht im Gegensatz jedoch deutlich, dass die operativen Aufgaben und Ziele des Personalcontrollings nicht losgelöst von der Legitimationsfunktion des Personalcontrollings zu betrachten sind. So konnte festgestellt werden, dass Personalcontrolling im Unternehmen zum Zweck der Legitimation eingesetzt werden kann, ohne dass dies seinen operativen Nutzen konterkariert. Vielmehr kann sich das Personalmanagement durch den Einsatz des Personalcontrollings „Gehör verschaffen" (Kobi 2002b, S. 42) und gleichzeitig seine eigene Leistung verbessern, weil das Personalcontrolling eine systematische, transparente und professionelle Personalarbeit unterstützt. Auch wenn nicht in allen befragten Fällen ein legitimatorischer Nutzen durch den Einsatz des Personalcontrollings intendiert wird, ist dieser aufgrund des positiven Einflusses einer verbesserten Personalarbeit auf die Anerkennung des

Personalmanagements möglich. Die Kenntnis beider Nutzen kann insbesondere für die Ein- bzw. Durchführung des Personalcontrollings relevant sein, weil das Personalmanagement hieraus verschiedenen Nutzen zieht, ohne **Nutzenpotenziale** unbewusst außer Acht zu lassen.

In diesem Zusammenhang ist auch die Quantifizierung qualitativer personalwirtschaftlicher Aspekte zu sehen: Die Aussagen der Interviewteilnehmer machen deutlich, dass bei dem Einsatz des Personalcontrollings die **methodischen Probleme** Berücksichtigung finden (vgl. 6.3.3). Trotz der Probleme von Ökonomisierung und Quantifizierung des Personaleinsatzes und der Personalarbeit wird nicht vollständig darauf verzichtet oder auf ein rein qualitatives Personalcontrolling abgestellt. Vielmehr erfolgt eine Quantifizierung z. B. durch Vergleiche im Zeitablauf, durch konzerninterne Vergleiche mit Tochtergesellschaften oder durch externes Benchmarking (vgl. z. B. PM1; PM4; PM15; PM17). Folglich zeigt die Studie, dass in der Praxis praktikable, unternehmensspezifische Lösungen für die Probleme des Personalcontrollings gefunden werden, die dazu führen, dass der Einsatz des Personalcontrollings tatsächliche Vorteile für die Personalarbeit mit sich bringt. Die Studie geht an dieser Stelle somit auch über die in der Personalcontrolling-Diskussion dominierende Problematisierung der Schwächen des Personalcontrollings (vgl. 2.1.3) hinaus, indem sie den lösungsorientierten, pragmatischen Umgang der Praxis mit diesen Schwächen einbezieht.

7.3.2 Macht des Personalmanagements und seine Austauschbeziehung mit der Unternehmensleitung

Die Austauschbeziehung zwischen Personalmanagement und Unternehmensleitung zeichnet sich dadurch aus, dass das Personalmanagement abhängig von der Unternehmensleitung und ihren Ressourcen ist. Es zeigt sich jedoch in der theoretischen und empirischen Analyse auch, dass die Unternehmensleitung ebenfalls vom Personalmanagement abhängig sein kann und sich dieser Abhängigkeit auch bewusst ist (vgl. UL1; UL5). Dies ist zum Beispiel mit der steigenden Relevanz der Personalressource in der Praxis und daraus folgend der Steuerung der aus der Personalressource resultierenden Wettbewerbsvorteile und Risiken für das Unternehmen zu erklären (vgl. 6.4.1.3). Folglich kontrolliert das Personalmanagement Ressourcen, die für die Unternehmensleitung von Interesse sind und die somit seine Macht gegenüber der Unternehmensleitung begründen. Eine derartige Ressource ist das Personalcontrolling, mit der den externen, institutionellen Erwartungen über die Steuerung des Personals entsprochen werden kann. In der Folge ist die Austauschbeziehung nicht zwingend durch ein einseitiges Abhängigkeitsverhältnis gekennzeichnet und das Personalmanagement kann im Rahmen aktiver Handlungsstrategien seine Macht ausüben (vgl. 6.5.5).

Die Arbeit zeigt somit, dass die in der Literatur diskutierte vernachlässigte Bedeutung des Personalmanagements in Unternehmen (vgl. z. B. Barney/Wright 1998, S. 31) nicht zwingend ist, sondern Potenzial für eine machtvollere Position (gegenüber der Unternehmensleitung) besteht. Das Personalmanagement ist somit nicht per se machtlos, seine Macht ist vielmehr von seiner Ressourcenkontrolle und dem Ressourceninteresse der Austauschpartner abhängig. In diesem Zusammenhang konnten zwei die Macht des Personalmanagements begründende Quellen aus der Studie identifiziert werden (vgl. auch Amalou/Süß 2013c).

Erstens stellt die **personalwirtschaftliche Expertise** eine Machtquelle dar. Die Interviews machen deutlich, dass die reine Kontrolle des Personalcontrollings nicht ausreicht, damit das Personalmanagement im Unternehmen mächtig ist. Zwar kann es einen Türöffner darstellen (vgl. z. B. PM4; PM13; PM16), jedoch wird im Unternehmen im Rahmen der inhaltlichen Diskussion und Entscheidungsfindung auch ein substantieller Beitrag vom Personalmanagement erwartet. Diesen kann das Personalmanagement auf Grundlage seiner Expertise erbringen (vgl. 6.4.2). Der Einsatz des Personalcontrollings kann diese Expertise nicht ersetzen, aber fundieren. Das ist relevant mit Blick auf die Merkmale der Einzigartigkeit bzw. Seltenheit einer nicht substituierbaren Ressource (vgl. 3.3): Die Ressourcen des Personalmanagements müssen nicht nur wertvoll, sondern auch selten sein und dürfen nicht substituiert werden können, wenn sie seine Macht begründen sollen (vgl. auch Barney/Wright 1998, S. 44; 7.1.3). Gerade mit Blick auf die Adaption diverser Methoden aus anderen Fachbereichen des Unternehmens (vgl. 2.1.2) werden die Akteure aus eben diesen Bereichen Ressourcen in Konkurrenz zum Personalmanagement anbieten können. Folglich verwundert es nicht, dass die Interviewteilnehmer konkrete alternative Quellen für die Ressourcen des Personalmanagements nennen (vgl. 6.4.1.1). So kontrolliert ein Personalmanagement, das sich auf ein reines Kosten- und Budgetcontrolling beschränkt, dementsprechend keine Ressourcen, die nicht auch durch das Finanzcontrolling geliefert werden könnten (vgl. 6.4.2). Der Wettbewerbsvorteil im internen Wettbewerb der Ressourcenallokation bedarf laut Aussagen der Interviewteilnehmer vielmehr einer Weiterentwicklung der strategischen und operativen Steuerung des Personals auf Basis der Expertise des Personalmanagements. Dieser Herausforderung kann das Personalmanagement mit Hilfe des Personalcontrollings begegnen, wenn dieses Informationen liefert, die einen Bezug zum Geschäft des Unternehmens und zu der aktuellen Situation besitzen: *„man sollte sich schon überlegen, was sind momentan die Themen, die eine Unternehmensleitung hat und wie kann ich die unterstützen, jetzt aus [...] Personalsicht unterstützen" (PM4;* vgl. auch PM7).

Zweitens basiert Macht auf dem gezielten **Einsatz von Kommunikationstaktiken**. Es wird deutlich, dass die Macht eines Akteurs auch „from the image that person has in the eyes of other members in the organization" (Drory/Zaidman 2006, S. 75) abhängt. Folglich ist die Macht des Personalmanagements von seiner Wahrnehmung und Legitimitätszuschreibung durch die Unternehmensleitung abhängig (vgl. Wright et al. 1997, S. 3; Wright 2008, S. 1069; Brandl/Pohler 2010, S. 1025; Weißenberger et al. 2012, S. 332-333; 6.5.2). Diese Wahrnehmung ist jedoch nicht selbstverständlich, was mit dem teilweise schwachen Status des Personalmanagements in Unternehmen einhergeht (vgl. Legge 1978, S. x-xi; Harpaz/Meshoulam 1997, S. 122-123; Farndale/Hope-Hailey 2009, S. 399; 4.2.3.2). Um der Unternehmensleitung seine Ressourcenkontrolle und sein Machtpotenzial zu signalisieren, kann das Personalmanagement verschiedene Kommunikationstaktiken einsetzen (vgl. auch Elšik 1996, S. 352; Barney/Wright 1998, S. 44; Brandl/Pohler 2010, S. 1041; 6.5.4). Vor diesem Hintergrund ist z. B. der Einsatz von Personalcontrolling-Berichten relevant. Aus den Interviews geht hervor, dass sich Personalcontrolling-Berichte als Basis einer direkten Interaktion anbieten, wenn ein Personalmanagement politisch agieren und sein Machtpotenzial kommunizieren will (vgl. z. B. PM7). Darüber hinaus setzt es Handlungsstrategien ein, durch die die Wahrnehmung auf seine Ressourcen gelenkt wird. Diese Strategien können folglich darauf zielen, dass die Wahrnehmung und die Erwartungen der Unternehmensleitung an das Personalmanagement aktiv verändert werden (vgl. Ulrich 1998, S. 133). Vor diesem Hintergrund verdeutlicht die Studie die Relevanz eines Impression Managements sowie der Kommunikation des Personalcontrolling-Einsatzes. Sie dienen dazu, dass die Macht des Personalmanagements nicht mehr unterschätzt wird.

7.3.3 Nutzen des Personalcontrollings für das Unternehmen

Der Nutzen des Personalmanagements für das Unternehmen ergibt sich u. a. aus der Erfüllung von Umwelterwartungen (vgl. 6.4.1.3). Die Relevanz der Umwelt erwächst aus der Ressourcenabhängigkeit des Unternehmens selbst, z. B. gegenüber Kapitalgebern. Vor diesem Hintergrund ist die Zunahme an Erwartungen im Hinblick auf die systematische Steuerung des Personals nicht nur eine Herausforderung des Personalmanagements, sondern auch der Unternehmensleitung. Auf diese Weise ist das Personalcontrolling mittelbar auch für das gesamte Unternehmen wichtig. Die Studie unterstützt somit die Aussage, dass das Personalmanagement in der Lage ist, strategische Ressourcen, die den Wettbewerbsvorteil des Unternehmens begründen, zu beeinflussen (vgl. hierzu auch Barney/Wright 1998, S. 36) und dem Unternehmen Nutzen zu bringen. Aus den Interviewergebnissen kann dementsprechend gefolgert werden, dass ein strategisch orientiertes Personalmanagement einen nachhaltigen Wettbewerbsvorteil darstellt. Weiterhin ist der Personalcontrolling-Einsatz von Vorteil für das Unternehmen, wenn die Unternehmensumwelt damit verbundene Erwartungen an das Unternehmen richtet (vgl. 6.2.1). Die Unternehmensleitung erhält mit Blick auf die zunehmenden regulatorischen und rechtlichen Anforderungen (z. B. IDW S 6) ein Instrument, mit dem es den externen Anforderungen entsprechen und so den externen Ressourcenfluss für das Unternehmen sichern kann. Damit wächst die Bedeutung des Personalcontrollings in Unternehmen in vergleichbarer Weise, wie es in den 1980er Jahren beim Finanzcontrolling zu beobachten war, als dieses sich institutionalisierte und damit Einfluss auf die unternehmerische Steuerung gewann (vgl. Burchell et al. 1980, S. 5-6).

Bei hoher Bedeutung der Personalressource ist Personalcontrolling weiterhin nicht nur ein Instrument des Personalmanagements, sondern auch des Managements – der Unternehmensleitung und der Linienmanager – zum Zwecke der Steuerung des Unternehmens und der damit verbundenen Managementaufgaben Personalführung und Personaleinsatz (vgl. z. B. Steinmann/Schreyögg 2005, S. 6-12; 2.3.3; 4.1.2.2). Die Studie unterstützt in diesem Sinne die Diskussion der Führungs- und Führungsunterstützungsfunktion (vgl. Pietsch/Scherm 2000; Pietsch 2003, S. 15-27; 2.2.4; 6.2.2) und der damit verbundenen Reflexionsaufgabe des Personalcontrollings. Die Ergebnisse der Studie zeigen das Interesse der Unternehmensleitung an einer zukunftsgerichteten Reflexion durch das Personalcontrolling auf, die über die Betrachtung vergangenheitsorientierter Kennzahlen hinausgeht und einen Beitrag zur Existenzsicherung des Unternehmens liefert (vgl. z. B. PM11; UL5; UL7; UL8; auch Scherm/Pietsch/Süß 2000, S. 471-472). Das in der Literatur geforderte proaktive, unternehmerische Personalcontrolling (vgl. Wunderer 2000, S. 300-301) findet sich somit in der Praxis als eine mögliche Ausprägung des Personalcontrollings.

7.4 Grenzen der Arbeit

Methodische Grenzen der Arbeit ergeben sich mit Blick auf die gewählte Forschungsmethode. Sie stehen den Vorteilen einer qualitativen Methode für die Gewinnung von neuen Erkenntnissen über einen Forschungsgegenstand (vgl. 5.1) gegenüber. So lassen sich die Ergebnisse aufgrund der im Vergleich zu den Fallzahlen quantitativer Studien geringen Anzahl der geführten Interviews (n=27) nicht ohne Weiteres verallgemeinern (vgl. Lee/Mitchell/Sablynksi 1999, S. 184; Lamnek 2010, S. 658). Die qualitative Studie zielte durch die Darstellung von typischen Fällen jedoch ohnehin in erster Linie auf den Gewinn neuer Erkenntnisse, nicht auf ihre Repräsentativität (vgl. Lamnek 2010, S. 166-167). Darüber hinaus wird in der Controlling-Literatur diskutiert, dass auch qualitative Studien auf Basis ihrer theoretischen Einbettung und Bezugnahme auf vorangegangene Untersuchungen in diesem Forschungsfeld einen generalisierbaren Beitrag liefern können (vgl. Lukka/Kasanen 1995, S. 72, 82).

Weiterhin sind die Ergebnisse Ausdruck subjektiver Einschätzungen der Interviewteilnehmer und enthalten möglicherweise sozial erwünschte Antworten (vgl. Bortz/Döring 2006, S. 232-233; Lamnek 2010, S. 309; Diekmann 2011, S. 447-448). Insofern können die Aussagen – insbesondere aus den face-to-face Interviews – verzerrt sein (vgl. Nienhüser/Krins 2005, S. 91, 119; Bogner/Menz 2009, S. 75). Außerdem machten die Befragten als Individuen Aussagen, obwohl sich die Fragen nicht auf individuelle Sichtweisen, sondern auf die (kollektiven) Akteure Personalmanagement und Unternehmensleitung beziehen. Es wurde versucht, dieses Problem durch eine passende Fragestellung zu verringern (vgl. 5.2). Dennoch kann das Problem nicht vollständig gelöst werden, weil sich die Befragung nur an Individuen wenden kann, da sowohl das Personalmanagement als auch die Unternehmensleitung organisationale Subeinheiten (vgl. 2.3.3), aber keine realen, einzelnen Personen darstellen.

Um die Teilnahmebereitschaft zu fördern und den damit zusammenhängenden Aufwand für den Interviewpartner flexibel zu halten sowie aus forschungspragmatischen Gründen wurde bei der Rekrutierung angeboten, dass die Interviews sowohl telefonisch als auch face-to-face durchgeführt werden können. Dieser methodische Mix kann zu einer unterschiedlichen Interaktion zwischen Interviewten und Interviewer geführt haben, weil beispielsweise durch die Präsens des Interviewers und seine Mimik oder sein Frageverhalten das Antwortverhalten möglicherweise beeinflusst wurde (vgl. Nienhüser/Krins 2005, S. 119; Gläser/Laudel 2010, S. 153-154; Lamnek 2010, S. 309, 657). Die Verwendung eines Leitfadens hat jedoch zumindest für eine Strukturierung des Gesprächsverlaufs gesorgt, so dass vergleichbare Fragen gestellt wurden und alle zentralen Inhalte unabhängig von der Durchführungsweise angesprochen wurden.

Inhaltliche Grenzen ergeben sich aus dem Sample. Es besteht aus Interviewteilnehmern aus Unternehmen, die explizit ein Personalcontrolling aufweisen (vgl. 5.3). Folglich konnten keine Erkenntnisse darüber gewonnen werden, ob nicht das Vorhandensein eines Personalcontrollings an sich bereits das Ressourceninteresse der Akteure beeinflusst. Weiterhin wird in der wissenschaftlichen Diskussion über Macht darauf hingewiesen, dass zwischen den Formen von Macht (potenziell, zugeschrieben, ausgeübt; vgl. Provan/Beyer/Kruytbosch 1980) zu unterscheiden ist. Erfragt wurde jedoch nur eine (selbst) zugeschriebene Macht. Auch wurden keine objektiven Machtindikatoren erhoben, wie dies in anderen Studien, z. B. mittels Dokumentenanalyse, erfolgt (vgl. z. B. Lachman 1989; für weitere Beispiele Provan 1980, S. 557). Diese Schwächen sind jedoch vor dem Hintergrund des Forschungsgegenstands zu relativieren: Analysiert wurde die Austauschbeziehung zwischen zwei Akteuren, so dass nicht eine objektive, sondern die wahrgenommene, subjektive Macht und Abhängigkeit dieser beiden Akteure im Vordergrund stand. Weiterhin ermöglichte die Befragung beider Seiten der Austauschbeziehung die Erfassung der potenziellen sowie der wahrgenommenen Macht. Hierin zeigt sich auch, dass die Wahl einer qualitativen Forschungsmethode vorteilhaft war, weil es eine Ermittlung subjektiver Wahrnehmungen ermöglichte.

Schließlich ist zu diskutieren, dass die Interviewteilnehmer nicht paarweise aus dem Personalmanagement und der Unternehmensleitung eines Unternehmens gewählt wurden, um beide Seiten konkreter Austauschbeziehungen zu erfassen. Auf diese Weise hätten zwar insbesondere zur Wahrnehmung von Macht und Abhängigkeit differenzierte Erkenntnisse über konkrete Fälle erzielt werden können. Dies war jedoch für die durchgeführte Studie nicht beabsichtigt, weil vielmehr ein breiter Erkenntnisstand über unterschiedliche Austauschbeziehungen im Forschungsinteresse stand. Weiterhin hat es sich als erkenntnisreich erwiesen, Vertreter von Unternehmen zu befragen, die unterschiedlich sind, z. B. hinsichtlich Größe, Branche und Entwicklungsstand des Personalcontrollings. Auf diese Weise konnten verschiedene Ausprägungen von Ressourcenkontrolle, -interesse, -alternativen, Legitimität, Handlungskontext und -strategien erfasst werden.

Grenzen des Bezugsrahmens ergeben sich beispielsweise aus seiner Fokussierung auf nichtpersonenbezogene, strukturelle Machtquellen (vgl. 3.3). Die Ergebnisse der Studie zeigen jedoch, dass auch individuelle Akteure wesentlich auf die Ausübung der Macht einwirken können (vgl. 6.4.1.4; 6.5.3; hierzu auch Vigoda 2003, S. 36). Demzufolge ist eine Berücksichtigung von personenbezogenen Machtquellen im Bezugsrahmen relevant, da „a complete understanding of power in organizations requires attention to both micro and macro levels of analysis" (Brass/Burkhardt 1993, S. 443). Somit lässt sich der Bezugsrahmen auf Basis der Ergebnisse der Studie um personenbezogene Macht bzw. personelle Einflussfaktoren ergänzen (vgl. hierzu 7.5). Des Weiteren ist die theoretische Diskussion des prozessualen Zusammenhangs zwischen Legitimitätszuschreibung und Wahrnehmung (vgl. 4.2.3.2) sehr abstrakt. Weil sich aus der Studie jedoch Hinweise sowohl auf die Bedeutung von Wahrnehmung als auch auf den Einfluss des Personalcontrollings auf die Legitimität zeigen, kann von einer praktischen Relevanz der theoretischen Diskussion ausgegangen werden.

Schließlich ist zu berücksichtigen, dass der Bezugsrahmen die Dynamik der Ressourcenflüsse ausklammert. Diese sowie Austauschbeziehungen und Legitimitätszuschreibungen sind jedoch historisch geprägt (vgl. Enz 1988, S. 286). Der Bezugsrahmen geht dennoch davon aus, dass ein Zeitpunkt existiert, zu dem die Unternehmensleitung das Personalmanagement und seine Ressourcen (erstmalig) wahrnimmt und noch keine Austauschbeziehung zwischen ihnen besteht. Für diesen Zeitpunkt ist eine a-priori-Legitimität erforderlich, die zur Wahrnehmung des Personalmanagements als Austauschpartner und zu Austauschbeziehungen führt. In dem Augenblick, in dem eine Austauschbeziehung zustande kommt, wird die a-priori-Legitimität nicht mehr benötigt, weil Legitimität als symbolische Ressource ausgetauscht werden kann. Diese Legitimitätsressource übernimmt in der Folge die Wahrnehmungsfunktion der a-priori-Legitimität und löst sie damit ab. Die Komplexität dieser Pfadabhängigkeit ist im theoretischen Bezugsrahmen jedoch nicht explizit berücksichtigt.

7.5 Weiterer Forschungsbedarf

Die aufgezeigten Ergebnisse und Schlussfolgerungen geben schließlich auch Hinweise auf weiteren Forschungsbedarf. Dieser besteht in der (methodischen) Ergänzung bzw. Weiterführung der Studie durch eine quantitative Untersuchung, um auf Basis größerer Fallzahlen eine Verallgemeinerung der getroffenen Aussagen zu ermöglichen. Aber auch durch weitere qualitative Studien können – im Sinne einer Triangulation als Maßnahme zur Verbesserung der Güte qualitativer Befragungen (vgl. Bähring et al. 2008, S. 91; Creswell 2009, S. 191) – die Ergebnisse dieser Studie validiert werden.

Darüber hinaus ließe sich der Bezugsrahmen im Hinblick auf die Machtquellen um personenbezogene Machtquellen erweitern, um dem Aspekt weiter nachzugehen, dass die individuelle Person die Interaktion zum Austauschpartner und die Handlungsstrategien ausführt und beeinflusst. Das ist beispielsweise mit Blick auf die in den Interviews angedeutete neue Generation von Personalmanagern (vgl. 6.5.3; hierzu auch Barney/Wright 1998, S. 44), aber auch hinsichtlich anderer Promotoren des Personalmanagements und des Personalcontrollings innerhalb oder außerhalb des Unternehmens (vgl. 6.4.1.4) denkbar. In diesem Zusammenhang können personelle Einflussfaktoren (vgl. Ferris/Russ/Fandt 1989) und (politische) Taktiken bzw. Strategien (vgl. Kipnis/Schmidt/Wilkinson 1980; Yukl/Falbe 1990; Brass/Burkhardt 1993) untersucht werden, die individuelle Akteure im Personalmanagement einsetzen, um auf Grundlage von Personalcontrolling Einfluss und Ressourcen zu erhalten (vgl. hierzu auch Pfeffer 1997, S. 363). Dies lässt sich beispielsweise auf Basis der Mikrofundierung des Resource-Based-View (vgl. Coff/Kryscynski 2011) verfolgen, der die Rolle von Individuen bei der Erstellung und Bewahrung nachhaltiger Wettbewerbsvorteile für ein Unternehmen fokussiert und somit auf intraorganisationale Austauschbeziehungen anwendbar ist. Strategien zur Erzielung einer Nicht-Substituierbarkeit des personalwirtschaftlichen Wissens sowie der mit dem Personalcontrolling erzeugten Informationen könnten hier im Fokus stehen.

Damit kann auch eine inhaltliche Erweiterung der empirischen Analyse um weitere Akteure verbunden sein. Im Rahmen der vorliegenden Studie konnten Beziehungsgeflechte auf Basis der Resource-Dependence-Theorie mittels des Konstrukts „alternative Ressourcenquellen" einbezogen werden. Eine Erweiterung der Erhebung kann eine höhere Realitätsnähe erzeugen, gleichzeitig steigt allerdings auch ihre Komplexität. Jedoch zeigt die wissenschaftliche Diskussion die Relevanz verschiedener Akteure im Umfeld des Personalmanagements. Beispielsweise werden im Rahmen der Personalmanagementforschung vermehrt Linienmanager als kritische Akteure in Unternehmen betrachtet (vgl. Boxall/Purcell 2011, S. 246-248). Vor diesem Hintergrund kann die Analyse auf die Austauschbeziehung zwischen Personalmanagement und Linienmanagement ausgeweitet werden. Das ist insbesondere mit Blick auf weiterhin aktuelle Restrukturierungs-, Dezentralisierungs- und Outsourcingtendenzen von personalwirtschaftlichen Aufgaben (vgl. Kinsey 2012, S. 210) relevant. Die Betrachtung von Austauschbeziehungen muss auch nicht bei dyadischen Beziehungen verharren, sondern kann Beziehungen mehrerer Akteure berücksichtigen (vgl. hierzu auch Nienhüser 2008, S. 14).

Literaturverzeichnis

Ackermann, Karl-Friedrich (1999): Risikomanagement im Personalbereich, in: Ackermann, Karl-Friedrich (Hrsg.): Risikomanagement im Personalbereich. Reaktionen auf die Anforderungen des KonTraG, Wiesbaden 1999, S. 43-102

Aldrich, Howard E. (1976): Resource Dependence and Interorganizational Relations. Local Employment Service Offices and Social Services Sector Organizations, in: Administration & Society 7 (4/1976), S. 419-454

Aldrich, Howard E./Fiol, C. Marlene (1994): Fools Rush in? The Institutional Context of Industry Creation, in: The Academy of Management Review 19 (4/1994), S. 645-670

Aldrich, Howard E./Pfeffer, Jeffrey (1976): Environments of Organizations, in: Annual Review of Sociology 2 (1/1976), S. 79-105

Amalou, Linda/Süß, Stefan (2011): 25 Jahre alt und (noch) nicht erwachsen? Personalcontrolling auf der Suche nach Identität, in: Kajüter, Peter/Mindermann, Torsten/Winkler, Carsten (Hrsg.): Controlling und Rechnungslegung, Stuttgart 2011, S. 49-70

Amalou, Linda/Süß, Stefan (2013a): Personalcontrolling, in: Das Wirtschaftsstudium 42 (1/2013), S. 57-60

Amalou, Linda/Süß, Stefan (2013b): Von Räubern und Pistolen – oder: Überlegungen zur Erweiterung der Resource-Dependence-Theorie um a-priori-Legitimität am Beispiel des Personalmanagements, in: Hossfeld, Heiko/Ortlieb, Renate (Hrsg.): Macht und Employment Relations, München und Mering 2013, S. 253-258

Amalou, Linda/Süß, Stefan (2013c): Personalcontrolling als Machtquelle des Personalmanagements? Ergebnisse einer qualitativen Studie, erscheint in: PersonalQuarterly 64 (4/2013)

Anderson, Paul F. (1982): Marketing, Strategic Planning and the Theory of the Firm, in: The Journal of Marketing 46 (2/1982), S. 15-26

Armstrong, Peter (1994): The Influence of Michel Foucault on Accounting Research, in: Critical Perspectives on Accounting 5 (1/1994), S. 25-55

Armutat, Sascha (2009): Ziele und Aufgaben des Personalcontrollings, in: DGFP e. V. (Deutsche Gesellschaft für Personalführung e. V.) (Hrsg.): Personalcontrolling für die Praxis: Konzepte – Kennzahlen – Unternehmensbeispiele, Bielefeld 2009, S. 25-30

Ashforth, Blake E./Gibbs, Barrie W. (1990): The Double-edge of Organizational Legitimation, in: Organization Science 1 (2/1990), S. 177-194

Astley, Graham W./Sachdeva, Paramjit S. (1984): Structural Sources of Intraorganizational Power: A Theoretical Synthesis, in: The Academy of Management Review 9 (1/1984), S. 104-113

Astley, Graham W./Zajac, Edward J. (1991): Intraorganizational Power and Organizational Design: Reconciling Rational and Coalitional Models of Organization, in: Organization Science 2 (4/1991), S. 399-411

Atteslander, Peter (2010): Methoden der empirischen Sozialforschung, 13. Aufl., Berlin 2010

Bacharach, Samuel B./Aiken, Michael (1976): Structural and Process Constraints on Influence in Organizations: A Level Specific Analysis, in: Administrative Science Quarterly 21 (4/1976), S. 623-642

Bacharach, Samuel B./Lawler, Edward J. (1976): The Perception of Power, in: Social Forces 55 (1/1976), S. 123-134

Bähring, Katrin/Hauff, Sven/Sossdorf, Maik/Thommes, Kirsten (2008): Methodologische Grundlagen und Besonderheiten der qualitativen Befragung von Experten in Unternehmen: Ein Leitfaden, in: Die Unternehmung 62 (1/2008), S. 89-111

Bariff, Martin L./Galbraith, Jay R. (1978): Intraorganizational Power Considerations for Designing Information Systems, in: Accounting, Organizations and Society 3 (1/1978), S. 15-27

Barnett, Michael L. (2008): An Attention-Based View of Real Options Reasoning, in: The Academy of Management Review 33 (3/2008), S. 606-628

Barney, Jay B. (1991): Firm Resources and Sustained Competitive Advantage, in: Journal of Management 17 (1/1991), S. 99-120

Barney, Jay B./Ketchen, David J./Wright, Mike (2011): The Future of Resource-Based Theory: Revitalization or Decline? In: Journal of Management 37 (5/2011), S. 1299-1315

Barney, Jay. B./Wright, Patrick M. (1998): On Becoming Strategic Partner: The Role of Human Resources in Gaining Competitive Advantage, in: Human Resource Management 37 (1/1998), S. 31-46

Baron, Angela/Armstrong, Michael (2007): Human Capital Management – Achieving Added Value trough People, London u. a. 2007

Bartscher, Thomas R./Steinmann, Olaf (1990): Der Human-Resource-Accounting-Ansatz innerhalb der Personal-Controlling-Diskussion, in: Zeitschrift für Personalforschung 4 (4/1990), S. 387-401

BDSG: Bundesdatenschutzgesetz, 11. Aufl., München 2012, Stand: 2012

Beatty, Richard W./Huselid, Mark A./Schneier, Craig Eric (2003): New HR Metrics: Scoring on the Business Scorecard, in: Organizational Dynamics 32 (2/2003), S. 107-121

Bechtel, Roman (2009): Human Resource Accounting (HRA), in: Scholz, Christian (Hrsg.): Vahlens Großes Personallexikon, München 2009, S. 464-467

Becker, Brian E./Gerhart, Barry (1996): The Impact of Human Resource Management on Organizational Performance: Progress and Prospects, in: The Academy of Management Journal 39 (4/1996), S. 779-801

Becker, Brian E./Huselid, Mark A./Pickus, Peter S./Spratt, Michael F. (1997): HR as a Source of Shareholder Value: Research and Recommendations, in: Human Resource Management 36 (1/1997), S. 39-48

Becker, Brian E./Huselid, Mark A./Ulrich, David (2001): The HR Score Card: Linking People, Strategy, and Performance, Boston 2001

Becker, Manfred (2008): Messung und Bewertung von Humanressourcen. Konzepte und Instrumente für die betriebliche Praxis, Stuttgart 2008

Becker, Manfred/Labucay, Inéz/Rieger, Caroline (2007): Erfassung und Bewertung von Humankapital – Kritische Anmerkungen zur Saarbrücker Formel, in: Betriebswirtschaftliche Forschung und Praxis 59 (1/2007), S. 38-58

Becker-Ritterspach, Florian/Dörrenbächer, Christoph (2011): An Organizational Politics Perspective on Intra-firm Competition in Multinational Corporations, in: Management International Review 51 (4/2011), S. 533-559

Beer, Michael (1997): The Transformation of the Human Resource Function: Resolving the Tension Between a Traditional Administrative and a New Strategic Role, in: Human Resource Management 36 (1/1997), S. 49-56

Bennett, Nathan/Ketchen, David J. Jr./Schultz, Elyssa B. (1998): An Examination of Factors Associated with the Integration of Human Resource Management and Strategic Decision Making, in: Human Resource Management 37 (1/1998), S. 3-16

Berthel, Jürgen (2004): Personalcontrolling, in: Gaugler, Eduard/Oechsler, Walter A./Weber, Wolfgang (Hrsg.): Handwörterbuch des Personalwesens, Stuttgart 2004, S. 1441-1455

Berthel, Jürgen/Becker, Fred G. (2010): Personalmanagement, 9. Aufl., Stuttgart 2010

Birnberg, Jacob G. (1993): Current Trends in Behavioral Accounting Research in the United States, in: Die Betriebswirtschaft 53 (1/1993), S. 5-25

Birnberg, Jacob G. (2011): A Proposed Framework for Behavioral Accounting Research, in: Behavioral Research in Accounting 23 (1/2011), S. 1-43

Bjurström, Erik (2007): Creating New Attention in Management Control, Uppsala 2007, http://uu.diva-portal.org/smash/get/diva2:170777/FULLTEXT01, 16.10.2013

Blau, Peter M. (1972): Interdependence and Hierarchy in Organizations, in: Social Science Research 1 (1/1972), S. 1-24

Blickle, Gerhard (2002): Mikropolitik – eine ethische Analyse, in: Zeitschrift für Personalforschung 16 (2/2002), S. 169-186

Bluhm, Dustin J./Harman, Wendy/Lee, Thomas W./Mitchell, Terence R. (2011): Qualitative Research in Management: A Decade of Progress, in: Journal of Management Studies 48 (8/2011), S. 1866-1891

Bogner, Alexander/Menz, Wolfgang (2009): Das theoriegenerierende Experteninterview. Erkenntnisinteresse, Wissensform, Interaktion, in: Bogner, Alexander/Littig, Beate/Menz, Wolfgang (Hrsg.): Experteninterviews. Theorien, Methoden, Anwendungsfelder, 3. Aufl., Wiesbaden 2009, S. 61-98

Bogumil, Jörg/Schmid, Josef (2001): Politik in Organisationen, Opladen 2001

Bortz, Jürgen/Döring, Nicola (2006): Forschungsmethoden und Evaluationen für Human- und Sozialwissenschaftler, 4. Aufl., Heidelberg 2006

Boudreau, John W./Ramstad, Peter M. (2002): Strategic HRM Measurement in the 21st Century: From Justifying HR to Strategic Talent Leadership (CAHRS Working Paper #02-15), http://digitalcommons.ilr.cornell.edu/cahrswp/56/, 16.10.2013

Bowen, David E./Lawler, Edward E. (1992): Total Quality-Oriented Human Resources Management, in: Organization Dynamics 21 (4/1992), S. 29-41

Boxall, Peter (2007): The Goals of HRM, in: Boxall, Peter/Purcell, John/Wright, Patrick (Hrsg.): The Oxford Handbook of Human Resource Management, New York 2007, S. 48-67

Boxall, Peter/Purcell, John (2011): Strategy and Human Resource Management, 3. Aufl., London 2011

Brandl, Julia (2005): Die Legitimität von Personalabteilungen. Eine Rekonstruktion aus Sicht der Unternehmensleitung, München und Mering 2005

Brandl, Julia/Pohler, Dionne (2010): The Human Resource Department's Role and Conditions that Affect its Development: Explanations from Austrian CEOs, in: Human Resource Management 49 (6/2010), S. 1025-1046

Brandl, Julia/Welpe, Isabell (2006): Ursachen der Ablehnung von Human Capital Management seitens der Unternehmensleitung: Eine Analyse aus Perspektive interpretativer Ansätze der Accountingforschung, in: Die Betriebswirtschaft 66 (5/2006), S. 542-560

Brandl, Julia/Welpe, Isabell (2008): Ablehnung neuer Steuerungskonzepte in der Managementpraxis: Woher kommt sie und wie kann sie überwunden werden? In: Betriebswirtschaftliche Forschung und Praxis 60 (1/2008), S. 65-78

Brand-Noé, Christine (2004): Risikoorientierter Prüfungsansatz im Personalbereich? In: Zeitschrift Interne Revision 39 (2/2004), S. 46-56

Brass, Daniel J./Burkhardt, Marlene E. (1993): Potential Power and Power Use: An Investigation of Structure and Behavior, in: The Academy of Management Journal 36 (3/1993), S. 441-470

Brast, Christoph/Krüger, Gerriet (2010): Humankapitalbewertung bei der BASF Coatings AG – Eine anwendungsorientierte Modifizierung und Operationalisierung der Saarbrücker Formel mit dem Schwerpunkt der Wissensbewertung, in: Zeitschrift für Betriebswirtschaft 80 (7-8/2010), S. 731-754

Breuer, Kathrin/Kampkötter, Patrick/Sliwka, Dirk (2009): Humankapital bewerten, in: Personalmagazin 11 (5/2009), S. 18-21

Brüggemeier, Martin/Felsch, Anke (1992): Mikropolitik, in: Die Betriebswirtschaft 52 (1/1992), S. 133-136

Bruns, William T. (1968): Accounting Information and Decision-Making: Some Behavioral Hypotheses, in: The Accounting Review 43 (3/1968), S. 469-480

Buchanan, David A./Badham, Richard J. (2008): Power, Politics, and Organizational Change. Winning the Turf Game, 2. Aufl., London u. a. 2008

Buchanan, David A./Bryman, Alan (2007): Contextualizing Methods Choice in Organizational Research, in: Organizational Research Methods 10 (3/2007), S. 483-501

Bullen, Maria/Eyler, Kel-Ann (2010): Human Resource Accounting and International Developments: Implications for Measurement of Human Capital, in: Journal of International Business and Cultural Studies 3 (5/2010), S. 1-16

Burchell, Stuart/Clubb, Colin/Hopwood, Anthony, John/Hughes, John/Nahapiet, Janine (1980): The Roles of Accounting in Organizations and Society, in: Accounting, Organizations and Society 5 (1/1980), S. 5-27

Burkhardt, Marlene E./Brass, Daniel J. (1990): Changing Patterns or Patterns of Change: The Effects of a Change in Technology on Social Network Structure and Power, in: Administrative Science Quarterly 35 (1/1990), S. 104-127

Burkholder, Nicholas/Golas, Scott/Shapiro, Jeremy (2007): Ultimate Performance. Measuring Human Resources at Work, New Jersey 2007

Buyens, Dirk/De Vos, Ans (2001): Perceptions of the Value of the HR Function, in: Human Resource Management Journal 11 (3/2001), S. 70-89

Caldwell, Raymond (2001): Champions, Adapters, Consultants and Synergists: The New Change Agents in HRM, in: Human Resource Management Journal 11 (1/2001), S. 39-52

Caldwell, Raymond (2003): The Changing Roles of Personnel Managers: Old Ambiguities, New Uncertainties, in: Journal of Management Studies 40 (4/2003), S. 983-1004

Carpenter, Vivian L./Feroz, Ehsan H. (2001): Institutional Theory and Accounting Rule Choice: An Analysis of Four US State Governments' Decisions to Adopt Generally Accepted Accounting Principles, in: Organizations and Society 26 (7/2001), S. 565-596

Carruthers, Bruce G. (1995): Accounting, Ambiguity, and the New Institutionalism, in: Accounting, Organizations and Society 20 (4/1995), S. 313-328

Carson, Paula P./Carson, Kerry D./Roe, C. William (1993): Social Power Bases: A Meta-Analytic Examination of Interrelationships and Outcomes, in: Journal of Applied Social Psychology 23 (14/1993), S. 1150-1169

Casciaro, Tiziano/Piskorski, Mikotaj Jan (2005): Power Imbalance, Mutual Depen dence, and Constraint Absorption: A Closer Look at Resource Dependence Theory, in: Administrative Science Quarterly 50 (2/2005), S. 167-199

Cendon, Beatriz V./Jarvenpaa, Sirkka L. (2001): The Development and Exercise of Power by Leaders of Support Units in Implementing Information Technology-based Services, in: Journal of Strategic Information Systems 10 (2/2001), S. 121-158

Chapman, Chris S./Cooper, David J./Miller, Peter (2009): Linking Accounting, Institutions and Organizations, in: Chapman, Chris S./Cooper, David J./Miller, Peter (Hrsg.): Accounting, Organizations, and Institutions: Essays in Honour of Anthony Hopwood, Oxford 2009, S. 1-29

Chenhall, Robert H./Langfield-Smith, Kim (2007): Multiple Perspectives of Perfor mance Measurement, in: European Management Journal 25 (4/2007), S. 266-282

Cialdini, Robert B. (1989): Indirect Tactics of Impression Management: Beyond Basking, in: Giacalone, Robert A./Rosenfeld, Paul (Hrsg.): Impression Management in the Organization, New Jersey 1989, S. 45-56

Clegg, Stewart/Courpasson, David/Phillips, Nelson (2006): Power and Organizations, Thousand Oaks 2006

Clegg, Stewart/Kornberger, Martin/Pitsis, Tyrone (2008): Managing and Organizations. An Introduction to Theory and Practice, Los Angeles u. a. 2008

Clegg, Stewart/Rura-Polley, Thekla (1998): Pfeffer, Jeffrey (1946-) and Gerald R. Salancik (1943-96), in: Warner, Malcom (Hrsg.): The IEBM Handbook of Management Thinking, London u. a. 1998, S. 537-543

Coff, Russell/Kryscynski, David (2011): Drilling for Micro-Foundations of Human Capital-Based Competitive Advantages, in: Journal of Management 37 (5/2011), S. 1429-1443

Cohen, Michael D./March, James G./Olsen, Johan P. (1972): A Garbage Can Model of Organizational Choice, in: Administrative Science Quarterly 17 (1/1972), S. 1-25

Cooke, Fang Lee/Shen, Jie/McBride, Anne (2005): Outsourcing HR as a Competitive Strategy? A Literature Review and an Assessment of Implications, in: Human Resource Management 44 (4/2005), S. 413-432

Covaleski, Mark A./Dirsmith, Mark W. (1986): The Budgetary Process of Power and Politics, in: Accounting, Organizations and Society 11 (3/1986), S. 193-214

Creswell, John W. (2009): Research Design. Qualitative, Quantitative and Mixed Methods Approaches, 3. Aufl., Los Angeles u. a. 2009

Crozier, Michel (1964): The Bureaucratic Phenomenon, Chicago 1964

Crozier, Michel/Friedberg, Erhard (1979): Macht und Organisation. Die Zwänge kollektiven Handelns, Königstein im Taunus 1979

Dahl, Robert A. (1957): The Concept of Power, in: Behavioral Science 2 (3/1957), S. 201-215

Davis, Gerald F./Cobb, J. Adam (2010): Resource Dependence Theory: Past and Future, in: Schoonhoven, Claudia Bird/Dobbin, Frank (Hrsg.): Stanford's Organization Theory Renaissance 1970-2000, Bingley 2010, S. 21-42

Déjean, Frédérique/Gond, Jean-Pascal/Luca, Bernard (2004): Measuring the Unmea-sured: An Institutional Entrepreneur Strategy in an Emerging Industry, in: Human Relations 57 (6/2004), S. 741-764

Demmer, Christine (2010): Mehr Betriebswirtschaft, bitte! In: Personalwirtschaft 37 (10/2010), S. 24-28

Denis, Jean-Louis/Langley, Ann/Rouleau, Linda (2006): The Power of Numbers in Strategizing, in: Strategic Organization 4 (4/2006), S. 349-377

Denzin, Norman K./Lincoln, Yvonna S. (2000): Introduction: The Discipline and Practice of Qualitative Research, in: Denzin, Norman K./Lincoln, Yvonna S. (Hrsg.): Handbook of Qualitative Research, 2. Aufl, Thousand Oaks u. a. 2000, S. 1-28

DGFP e. V. (Deutsche Gesellschaft für Personalführung e. V.) (2007): Personalcontrolling: Status quo und Perspektiven. Tendenzbefragung, PraxisPapiere 5/2007, Düsseldorf 2007, http://static.dgfp.de/assets/publikationen/2007/05/personalcontrolling-status-quo-undperspektiven-ergebnisse-einer-tendenzbefragung-1365/praxispapier-personalcontrolling.pdf, 16.10.2013

DGFP e. V. (Deutsche Gesellschaft für Personalführung e. V.) (2011): Megatrends und HR Trends, PraxisPapier 7/2011, Düsseldorf 2011, http://www.forschungsnetzwerk.at/downloadpub/2011_DGFP_Studie_Megatrends_2011.pdf, 16.10.2013

Dick, Petra (1993): Mikropolitik in Organisationen, in: Zeitschrift für Personalforschung 8 (4/1993), S. 440-467

Diekmann, Andreas (2011): Empirische Sozialforschung. Grundlagen, Methoden, Anwendungen, 5. Aufl., Hamburg 2011

Dilger, Alexander (2010): Professionelle Personaler zwischen Rationalisierung und allgemeinem Management: Professionalisierung ohne Bildung einer eigenen Profession, in: Zeitschrift für Management 5 (3/2010), S. 207-219

DiMaggio, Paul J. (1988): Interest and Agency in Institutional Theory, in: Zucker, Lynne G. (Hrsg.): Institutional Patterns and Organizations: Culture and Environment, Cambridge 1988, S. 3-22

DiMaggio, Paul J./Powell, Walter W. (1983): The Iron Cage Revisited: Institutional Isomorphism and Collective Rationality in Organizational Fields, in: American Sociological Review 48 (2/1983), S. 147-160

Dolan, Shimon L./Cannings, Kathleen (1995): Professional and Organizational Values in Human Resource Management, in: International Journal of Management 12 (4/1995), S. 520-528

Dowling, John/Pfeffer, Jeffrey (1975): Organizational Legitimacy: Social Values and Organizational Behavior, in: Pacific Sociological Review 18 (1/1975), S. 122-136

Drees, Johannes M./Heugens, Pursey P. M. A. R. (2013): Synthesizing and Extending Resource Dependence Theory: A Meta-Analysis, in: Journal of Management 39 (6/2013), S. 1666-1698

Drory, Amos/Vigoda-Gadot, Eran (2010): Organizational Politics and Human Resource Management: A Typology and the Israeli Experience, in: Human Resource Management Review 20 (3/2010), S. 194-202

Drory, Amos/Zaidman, Nurit (2006): The Politics of Managing Impression in Organizations: Contextual Effects, in: Vigoda-Gadot, Eran/Drory, Amos (Hrsg.): Handbook of Organizational Politics, Cheltenham u. a. 2006, S. 75-85

Drumm, Hans-Jürgen (2008): Personalwirtschaft, 6. Aufl., Berlin u. a. 2008

Elias, Juanita/Scarbrough, Harry (2004): Evaluating Human Capital: An Exploratory Study of Management Practice, in: Human Resource Management Journal 14 (4/2004), S. 21-40

Elsbach, Kimberly D. (1994): Managing Organizational Legitimacy in the California Cattle Industry: The Construction and Effectiveness of Verbal Accounts, in: Administrative Science Quarterly 39 (1/1994), S. 57-88

Elsbach, Kimberly D./Sutton, Robert I. (1992): Acquiring Organizational Legitimacy through Illegitimate Actions: A Marriage of Institutional and Impression Management Theories, in: The Academy of Management Journal 35 (4/1992), S. 699-738

Elšik, Wolfgang (1990): Personal-Controlling und strategisches Personalmanagement, in: Zeitschrift für Personalforschung 4 (4/1990), S. 403-417

Elšik, Wolfgang (1996): Zur Legitimationsfunktion neuer Produktions- und Organisationskonzepte für das Personalmanagement, in: Zeitschrift für Personalforschung 10 (4/1996), S. 331-357

Elšik, Wolfgang (1999): Politik in Organisationen, in: Eckardstein, Dudo von/Kasper, Helmut/Mayrhofer, Wolfgang (Hrsg.): Management. Theorien. Führung. Veränderung, Stuttgart 1999, S. 75-106

Elšik, Wolfgang (2004): Controlling aus neoinstitutionalistischer Perspektive, in: Scherm, Ewald/Pietsch, Gotthard (Hrsg.): Controlling. Theorien und Konzeptionen, München 2004, S. 801-822

Elšik, Wolfgang (2009): Vom Lohnbüro zum strategischen Personalmanagement, in: Kandlhofer, Dieter/Seyfried, Karl (Hrsg.): Interne Revision und Personalmanagement. Prüfung des Personalmanagementsystems, Wien 2009, S. 1-12

Emerson, Richard M. (1962): Power-Dependence Relations, in: American Sociological Review 27 (1/1962), S. 32-41

Engelen, Andreas/Thalmann, Julia/Brettel, Malte (2011): Macht und Einfluss verschiedener Abteilungen in frühen und späten organisationalen Lebenszyklusphasen, in: Zeitschrift für Betriebswirtschaft 81 (3/2011), S. 295-326

Enz, Cathy A. (1988): The Role of Value Congruity in Intraorganizational Power, in: Administrative Science Quarterly 33 (2/1988), S. 284-304

Fallgatter, Michael J./Brink, Siegrun (2008): Zum Einfluss der Legitimation auf die Entwicklung junger Unternehmen: Eine State of the Art-Betrachtung am Beispiel von DocMorris, in: Zeitschrift für Management 3 (4/2008), S. 303-319

Fandt, Patricia M./Ferris, Gerald R. (1990): The Management of Information and Impressions: When Employees Behave Opportunistically, in: Organizational Behavior and Human Decision Processes 45 (1/1990), S. 140-158

Farndale, Elaine (2004): The Intra-organisational Power of the Personnel Department in Higher Education in the UK, http://dspace.lib.cranfield.ac.uk/handle/1826/132, 16.10.2013

Farndale, Elaine (2005): HR Department Professionalism: A Comparison between the UK and other European Countries, in: International Journal of Human Resource Management 16 (5/2005), S. 660-675

Farndale, Elaine/Hope-Hailey, Veronica (2009): Personnel Departmental Power: Realities from the UK Higher Education Sector, in: Management Revue 20 (4/2009), S. 392-412

Felsch, Anke (2010): Organisationsdynamik. Zur Konstitution organisationaler Handlungssysteme als kollektive Akteure, Wiesbaden 2010

Ferris, Gerald R./Hochwarter, Wayne A./Buckley, M. Ronald/Harrell-Cook, Gloria/Frink, Dwight D. (1999): Human Resource Management: Some New Directions, in: Journal of Management 25 (3/1999), S. 385-415

Ferris, Gerald R./Judge, Timothy A. (1991): Personnel/Human Resources Management: A Political Influence Perspective, in: Journal of Management 17 (2/1991), S. 447-488

Ferris, Gerald R./Russ, Gail S./Fandt, Patricia M. (1989): Politics in Organizations, in: Giacalone, Robert A./Rosenfeld, Paul (Hrsg.): Impression Management in the Organization, New Jersey 1989, S. 143-169

Festerling, Sonja/Möller, Klaus (2009): Personalcontrolling, in: Scholz, Christian (Hrsg.): Vahlens Großes Personallexikon, München 2009, S. 867-869

Festing, Marion (2004): Der Beitrag strategischer Managementansätze zur Erklärung des Unternehmensverhaltens – eine personalmanagementorientierte Perspektive, in: Festing, Marion/Martin, Albert/Mayrhofer, Wolfgang/Nienhüser, Werner (Hrsg.): Personaltheorie als Beitrag zur Theorie der Unternehmung, München und Mering 2004, S. 197-224

Festing, Marion/Martin, Albert/Mayrhofer, Wolfgang/Nienhüser, Werner (2004): Einführung, in: Festing, Marion/Martin, Albert/Mayrhofer, Wolfgang/Nienhüser, Werner (Hrsg.): Personaltheorie als Beitrag zur Theorie der Unternehmen, München und Mering 2004, S. 5-11

Finkelstein, Sydney (1992): Power in Top Management Teams Dimensions, Measurement, and Validation, in: The Academy of Management Journal 35 (3/1992), S. 505-538

Fischer, Hajo (1999): Zur Erfassbarkeit von Personalinvestitionen im internen Rechnungswesen, in: Zeitschrift für Personalforschung 13 (1/1999), S. 29-66

Fischer, Jürgen (1990): Ansatzpunkte des Personalcontrollings in der Entgeltpolitik, in: Zeitschrift für Personalforschung 4 (4/1990), S. 379-386

Fitz-Enz, Jac (2000): The ROI of Human Capital, New York 2000

Fitz-Enz, Jac (2003): Renditefaktor Personal, Frankfurt a. M. 2003

Fitz-Enz, Jac/Davison, Barbara (2002): How to Measure Human Resource Management, 3. Aufl., New York u. a. 2002

Flamholtz, Eric (1985): Human Resource Accounting, Los Angeles 1985

Flamholtz, Eric G./Bullen, Maria L./Hua, Wei (2002): Human Resource Accounting: A Historical Perspective and Future Implications, in: Management Decision 40 (10/2002), S. 947-954

Flick, Uwe (2010): Qualitative Sozialforschung. Eine Einführung, 3. Aufl., Reinbek bei Hamburg 2010

Flick, Uwe/Kardoff, Ernst von/Steinke, Ines (2008): Was ist qualitative Forschung? In: Flick, Uwe/Kardoff, Ernst von/Steinke, Ines (Hrsg.): Qualitative Forschung. Ein Handbuch, Reinbek bei Hamburg 2008, S. 13-29

Fombrun, Charles J. (1983): Attributions of Power across a Social Network, in: Human Relations 36 (6/1983), S. 493-508

Francis, Helen/Keegan, Anne (2006): The Changing Face of HRM: In Search of Balance, in: Human Resource Management Journal 16 (3/2006), S. 231-249

French, John R. P./Raven, Bertram H. (1959): The Bases of Social Power, in: Cartwright, Dorwin (Hrsg.): Studies in Social Power, Ann Arbor 1959, S. 150-167

Friedberg, Erhard (1988): Zur Politologie von Organisationen, in: Küpper, Willi/Ortmann, Günther (Hrsg.): Mikropolitik. Rationalität, Macht und Spiele in Organisationen, Opladen 1988, S. 39-54

Frooman, Jeff (1999): Stakeholder Influence Strategies, in: The Academy of Management Review 24 (2/1999), S. 191-205

Frost, Dean E./Stahelski, Anthony J. (1988): The Systematic Measurement of French and Raven's Bases of Social Power in Workgroups, in: Journal of Applied Social Psychology 18 (5/1988), S. 375-389

Früh, Werner (2007): Inhaltsanalyse, 6. Aufl., Konstanz 2007

Führing, Meik (2004): Risikoberichterstattung über Humanressourcen – Eine empirische Analyse der DAX 30, in: Zeitschrift für Personalforschung 18 (2/2004), S. 183-206

Führing, Meik (2006): Risikomanagement und Personal. Management des Fluktuationsrisikos von Schlüsselpersonen aus ressourcenorientierter Perspektive, Wiesbaden 2006

Galang, Maria Carmen/Elšik, Wolfgang/Russ, Gail S. (1999): Legitimacy in Human Resource Management, in: Ferris, Gerald R. (Hrsg.): Research in Personnel and Human Resource Management: A Research Annual 17, Greenwich 1999, S. 41-79

Galang, Maria Carmen/Ferris, Gerald R. (1997): Human Resource Department Power and Influence through Symbolic Action, in: Human Relations 50 (11/1997), S. 1403-1426

Gates, Stephen/Langevin, Pascal (2010): Human Capital Measures, Strategy, and Performance: HR Managers' Perceptions, in: Accounting, Auditing & Accountability Journal 23 (1/2010), S. 111-132

Gebauer, Michael (2005): Unternehmensbewertung auf der Basis von Humankapital, Lohmar Köln 2005

Gebert, Diether (1998): Fragen zur empirischen Basis einer materialistischen Machttheorie, in: Martin, Albert/Nienhüser, Werner (Hrsg.): Personalpolitik. Wissenschaftliche Erklärung der Personalpraxis, München und Mering 1998, S. 262-264

Geke, Michael/Werner, Heidi (2010): Personalcontrolling im Fitness-Test, in: Personal: Zeitschrift für Human Resource Management 62 (1/2010), S. 12-14

Gerdin, Jonas (2005): The Impact of Departmental Interdependencies and Management Accounting System Use on Subunit Performance, in: European Accounting Review 14 (2/2005), S. 297-327

Gerpott, Torsten J. (1995): Controlling von Personalprogrammen als Teilfeld des operativen Personal-Controlling, in: Gerpott, Torsten J./Siemers, Sven H. (Hrsg.): Controlling von Personalprogrammen, Stuttgart 1995, S. 3-56

Gerpott, Torsten J./Siemers, Sven H. (1995): Vorwort, in: Gerpott, Torsten J./Siemers, Sven H. (Hrsg.): Controlling von Personalprogrammen, Stuttgart 1995, S. V-VII

Gertz, Wilfried (2010): Mit Mut zu neuen Ufern, in: Personalwirtschaft 37 (7/2010), S. 18-21

Gläser, Jochen/Laudel, Grit (2010): Experteninterviews und qualitative Inhaltsanalyse als Instrumente rekonstruierender Untersuchungen, 4. Aufl., Wiesbaden 2010

Global Reporting Initiative (2006): Indikatorprotokollsatz. Arbeitspraktiken & Menschenwürdige Beschäftigung (LA), https://www.globalreporting.org/resourcelibrary/German-G3-Labor-Indicator-Protocols.pdf, 16.10.2013

Gmür, Markus (2003): Die Ressource Personal und ihr Beitrag zum Unternehmenserfolg, in: Martin, Albert (Hrsg.): Personal als Ressource, München und Mering 2003, S. 21-52

Gmür, Markus/Peterhoff, Daniela (2005): Überblick über das Personalcontrolling, in: Schäffer, Utz/Weber, Jürgen (Hrsg.): Bereichscontrolling. Funktionsspezifische Anwendungsfelder, Methoden und Instrumente, Stuttgart 2005, S. 235-258

Goodstein, Jerry D. (1994): Institutional Pressure and Strategic Responsiveness: Employer Involvement in Work-Family-Issues, in: The Academy of Management Journal 37 (2/1994), S. 350-382

Grant, Robert M. (1991): The Resource-Based Theory of Competitive Advantage: Implications for Strategy Formulation, in: California Management Review 33 (3/1991), S. 114-135

Gretzinger, Susanne (2008a): Strategic Outsourcing in the German Engine Building Industry. An Empirical Study Based on the Resource Dependence Approach, in: Management Revue 19 (3/2008), S. 200-228

Gretzinger, Susanne (2008b): Strategische Gestaltung des Outsourcings im deutschen Maschinenbau. Eine empirische Studie auf Basis des Resource-Dependence-Ansatzes, München und Mering 2008

Grieger, Jürgen (2004): Ökonomisierung in Personalwirtschaft und Personalwirtschaftslehre. Theoretische Grundlage und praktische Bezüge, Wiesbaden 2004

Grieger, Jürgen/Ortlieb, Renate/Pantelmann, Heike/Sieben, Barbara (2010): Strategische Bindung der Ressourcen von Fach- und Führungskräften. Beurteilung und Umsetzung in Unternehmen, in: Zeitschrift für Personalforschung 24 (4/2010), S. 338-362

Grieshop, Hendrik (2010): Kooperation von Controllerbereich und externem Rechnungswesen, Wiesbaden 2010

Guest, David E. (2011): Human Resource Management and Performance: Still Searching for Some Answers, in: Human Resource Management Journal 17 (1/2011), S. 3-13

Gutschelhofer, Alfred (1999): Koordinierendes Personal-Controlling – Entwicklungslinien und Barrieren, Wiesbaden 1999

Gutschelhofer, Alfred/Sailer, Martin (1998): Personal-Controlling: „10 years after". Replikation einer Umfrage von 1987 zum Thema Personal-Controlling, in: Controller Magazin 23 (3/1998), S. 189-193

Hackman, Judith D. (1985): Power and Centrality in the Allocation of Resources in Colleges and Universities, in: Administrative Science Quarterly 30 (1/1985), S. 61-77

Hamel, Winfried (1987): Personal als Investition? In: Schmalenbachs Zeitschrift für betriebswirtschaftliche Forschung 39 (12/1987), S. 1079-1087

Handfield, Robert B. (1993): A Resource Dependence Perspective of Just-in-Time Purchasing, in: Journal of Operations Management 11 (3/1993), S. 289-311

Hardy, Cynthia (1996): Understanding Power: Bringing about Strategic Change, in: British Journal of Management 7 (S1/1996), S. S3-S16

Hardy, Cynthia/Clegg, Stewart (2006): Some Dare Call it Power, in: Clegg, Stewart R./Hardy, Cynthia/Lawrence, Thomas B./Nord, Walter R. (Hrsg.): The Sage Handbook of Organizational Studies, 2. Aufl., London u. a. 2006, S. 754-779

Hardy, Cynthia/Leiba-O'Sullivan, Sharon (1998): The Power behind Empowerment: Implications for Research and Practice, in: Human Relations 51 (4/1998), S. 451-483

Harpaz, Itzhak/Meshoulam, Ilan (1997): Intraorganizational Power in High Technology Organizations, in: The Journal of High Technology Management Research 8 (1/1997), S. 107-128

Harrell-Cook, Gloria/Ferris, Gerald R. (1997): Competing Pressures for Human Resource Investment, in: Human Resource Management Review 7 (3/1997), S. 317-340

Haunschild, Axel (1998): Koordination und Steuerung der Personalarbeit. Ein Beitrag zur organisationstheoretischen Fundierung des Personalcontrollings, Hamburg 1998

Haunschild, Axel (2004): Humanvermögensrechnung, in: Gaugler, Eduard/Oechsler, Walter A./Weber, Wolfgang (Hrsg.): Handwörterbuch des Personalwesens, 3. Aufl., Stuttgart 2004, S. 887-896

Helfferich, Cornelia (2011): Die Qualität qualitativer Daten. Manual für die Durchführung qualitativer Interviews, 4. Aufl., Wiesbaden 2011

Hentze, Joachim/Kammel, Andreas (1993): Personalcontrolling – eine Einführung in Grundlagen, Aufgabenstellungen, Instrumente und Organisation des Controlling in der Personalwirtschaft, Bern u. a. 1993

Hentze, Joachim/Kammel, Andreas (1996): Personalcontrolling auf dem Prüfstand – Aufgabenbereiche, Konzepte, kritische Analyse, in: Personalführung 29 (4/1996), S. 294-298

Hermesch, Martin (2002): Die Gestaltung von Interorganisationsbeziehungen, Lohmar und Köln 2002

Hessels, Jolanda/Terjesen, Siri (2010): Resource Dependency and Institutional Theory Perspectives on Direct and Indirect Export Choices, in: Small Business Economics 34 (2/2010), S. 203-220

Hickson, David J./Hinings, Christopher Robin/Lee, Christopher A./Schneck, Rodney E./Pennings, Johannes M. (1971): A Strategic Contingencies' Theory of Intraorganizational Power, in: Administrativ Science Quarterly 16 (2/1971), S. 216-229

Hillman, Amy J./Cannella, Albert A./Paetzhold, Ramona L. (2000): The Resource Dependence Role of Corporate Directors: Strategic Adaption of Board Composition in Response to Environmental Change, in: Journal of Management Studies 37 (2/2000), S. 235-255

Hillman, Amy J./Dalziel, Thomas (2003): Boards of Directors and Firm Performance: Integrating Agency and Resource Dependence Perspectives, in: The Academy of Management Review 28 (3/2003), S. 383-396

Hillman, Amy J./Withers, Michael C./Collins, Brian J. (2009): Resource Dependence Theory: A Review, in: Journal of Management 35 (6/2009), S. 1404-1427

Hinings, Christopher Robin/Hickson, David. J./Pennings, Johannes M./Schneck, Rodney E. (1974): Structural Conditions of Intraorganizational Power, in: Administrative Science Quarterly 19 (1/1974), S. 22-43

Hirsch, Bernhard (2007): Controlling und Entscheidungen. Zur verhaltenswissenschaftlichen Fundierung des Controllings, Tübingen 2007

Hope-Hailey, Veronica/Farndale, Elaine/Truss, Catherine (2005): The HR Department's Role in Organisational Performance, in: Human Resource Management Journal 15 (3/2005), S. 49-66

Hopf, Christel (2008): Qualitative Interviews – ein Überblick, in: Flick, Uwe/Kardoff, Ernst von/Steinke, Ines (Hrsg.): Qualitative Forschung. Ein Handbuch, 6. Aufl., Reinbek bei Hamburg 2008, S. 349-360

Hopwood, Anthony G. (1990): Accounting and Organization Change, in: Accounting, Auditing and Accountability Journal 3 (1/1990), S. 7-17

Hoskin, Keith W./Macve, Richard H. (1986): Accounting and the Examination: A Genealogy of Disciplinary Power, in: Accounting, Organizations and Society 11 (2/1986), S. 105-136

Hoss, Günter (1988): Personalcontrolling – funktionale, instrumentale und institutionale Aspekte, in: Personalwirtschaft 15 (9/1988), S. 409-417

Hoss, Günter (1989): Personalcontrolling im industriellen Unternehmen: Controlling auf der operativen und taktischen Problemebene des Personalsystems, Krefeld 1989

Huber, Stefan (1998): Strategisches Personalcontrolling als Unterstützungsfunktion des strategischen Personalmanagements, München und Mering 1998

Hummel, Hans-Peter (2006): Unterstützung des Professionalisierungsstrebens im Personalmanagement mit Hilfe des Personalmanagement-Professionalisierungs-Index (PIX) der Deutschen Gesellschaft für Personalführung (DGFP e. V.) – eine kritische Betrachtung, in: Zeitschrift für Personalforschung 20 (1/2006), S. 12-21

Huselid, Mark A. (1995): The Impact of Human Resource Management Practices on Turnover, Productivity, and Corporate Financial Performance, in: The Academy of Management Journal 38 (3/1995), S. 635-672

Ibarra, Herminia (1993): Network Centrality, Power, and Innovation Involvement: Determinants of Technical and Administrative Roles, in: The Academy of Management Journal 36 (3/1993), S. 471-501

Ingram, Paul/Simons, Tal (1995): Institutional and Resource Dependence Determinants of Responsiveness to Work-Family Issues, in: The Academy of Management Journal 38 (5/1995), S. 1466-1482

Jackson, Susan E./Schuler, Randall S. (1995): Understanding Human Resource Management in the Context of Organizations and Their Environments, in: Annual Review of Psychology 46 (1/1995), S. 237-264

Jennings, P. Devereaux (1994): Viewing Macro HRM from Without: Political and Institutional Perspectives, in: Ferris, Gerald R. (Hrsg.): Research in Personnel and Human Resource Management Volume 12, Greenwich 1994, S. 1-40

Jepperson, Ronald L. (1991): Institutions, Institutional Effects, and Institutionalism, in: Powell, Walter W./DiMaggio, Paul J. (Hrsg.): The New Institutionalism in Organizational Analysis, Chicago 1991, S. 143-163

Johanson, Ulf (1999): Why the Concept of Human Resource Costing and Accounting Does not Work. A Lesson from Seven Swedish Cases, in: Personnel Review 28 (1-2/1999), S. 91-107

Jones, Gareth R./Bouncken, Ricarda B. (2008): Organisation. Theorie, Design und Wandel, 5. Aufl., München 2008

Jones, Michael John (2010): Sources of Power and Infrastructural Conditions in Medieval Governmental Accounting, in: Accounting, Organizations and Society 35 (1/2010), S. 81-94

Jun, Song Pyo/Armstrong, Gordon M. (1997): The Bases of Power in Churches: An Analysis from a Resource Dependence Perspective, in: The Social Science Journal 34 (2/1997), S. 105-130

Jung, Hans (2010): Allgemeine Betriebswirtschaftslehre, 12. Aufl., München 2010

Jung, Hans (2011): Personalwirtschaft, 9. Aufl., München 2011

Kacmar, K. Michele/Carlson, Dawn S. (1999): Effectiveness of Impression Management Tactics Across Human Resource Situations, in: Journal of Applied Social Psychology 29 (6/1999), S. 1293-1315

Kaiser, Kate M./Ross, Jeanne W. (1994): Technology Management and Control over Resources: An Application of Strategic Contingencies Theory, in: The Journal of High Technology Management Research 5 (2/1994), S. 299-321

Kalu, Timothy Ch. U. (1995): A Framework for Empirically Investigating the Power of Functional Units in Organizations, in: Scandinavian Journal of Management 11 (3/1995), S. 251-268

Kamoche, Ken (1994): A Critique and a Proposed Reformulation of Strategic Human Resource Management, in: Human Resource Management Journal 4 (4/1994), S. 29-43

Kaufman, Bruce E. (2007): The Development of HRM in Historical and International Perspective, in: Boxall, Peter/Purcell, John/Wright, Patrick (Hrsg.): The Oxford Handbook of Human Resource Management, Oxford 2007, S. 19-47

Kaufman, Bruce E. (2010): SHRM Theory in the Post-Huselid Era: Why It Is Fundamentally Mis-specified, in: Industrial Relations 49 (2/2010), S. 286-313

Kearns, Paul (2010): HR Strategy. Creating Business Strategy with Human Capital, 2. Aufl., Oxford u. a. 2010

Kelly, James/Gennard, John (1996): The Role of Personnel Directors on the Board of Directors, in: Personnel Review 25 (1/1996), S. 7-24

Kelly, James/Gennard, John (2001): Power and Influence in the Boardroom. The Role of the Personnel/HR Director, London und New York 2001

Kempf, Matthias (2007): Strukturwandel und die Dynamik von Abhängigkeiten. Ein Theorieansatz und seine Illustration am deutschen Kabelnetzsektor, Wiesbaden 2007

Kieser, Alfred/Walgenbach, Peter (2010): Organisation, 6. Aufl., Stuttgart 2010

Kilfoyle, Eksa/Richardson, Alan J. (2011): Agency and Structure in Budgeting: Thesis, Antithesis and Synthesis, in: Critical Perspectives on Accounting 22 (2/2011), S. 183-199

Kinsey, Sue (2012): 'Professional Partner' or 'Management's Bitch'?: A Discourse Analytic Study of the Identity Construction of HR Practioners in English Local Government, http://etheses.nottingham.ac.uk/2490/, 16.10.2013

Kipnis, David/Schmidt, Stuart M./Wilkinson, Ian (1980): Intraorganisational Influence Tactics: Explorations in Getting One's Way, in: Journal of Applied Psychology 65 (4/1980), S. 440-452

Klimecki, Rüdiger/Gmür, Markus (2005): Personalmanagement. Strategien, Erfolgsbeiträge, Entwicklungsperspektiven, 3. Aufl., Stuttgart 2005

Klimecki, Rüdiger/Gmür, Markus/Bonn, Georg/Litz, Stefan (2003): Personal als Flexibilitätsressource. Empirische Studien zum Einfluss flexibilisierender HRM-Maßnahmen auf den Unternehmenserfolg, in: Martin, Albert (Hrsg.): Personal als Ressource, München und Mering 2003, S. 79-95

Klöti, Lorenz (2008): Personalrisiken. Qualitative und quantitative Ansätze für das Management von Personalrisiken, Bern u. a. 2008

Knauer, Thorsten (2010): Relevanz, Qualität und Determinanten der externen Unternehmenspublizität zum Humankapital – eine empirische Bestandsaufnahme der HDAX-Unternehmen, in: Zeitschrift für Personalforschung 24 (3/2010), S. 205-230

Knoblach, Bianca/Fink, Dietmar (2012): Warum wir tun, was andere wollen: Psychologische Determinanten informeller Macht in Organisationen, in: Schmalenbachs Zeitschrift für betriebswirtschaftliche Forschung 64 (7/2012), S. 747-771

Knyphausen-Aufseß, Dodo (2000): Auf dem Weg zu einem ressourcenorientierten Paradigma? Resource-Dependence-Theorie der Organisation und Resource-based View des Strategischen Managements im Vergleich, in: Ortmann, Günther/Sydow, Jörg/Türk, Klaus (Hrsg.): Theorien der Organisation. Die Rückkehr der Gesellschaft, Opladen 2000, S. 452-480

Kobi, Jean-Marcel (1999): Personalrisikomanagement: Eine neue Dimension im Human Resources Management. Strategien zur Steigerung des People Value, Wiesbaden 1999

Kobi, Jean-Marcel (2002a): Personalrisikomanagement. Strategien zur Steigerung des People Value, 2. Aufl., Wiesbaden 2002

Kobi, Jean-Marcel (2002b): Trends im Personalcontrolling, in: Personal: Zeitschrift für Human Resource Management 54 (6/2002), S. 42-45

Kobi, Jean-Marcel (2005): Personalcontrolling, in: Backhaus, Jürgen/Kobi, Jean-Marcel (Hrsg.): Personalcontrolling, Stuttgart 2005, S. 15-54

Kobi, Jean-Marcel (2011): Personalrisikomanagement und Personalcontrolling, in: Controller Magazin 36 (6/2011), S. 60-63

Kochan, Thomas A. (1997): Rebalancing the Role of Human Resources, in: Human Resource Management 36 (1/1997), S. 121-127

Kochan, Thomas A. (2004): Restoring Trust in the Human Resource Management Profession, in: Asia Pacific Journal of Human Resources 42 (2/2004), S. 132-146

Koontz, Harold/O'Donnell, Cyril (1972): Principles of Management – An Analysis of Managerial Functions, 5. Aufl., New York u. a. 1972

Koop, Rebecca/Grant, Rebecca (1993): Information Systems and Power: Structural versus Personal Views, Proceedings of the 1993 Conference on Computer Personnel Research, http://dl.acm.org/citation.cfm?id=158235, 16.10.2013

Kosel, Marijan/Görzig, Günter (2002): Personalarbeit steht auf dem Prüfstand, in: Personalmagazin 4 (10/2002), S. 24-29

Kostova, Tatiana (1999): Transnational Transfer of Strategic Organizational Practices: A Contextual Perspective, in: The Academy of Management Review 24 (2/1999), S. 308-324

Kosub, Bernd (2012): Gefragt sind Generalisten mit perfekter Methodenkompetenz, in: Personalführung 45 (8/2012), S. 68-70

Kozica, Arjan M. F. (2011): Personalethik. Die ethische Dimension personalwissenschaftlicher Forschung, Frankfurt a. M. 2011

Krackhardt, David (1990): Assessing the Political Landscape: Structure, Cognition, and Power in Organizations, in: Administrative Science Quarterly 35 (2/1990), S. 342-369

Krings, Thorsten (2012): Der HR Business Partner: Ein Missverständnis? In: Personalwirtschaft 39 (7/2012), S. 35-37

Krüper, Manfred (1989): Personalführung und Personal-Controlling in den 90er Jahren, in: Controlling 1 (2/1989), S. 104-109

Küpper, Hans-Ulrich (1991): Personal-Controlling aus der Sicht des Controllers – Entwicklungschancen? In: Ackermann, Karl-Friedrich/Scholz, Harmut (Hrsg.): Personalmanagement für die 90er Jahre, Stuttgart 1991, S. 223-247

Küpper, Hans-Ulrich (2005): Controlling. Konzeption. Aufgaben und Instrumente, 4. Aufl., Stuttgart 2005

Küpper, Tobias (2009): Wertschöpfungsevaluation im Personalmanagement, in: V. Rhein-Ruhr-Institut für angewandte Mittelstandsforschung (RIFAM) (Hrsg.): Schriften zur Mittelstandsforschung (SMf) (9/2009), München und Mering 2009, S. 1-7

Küpper, Willi (2004): Mikropolitik, in: Schreyögg, Georg/Werder, Axel v. (Hrsg.): Handwörterbuch Unternehmensführung und Organisation, 4. Aufl., Stuttgart 2004, S. 861-870

Küpper, Willi/Felsch, Anke (2000): Organisation, Macht und Ökonomie: Mikropolitik und die Konstitution organisationaler Handlungssysteme, Wiesbaden 2000

Lachman, Ran (1989): Power from What? A Re-examination of Its Relationships with Structural Conditions, in: Administrative Science Quarterly 34 (2/1989), S. 231-251

Länsiluoto, Aapo/Järvenpää, Marko/Krumwiede, Kip (2013): Conflicting Interests but Filtered Key Targets: Stakeholder and Resource-Dependency Analyses at a University of Applied Science, in: Management Accounting Research 24 (3/2013), S. 228-245

Lado, Augustine A./Wilson, Mary C. (1994): Human Resource Systems and Sustained Competitive Advantage: A Competency-Based Perspective, in: The Academy of Management Review 19 (4/1994), S. 699-727

Lamnek, Siegfried (2010): Qualitative Sozialforschung, 5. Aufl., Weinheim 2010

Laughlin, Richard (1995): Empirical Research in Accounting: Alternative Approaches and a Case for "Middle-Range" Thinking, in: Accounting, Auditing & Accountability Journal 8 (1/1995), S. 63-87

Lawler, Edward E. (1992): Power Processes in Bargaining, in: The Sociological Quarterly 33 (1/1992), S. 17-34

Lawler, Edward E. (2005): From Human Resource Management to Organizational Effectiveness, in: Human Resource Management 44 (2/2005), S. 165-169

Lawler, Edward E./Jamrog, Jay/Boudreau, John (2011): Shining Light on the HR Profession, in: Society for Human Resource Management 56 (2/2011), S. 38-43

Lecker, Ute (2009): Grundlagen des Risikomanagements, in: Deutsche Gesellschaft für Personalführung e. V. (DGFP) (Hrsg.): Personalcontrolling für die Praxis: Konzept – Kennzahlen – Unternehmensbeispiele, Bielefeld 2009, S. 179-185

Lee, Thomas W./Mitchell, Terence R./Sablynski, Chris J. (1999): Qualitative Research in Organizational and Vocational Psychology, 1979-1999, in: Journal of Vocational Behavior 55 (8/1999), S. 161-187

Legge, Karen (1978): Power, Innovation, and Problem-Solving in Personnel Management, London 1978

Legge, Karen/Exley, Margaret (1975): Authority, Ambiguity and Adaptation: The Personnel Specialist's Dilemma, in: Industrial Relations Journal 6 (3/1975), S. 51-65

Leidig, Guido (2002): Risikomanagement im Human-Ressourcen-Bereich, in: Der Betriebswirt 43 (1/2002), S. 27-33

Leidig, Guido (2007): Personal-Risikomanagement und Zukunftsherausforderung – Konzeption, Gestaltung, Instrumente, in: ZRFG: Risk, Fraud & Governance 2 (3/2007), S. 122-130

Leidig, Guido (2008): Personal-Risikomanagement als Zukunftssicherung, in: Zeitschrift Führung und Organisation 77 (1/2008), S. 51-57

Levenson, Alex (2005): Harnessing the Power of HR Analytics, in: Strategic HR Review 4 (3/2005), S. 28-31

Lindner-Lohmann, Doris/Lohmann, Florian/Schirmer, Uwe (2012): Personalmanagement, 2. Aufl., Berlin und Heidelberg 2012

Lisges, Guido/Schübbe, Fred (2007): Personalcontrolling. Personalbedarf planen, Fehlzeiten reduzieren, Kosten steuern, 2. Aufl., München u. a. 2007

Lombard, Matthew/Snyder-Duch, Jennifer/Campanella Bracken, Cheryl (2002): Content Analysis in Mass Communication, in: Human Communication Research 28 (4/2002), S. 587-604

Lukes, Steven (2005): Power: A Radical View, 2. Aufl., London 2005

Lukka, Kari/Kasanen, Eero (1995): The Problem of Generalizability: Anecdotes and Evidence in Accounting Research, in: Accounting, Auditing & Accountability Journal 8 (5/1995), S. 71-90

Macharzina, Klaus/Wolf, Joachim (2010): Unternehmensführung. Das internationale Managementwissen. Konzepte – Methoden – Praxis, 7. Aufl., Wiesbaden 2010

Markus, M. Lynne/Pfeffer, Jeffrey (1983): Power and the Design and Implementation of Accounting and Control Systems, in: Accounting, Organizations and Society 8 (2-3/1983), S. 205-218

Marr, Rainer (1982): Humanvermögensrechnung – Entwicklung von Konzepten für eine erweiterte Rechenschaftslegung der Unternehmen, in: Schmidt, Herbert (Hrsg.): Humanvermögensrechnung. Instrumentarium zur Ergänzung der unternehmerischen Rechnungslegung – Konzepte und Erfahrungen, Berlin und New York 1982, S. 45-55

Marr, Rainer (1989): Personalcontrolling – Argumente zur konzeptionellen Entwicklung eines neuen Ansatzes personalwirtschaftlicher Steuerung und Kontrolle, in: Personalführung 22 (7/1989), S. 694-704

Marr, Rainer/Schmidt, Herbert (1992): Humanvermögensrechnung, in: Gaugler, Eduard/Weber, Wolfgang (Hrsg.): Handwörterbuch des Personalwesens, 2. Aufl., Stuttgart 1992, S. 1031-1042

Marrewijk, Marcel van/Timmers, Joanna (2003): Human Capital Management: New Possibilities in People Management, in: Journal of Business Ethics 44 (2-3/2003), S. 171-184

Martin, Albert (2003): Personal als Ressource? In: Martin, Albert (Hrsg.): Personal als Ressource, München und Mering 2003, S. 5-20

Martin, Albert (2006): Die Beurteilung der Personalarbeit: Informationen mit beschränkter Einsicht, in: Zeitschrift für Personalforschung 20 (1/2006), S. 22-41

Martin, Albert/Nienhüser, Werner (1998): Die Erklärung der Personalpolitik von Organisationen, in: Martin, Albert/Nienhüser, Werner (Hrsg.): Personalpolitik. Wissenschaftliche Erklärung der Personalpraxis, München und Mering 1998, S. 9-27

Matiaske, Wenzel (1998): Zur Integration von Tausch- und Machttheorie, in: Berthel, Jürgen (Hrsg.): Unternehmen im Wandel. Konsequenzen für und Unterstützung durch die Personalwirtschaft, München und Mering 1998, S. 45-82

Matiaske, Wenzel/Leblebici, Hüseyin/Kabst, Rüdiger (2008): Introduction, in: Management Revue 19 (1-2/2008), S. 5-8

Mayring, Philipp (2002): Einführung in die qualitative Sozialforschung, 5. Aufl., Weinheim und Basel 2002

Mayring, Philipp (2008): Qualitative Inhaltsanalyse, in: Flick, Uwe/Kardoff, Ernst von/Steinke, Ines (Hrsg.): Qualitative Forschung. Ein Handbuch, 6. Aufl., Reinbek bei Hamburg 2008, S. 468-475

Mayring, Philipp (2010): Qualitative Inhaltsanalyse, 11. Aufl., Weinheim und Basel 2010

McKinlay, Alan/Pezet, Eric (2010): Accounting for Foucault, in: Critical Perspectives on Accounting 21 (6/2010), S. 486-495

McNulty, Terry/Pettigrew, Andrew/Jobome, Greg/Morris, Clare (2011): The Role, Power and Influence of Company Chairs, in: Journal of Management & Governance 15 (1/2011), S. 91-121

Meckl, Reinhard (2009): Personalmanagement, in: Scholz, Christian (Hrsg.): Vahlens Großes Personallexikon, München 2009, S. 898-899

Medcof, John W. (2001): Resource-Based Strategy and Managerial Power in Networks of Internationally Dispersed Technology Units, in: Strategic Management Journal 22 (11/2001), S. 999-1012

Meinefeld, Werner (2008): Hypothesen und Vorwissen in der qualitativen Sozialforschung, in: Flick, Uwe/Kardoff, Ernst von/Steinke, Ines (Hrsg.): Qualitative Forschung. Ein Handbuch, 6. Aufl., Reinbek bei Hamburg 2008, S. 265-275

Mellemvik, Frode/Monsen, Norvald/Olson, Olov (1988): Functions of Accounting – A Discussion, in: Scandinavian Journal of Management 4 (3-4/1988), S. 101-119

Messner, Martin/Becker, Albrecht/Schäffer, Utz/Binder, Christoph (2008): Legitimacy and Identity in Germanic Management Accounting Research, in: European Accounting Review 17 (1/2008), S. 129-159

Metz, Franz (1995): Konzeptionelle Grundlagen, empirische Erhebungen und Ansätze zur Umsetzung des Personal-Controlling in die Praxis, Frankfurt a. M. 1995

Metz, Franz/Knauth, Peter (1994): Entwicklungsstand und Verbreitungsgrad von Personal-Controlling. Ergebnisse einer empirischen Erhebung, in: Personal: Zeitschrift für Human Resource Management 46 (9/1994), S. 424-430

Metz, Franz/Schmidt, Matthias (1996): Personal-Controlling systematisch implementieren. Praxisorientiertes Bausteinkonzept, in: Personalführung 29 (4/1996), S. 268-276

Metz, Franz/Winnes, Ralf/Knauth, Peter (1995): Entwicklungsstand des Personal-Controlling. Ergebnisse von Einzelfallstudien bei 31 deutschen Unternehmen, in: Personal: Zeitschrift für Human Resource Management 47 (3/1995), S. 132-138

Meuser, Michael/Nagel, Ulrike (2009): Experteninterview und der Wandel der Wissensproduktion, in: Bogner, Alexander/Littig, Beate/Menz, Wolfgang (Hrsg.): Das Experteninterview. Theorien, Methoden, Anwendungsfelder, 3. Aufl., Wiesbaden 2009, S. 71-94

Meyer, John W./Rowan, Brian (1977): Institutionalized Organizations: Formal Structure as Myth and Ceremony, in: American Journal of Sociology 83 (2/1977), S. 340-363

Mia, Lokman/Chenhall, Robert H. (1994): The Usefulness of Management Accounting Systems, Functional Differentiation and Managerial Effectiveness, in: Accounting Organizations and Society 19 (1/1994), S. 1-13

Miles, Matthew B./Huberman, Michael A. (1994): Qualitative Data Analysis. An Expanded Sourcebook, 2. Aufl., Thousand Oaks u. a. 1994

Miner, John B. (2007): Organizational Behavior 4. From Theory to Practice, New York 2007

Mintzberg, Henry (1973): The Nature of Managerial Work, New York u. a 1973

Mizruchi, Mark S./Fein, Lisa C. (1999): The Social Construction of Organizational Knowledge: A Study of the Uses of Coercive, Mimetic, and Normative Isomorphism, in: Administrative Science Quarterly 44 (4/1999), S. 653-683

Modrow-Thiel, Brita (1993): Qualitative Interviews – Vorgehen und Probleme, in: Becker, Fred G./Martin, Albert (Hrsg.): Empirische Sozialforschung. Methoden und Beispiele, München und Mering 1993, S. 129-146

Moldaschl, Manfred/Fischer, Dirk (2004): Beyond the Management View: A Resource-Centered Socio-Economic Perspective, in: Management Revue 15 (1/2004), S. 122-151

Molm, Linda D. (1989): Punishment Power: A Balancing Process in Power-Dependence Relations, in: American Journal of Sociology 94 (6/1989), S. 1392-1418

Mouritsen, Jan (1994): Rationality, Institutions and Decision Making: Reflections on March and Olsen's Rediscovering, in: Institutions, Accounting, Organizations and Society 19 (2/1994), S. 193-211

Mulvaney, Rebecca R. Harris/Zwahr, Melissa/Baranowski, Laura (2006): The Trend Toward Accountability: What Does It Mean for HR Managers? In: Human Resource Management Review 16 (3/2006), S. 431-442

Nemati, Ali R./Bhatti, Afkar M./Maqsal, Muhammed/Mansoor, Immad/Naveed, Fariha (2010): Impact of Resource Based View and Resource Dependence Theory on Strategic Decision Making, in: International Journal of Business and Management 5 (12/2010), S. 110-115

Neuberger, Oswald (1995): Mikropolitik: Der alltägliche Aufbau und Einsatz von Macht in Organisationen, Stuttgart 1995

Neuberger, Oswald (2004): Mikropolitische Ansätze des Personalmanagements, in: Gaugler, Eduard/Oechsler, Walter A./Weber, Wolfgang (Hrsg.): Handwörterbuch des Personalwesens, 3. Aufl., Stuttgart 2004, S. 1194-1203

Neuberger, Oswald (2006a): Mikropolitik und Moral in Organisationen. Herausforderung der Ordnung, 2. Aufl., Stuttgart 2006

Neuberger, Oswald (2006b): Mikropolitik: Stand der Forschung und Reflexion, in: Zeitschrift für Arbeits- und Organisationspsychologie 50 (4/2006), S. 189-202

Neuberger, Oswald (2009): Mikropolitik, in: Rosenstiel, Lutz von/Regnet, Erika/Domsch, Michel E. (Hrsg.): Führung von Mitarbeitern. Handbuch für ein erfolgreiches Personalmanagement, 6. Aufl., Stuttgart 2009, S. 28-35

Neuendorf, Kimberly A. (2002): The Content Analysis Guidebook, Thousand Oaks u. a. 2002

Neumayr, Michaela (2010): Resource Dependence: Der Einfluss öffentlicher Finanzierungsformen auf die Funktionen von Nonprofit Organisationen in Österreich, Doctoral thesis, WU Vienna University of Economics and Business, http://epub.wu.ac.at/2790/, 16.10.2013

Nienhüser, Werner (1998): Macht bestimmt die Personalpolitik! Erklärung der betrieblichen Arbeitsbeziehungen aus macht- und austauschtheoretischer Perspektive, in: Martin, Albert/Nienhüser, Werner (Hrsg.): Personalpolitik. Wissenschaftliche Erklärung der Personalpraxis, München und Mering 1998, S. 239-261

Nienhüser, Werner (2002): Politisierende Ansätze zur Analyse des Personalmanagements: Neomarxistische und foucaultianische Perspektiven. Arbeitspapier Universität Essen, Essen 2002, http://www.uni-due.de/apo/EBPF5.pdf, 16.10.2013

Nienhüser, Werner (2003): Macht, in: Martin, Albert (Hrsg.): Organizational Behavior – Verhalten in Organisationen, Stuttgart 2003, S. 139-172

Nienhüser, Werner (2004): Die Resource Dependence-Theorie – wie (gut) erklärt sie Unternehmensverhalten? In: Festing, Marion/Martin, Albert/Mayrhofer, Wolfgang/Nienhüser, Werner (Hrsg.): Personaltheorie als Theorie der Unternehmung, München und Mering 2004, S. 87-119

Nienhüser, Werner (2005): Elitenzirkulation in Organisationen – Vorarbeiten zu einer politischen Theorie organisationalen Wandels, in: Drepper, Thomas/Göbel, Andreas/Nokielski, Hans (Hrsg.): Sozialer Wandel und kulturelle Innovation: historische und systematische Perspektiven. Eckart Pankoke zum 65. Geburtstag, Berlin 2005, S. 355-382

Nienhüser, Werner (2006): Substanzielle und symbolische Personalmanagement-Forschung – das Beispiel des „Personalmanagement-Professionalisierungs-Index" der Deutschen Gesellschaft für Personalführung, in: Zeitschrift für Personalforschung 20 (1/2006), S. 42-57

Nienhüser, Werner (2008): Resource Dependence Theory – How Well Does It Explain Behavior of Organizations, in: Management Revue 19 (1/2008), S. 9-32

Nienhüser, Werner/Krins, Christina (2005): Betriebliche Personalforschung: Eine problemorientierte Einführung, München u. a. 2005

Nonaka, Ikujiro (1994): A Dynamic Theory of Organizational Knowledge Creation, in: Organization Science 5 (1/1994), S. 14-37

Ocasio, William (1997): Towards an Attention-Based View of the Firm, in: Strategic Management Journal 18 (S1/1997), S. 187-206

Oechsler, Walter A. (2011): Personal und Arbeit, 9. Aufl., München 2011

Oliver, Amalya L./Ebers, Mark (1998): Networking Network Studies: An Analysis of Conceptual Configurations in the Study of Interorganizational Relationships, in: Organization Studies 19 (4/1998), S. 549-583

Oliver, Christine (1991): Strategic Responses to Institutional Processes, in: The Academy of Management Review 16 (1/1991), S. 145-179

Ortlieb, Renate/Sieben, Barbara (2008): Diversity Strategies Focused on Employees with a Migration Background: An Empirical Investigation Based on Resource Dependence Theory, in: Management Revue 19 (1-2/2008), S. 70-93

Paefgen, Anne (2008): Rationalitätsdefizite im Handeln von Controllern. Ausprägungsformen und Gegenmaßnahmen, Wiesbaden 2008

Papmehl, André (1999): Personal-Controlling, 2. Aufl., Heidelberg 1999

Paul, Christopher (2011): Personalrisikomanagement aus ressourcentheoretischer Perspektive, Köln 2011

Penrose, Edith T. (1959): The Theory of the Growth of the Firm, Oxford 1959

Persch, Peter-Roman (2003): Die Bewertung von Humankapital – eine kritische Analyse, München und Mering 2003

Pettigrew, Andrew M. (1974): The Influence Process between Specialists and Executives, in: Personnel Review 3 (1/1974), S. 24-30

Pfeffer, Jeffrey (1981a): Power in Organizations, Boston u. a. 1981

Pfeffer, Jeffrey (1981b): Management as Symbolic Action: The Creation and Maintenance of Organizational Paradigms, in: Cummings, Larry L./Staw, Barry M. (Hrsg.): Research in Organizational Behavior Vol. 3, Greenwich 1981, S. 1-52

Pfeffer, Jeffrey (1987): A Resource Dependence Perspective on Intercorporate Relations, in: Mizruchi, Mark S./Schwartz, Michael (Hrsg.): Intercorporate Relations. The Structural Analysis of Business, Cambridge u. a. 1987, S. 25-55

Pfeffer, Jeffrey (1992): Managing with Power. Politics and Influence in Organizations, Boston 1992

Pfeffer, Jeffrey (1994): Competitive Advantage Through People, in: California Management Review 36 (2/1994), S. 9-28

Pfeffer, Jeffrey (1997): Pitfalls on the Road to Measurement: The Dangerous Liaison of Human Resource with the Ideas of Accounting and Finance, in: Human Resource Management 36 (3/1997), S. 357-365

Pfeffer, Jeffrey (2005): Developing Resource Dependence Theory. How Theory is Affected by Its Environment, in: Smith, Ken G./Hitt, Michael A. (Hrsg.): Great Minds in Management. The Process of Theory Development, New York 2005, S. 436-459

Pfeffer, Jeffrey/Cohen, Yinon (1984): Determinants of Internal Labor Markets in Organizations, in: Administrative Science Quarterly 29 (4/1984), S. 550-572

Pfeffer, Jeffrey/Davis-Blake, Alison (1987): Understanding Organizational Wage Structures: A Resource Dependence Approach, in: The Academy of Management Journal 30 (3/1987), S. 437-455

Pfeffer, Jeffrey/Salancik, Gerald R. (1974): Organizational Decision Making as a Political Process: The Case of a University Budget, in: Administrative Science Quarterly 19 (2/1974), S. 135-151

Pfeffer, Jeffrey/Salancik, Gerald R. (1978): The External Control of Organizations. A Resource Dependence Perspective, New York u. a. 1978

Pfeffer, Jeffrey/Salancik, Gerald R. (2003): The External Control of Organizations. A Resource Dependence Perspective, 2. Aufl., New York u. a. 2003

Piber, Martin/Ranacher, Christian (2008): Personalcontrolling goes Marketing: Lernpotenziale für das HR-Performance-Measurement, in: Zeitschrift für Controlling und Management 52 (3/2008), S. 152-155

Pietsch, Gotthard (2003): Reflexionsorientiertes Controlling. Konzeption und Gestaltung, Wiesbaden 2003

Pietsch, Gotthard (2006): Wertorientierte Personalarbeit zwischen Mythos und Mikropolitik, in: Zeitschrift für Personalforschung 20 (2/2006), S. 160-182

Pietsch, Gotthard (2007a): Human Capital Measurement, Ambiguity, and Opportunism: Actors between Menace and Opportunity, in: Zeitschrift für Personalforschung 21 (3/2007), S. 252-273

Pietsch, Gotthard (2007b): Zwischen Analyse und Paralyse, in: Personal: Zeitschrift für Human Resource Management 59 (11/2007), S. 8-10

Pietsch, Gotthard (2008a): Humankapitalbewertung und opportunistische Interpretationsstrategien, in: Controlling 20 (3/2008), S. 131-137

Pietsch, Gotthard (2008b): Humankapitalbewertung im Personalcontrolling – Jenseits der Verantwortlichkeitserosion, in: Zeitschrift für Controlling und Management 52 (3/2008), S. 178-189

Pietsch, Gotthard/Scherm, Ewald (2000): Die Präzisierung des Controlling als Führungs- und Führungsunterstützungsfunktion, in: Die Unternehmung: Swiss Journal of Business Research and Practice 54 (5/2000), S. 395-411

Pietsch, Gotthard/Scherm, Ewald (2004a): Reflexionsorientiertes Controlling, in: Scherm, Ewald/Pietsch, Gotthard (Hrsg.): Controlling. Theorien und Konzeptionen, München 2004, S. 529-553

Pietsch, Gotthard/Scherm, Ewald (2004b): Controller bewegen sich in einer doppelten Realität, in: io new management 73 (11/2004), S. 16-22

Potter, Bradley N. (2005): Accounting as a Social and Institutional Practice: Perspectives to Enrich our Understanding of Accounting Change, in: ABACUS: A Journal of Accounting, Finance and Business Studies 41 (3/2005), S. 265-289

Potthoff, Erich (1987): Organisatorische Einordnung des Controlling in der Personalwirtschaft, in: Die Betriebswirtschaft 47 (4/1987), S. 385-390

Potthoff, Erich/Trescher, Karl (1986): Controlling in der Personalwirtschaft, Berlin u. a. 1986

Pratt, Michael G. (2009): From the Editors: For the Lack of a Boilerplate: Tips on Writing Up (and Reviewing) Qualitative Research, in: The Academy of Management Journal 52 (5/2009), S. 856-862

Probst, Gilbert/Raub, Steffen/Romhardt, Kai (2010): Wissen managen. Wie Unternehmen ihre wertvollste Ressource optimal nutzen, 6. Aufl., Wiesbaden 2010

Provan, Keith G. (1980): Recognizing, Measuring, and Interpreting the Potential/Enacted Power Distinction in Organizational Research, in: The Academy of Management Review 5 (4/1980), S. 549-559

Provan, Keith/Beyer, Janice M./Kruytbosch, Carlos (1980): Environmental Linkages and Power in Resource-Dependence Relations Between Organizations, in: Administrative Science Quarterly 25 (2/1980), S. 200-225

Przybilla, Anne (2008): Personalrisikomanagement – Mitarbeiterbindung und die Relevanz für Unternehmen, Wismarer Diskussionspapiere (7/2008), http://www.econbiz.de/archiv1/2009/60034_personalrisikomanagement_mitarbeiter-bindung.pdf, 16.10.2013

Przyborski, Aglaja/Wohlrab-Sahr, Monika (2010): Qualitative Sozialforschung: Ein Arbeitsbuch, 3. Aufl., Oldenburg 2010

Rao, Hayagreeva (1994): The Social Construction of Reputation: Certification Contests, Legitimation, and the Survival of Organizations in the American Automobile Industry, 1895-1912, in: Strategic Management Journal 15 (special issue/1994), S. 29-44

Raven, Bertram H. (1993): The Bases of Power: Origins and Recent Developments, in: Journal of Social Issues 49 (4/1993), S. 227-251

Rehäuser, Jakob/Krcmar, Helmut (1996): Wissensmanagement im Unternehmen, in: Schreyögg, Georg/Conrad, Peter (Hrsg.): Managementforschung 6, Wissensmanagement, Berlin u. a. 1996, S. 1-40

Reichel, Astrid/Mayrhofer, Wolfgang (2009): The End of Personnel? Managing Human Resources in Turbulent Environments, in: Management Revue 20 (1/2009), S. 5-14

Remer, Andreas (1992): Personalcontrolling, in: Gaugler, Eduard/Weber, Wolfgang (Hrsg.): Handwörterbuch des Personalwesens, 2. Aufl., Stuttgart 1992, S. 1642-1653

Richardson, Alan John (1985): Symbolic and Substantive Legitimation in Professional Practice, in: The Canadian Journal of Sociology 10 (2/1985), S. 139-152

Ridder, Hans-Gerd (2002): Vom Faktoransatz zum Human Resource Management, in: Schreyögg, Gerd/Conrad, Peter (Hrsg.): Theorien des Managements. Managementforschung 12, Wiesbaden 2002, S. 211-240

Ridder, Hans-Gerd (2009): Personalwirtschaftslehre, 3. Aufl., Stuttgart 2009

Ridder, Hans-Gerd/Conrad, Peter/Schirmer, Frank/Bruns, Hans-Jürgen (2001): Strategisches Personalmanagement. Mitarbeiterführung, Integration und Wandel aus ressourcenorientierter Perspektive, Landsberg/Lech 2001

Roche, William K./Teague, Paul (2012): Business Partners and Working the Pumps: Human Resource Managers in the Recession, in: Human Relations 65 (10/2012), S. 1333-1359

Rößl, Dieter/Gratzl, Nicola/Schopf, Christiane (2006): Der Resource-Dependence-Ansatz und der Power-Dependence-Ansatz, in: Rößl, Dietmar (Hrsg.): Relationship-Management mit Beiträgen aus Wissenschaft und Praxis, Wien 2006, S. 45-57

Rühl, Monika (2007): Diversity Management – Erfahrungen mit der Einführung bei Deutsche Lufthansa Aktiengesellschaft, in: Zeitschrift für Personalforschung 21 (2/2007), S. 176-181

Russ, Gail S./Galang, Maria Carmen/Ferris, Gerald R. (1998): Power and Influence of the Human Resource Function through Boundary Spanning and Information Management, in: Human Resource Management Review 8 (2/1998), S. 125-148

Saá-Pérez, Petra De/García-Falcón, Juan Manuel (2002): A Resource-Based View of Human Resource Management and Organizational Capabilities Development, in: International Journal of Human Resource Management 13 (1/2002), S. 123-140

Saidel, Judith R. (1991): Resource Interdependence: The Relationship between State Agencies and Nonprofit Organizations, in: Public Administration Review 51 (6/1991), S. 543-553

Salancik, Gerald R./Cooper Brindle, M. (1997): The Social Ideologies of Power in Organizational Decisions, in: Shapira, Zur (Hrsg.): Organizational Decision Making, Cambridge 1997, S. 111-132

Salancik, Gerald R./Pfeffer, Jeffrey (1974): The Base and Use of Power in Organizational Decision Making: The Case of a University, in: Administrative Science Quarterly 19 (4/1974), S. 453-475

Salancik, Gerald R./Pfeffer, Jeffrey (1977): Who Gets Power – And How They Hold on to It: A Strategic-Contingency Model of Power, in: Organizational Dynamics 5 (3/1977), S. 3-20

Sandner, Karl (1990): Prozesse der Macht – zur Entstehung, Stabilisierung und Veränderung der Macht von Akteuren in Unternehmen, Berlin u. a. 1990

Sandner, Karl/Meyer, Renate (2004): Macht, in: Gaugler, Eduard/Oechsler, Walter A./Weber, Wolfgang (Hrsg.): Handwörterbuch des Personalwesens, 3. Aufl., Stuttgart 2004, S. 1133-1141

Sasse, Jörg/Fink, Hede Gesine (2009): Rolle des Personalcontrollers und organisatorische Einbindung im Unternehmen, in: Deutsche Gesellschaft für Personalführung e. V. (DGFP e. V.) (Hrsg.): Personalcontrolling für die Praxis. Konzept – Kennzahlen – Unternehmensbeispiele, Bielefeld 2009, S. 43-47

Saunders, Carol Stoak (1981): Management Information Systems, Communications, and Departmental Power: An Integrative Model, in: The Academy of Management Review 6 (3/1981), S. 431-442

Saunders, Carol Stoak (1990): The Strategic Contingencies Theory of Power: Multiple Perspectives, in: Journal of Management Studies 27 (1/1990), S. 1-18

Saunders, Carol Stoak/Scamell, Richard (1982): Intraorganizational Distributions of Power: Replication Research, in: The Academy of Management Journal 25 (1/1982), S. 192-200

Scherer, Adrian/Hampel, Gabriele (2010): Die Ziele im Blick behalten, in: Personalwirtschaft 37 (6/2010), S. 18-19

Scherm, Ewald (1991): Der schwierige Umgang mit dem Personal-Controlling, in: Personalwirtschaft 18 (12/1991), S. 16-19 und 30

Scherm, Ewald (1992a): Personal-Controlling. Eine kritische Bestandsaufnahme, in: Die Betriebswirtschaft 52 (3/1992), S. 309-323

Scherm, Ewald (1992b): Personalwirtschaftliche Kennzahlen – Eine Sackgasse des Personalcontrollings? In: Personal: Zeitschrift für Human Resource Management 44 (11/1992), S. 522-525

Scherm, Ewald (2011): Sieben Wege – ein Ziel? In: Personalmagazin 13 (2/2011), S. 40-42

Scherm, Ewald/Pietsch, Gotthard (2005): Erfolgsmessung im Personalcontrolling – Reflexionsinput oder Rationalitätsmythos? In: Betriebswirtschaftliche Forschung und Praxis 57 (1/2005), S. 43-57

Scherm, Ewald/Pietsch, Gotthard (2007): Organisation, München 2007

Scherm, Ewald/Pietsch, Gotthard/Süß, Stefan (2000): Internationales Personalcontrolling zwischen Standardisierung und Differenzierung, in: Personal: Zeitschrift für Human Resource Management 52 (9/2000), S. 470-476

Scherm, Ewald/Süß, Stefan (2010): Personalmanagement, 2. Aufl., München 2010

Schlagenhaufer, Peter (1995): Personal-Controlling als Ansatzpunkt zur unternehmerischen Gestaltung der Personalarbeit – Darstellung aus Sicht der Wissenschaft, in: Wunderer, Rolf/Kuhn, Thomas (Hrsg.): Innovatives Personalmanagement. Theorie und Praxis unternehmerischer Personalarbeit, Neuwied u. a. 1995, S. 173-186

Schmidt, Herbert (1982): Humanvermögensrechnung. Instrumentarium zur Ergänzung der unternehmerischen Rechnungslegung – Konzepte und Erfahrungen, Berlin und New York 1982

Schneider, Martin (2005): Gestaltungsprinzipien für Personal-Kennzahlensysteme. Abschied von der Zahlengläubigkeit, in: Betriebswirtschaftliche Forschung und Praxis 57 (1/2005), S. 30-42

Schneider, Martin (2008): Organisationskapital und Humankapital als strategische Ressourcen, in: Zeitschrift für Personalforschung 22 (1/2008), S. 12-34

Schnell, Rainer/Hill, Paul B./Esser, Elke (2008): Methoden der empirischen Sozialforschung, 8. Aufl., München und Wien 2008

Scholz, Christian (2000): Personalmanagement, 5. Aufl., München 2000

Scholz, Christian (2009): Human Capital Management, in: Rosenstiel, Lutz von/Regnet, Erika/Domsch, Michael E. (Hrsg.): Führung von Mitarbeitern. Handbuch für erfolgreiches Personalmanagement, 6. Aufl., Stuttgart 2009, S. 539-548

Schreyögg, Georg (2000): Theorien organisatorischer Ressourcen, in: Ortmann, Günther/Sydow, Jörg/Türk, Klaus (Hrsg.): Theorien der Organisation. Die Rückkehr der Gesellschaft, 2. Aufl., Wiesbaden 2000, S. 481-486

Schuck, Kerstin (2010): Flexible Anpassungsprozesse auf der Mikroebene. Die simultane und strategische Anpassung von personalwirtschaftlichen und organisatorischen Leistungspotenzialen bei einem dynamischen Umfeld, Köln und Duisburg 2010

Schuler, Randall S. (2000): The Internationalization of Human Resource Management, in: Journal of International Management 6 (3/2000), S. 239-260

Schuler, Randall S./Jackson, Susan E. (2005): Quarter-Century Review of Human Resource Management in the U.S.: The Growth in Importance of the International Perspective, in: Management Revue 16 (1/2005), S. 11-35

Schulte, Christof (1990): Kennzahlensystem für die Steuerung der betrieblichen Personalarbeit, in: Zeitschrift für Personalforschung 4 (4/1990), S. 351-365

Schulte, Christof (2002): Personal-Controlling mit Kennzahlen, 2. Aufl., München 2002

Senge, Konstanze (2005): Der Neo-Institutionalismus als Kritik der ökonomischen Perspektive, Darmstadt 2005

Senge, Konstanze (2011): Das Neue am Neo-Institutionalismus. Der Neo-Institutionalismus im Kontext der Organisationswissenschaft, Wiesbaden 2011

Sherer, Peter D./Lee, Kyungmook (2002): Institutional Change in Large Law Firms: A Resource Dependency and Institutional Perspective, in: The Academy of Management Journal 45 (1/2002), S. 102-119

Simon, Herbert A. (1957): Models of Man. Social and Rational, New York 1957

Staehle, Wolfgang H. (1988): Macht und Kontingenzforschung, in: Küpper, Willi/Ortmann, Günther (Hrsg.): Mikropolitik: Rationalität, Macht und Spiele in Organisationen, Opladen 1988, S. 155-163

Staehle, Wolfgang H. (1989): Human Resource Management und Unternehmensstrategie, in: Mitteilungen aus der Arbeitsmarkt- und Berufsforschung 22 (3/1989), S. 388-396

Staehle, Wolfgang H. (1991): Einführung in die Managementforschung und in das Konzept des Handbuches, in: Staehle, Wolfgang H. (Hrsg.): Handbuch Management. Die 24 Rollen der exzellenten Führungskraft, Wiesbaden 1991, S. 11-23

Staehle, Wolfgang H. (1999): Management. Eine verhaltenswissenschaftliche Perspektive, 8. Aufl., München 1999

Steger, Thomas/Hartz, Ronald (2008): The Power of Partizipation? Power Relations and Processes in Employee-owned Companies, in: Zeitschrift für Personalforschung 22 (2/2008), S. 152-170

Steimle, Ulrich (2008): Ressourcenabhängigkeit und Nachhaltigkeitsorientierung von Unternehmen, Marburg 2008

Stein, Volker (2007): Human Capital Management: The German Way, in: Zeitschrift für Personalforschung 21 (3/2007), S. 295-321

Stein, Volker (2010): Professionalisierung des Personalmanagements: Selbstverpflichtung als Weg, in: Zeitschrift für Management 5 (3/2010), S. 201-205

Steinbichler, Ernst (1995): Personal-Controlling als Serviceangebot der Personaleinheit, in: Wunderer, Rolf/Kuhn, Thomas (Hrsg.): Innovatives Personalmanagement. Theorie und Praxis unternehmerischer Personalarbeit, Neuwied u. a. 1995, S. 187-227

Steinke, Ines (1999): Kriterien qualitativer Forschung. Ansätze zur Bewertung qualitativ-empirischer Sozialforschung, Weinheim 1999

Steinke, Ines (2008): Gütekriterien qualitativer Forschung, in: Flick, Uwe/Kardorff, Ernst von/Steinke, Ines (Hrsg.): Qualitative Forschung. Ein Handbuch, 6. Aufl., Reinbek bei Hamburg 2008, S. 319-331

Steinmann, Horst/Scherer, Andreas Georg (1994): Zur Inkommensurabilität betriebswirtschaftlicher Theorien, Diskussionsbeitrag Nr. 70, Erlangen-Nürnberg 1994

Steinmann, Horst/Schreyögg, Georg (2005): Management. Grundlagen der Unternehmensführung, 6. Aufl., Wiesbaden 2005

Stelzer, Franziska (2008): Legitimierungsstrategien junger Unternehmen – Ergebnisse einer experimentellen Studie, Schumpeter Discussion Papers, Wuppertal 2008, http://elpub.bib.uni-wuppertal.de/servlets/DerivateServlet/Derivate-1514/sdp08006.pdf, 16.10.2013

Stock-Homburg, Ruth (2010): Personalmanagement. Theorien – Konzepte – Instrumente, 2. Aufl., Wiesbaden 2010

Storey, John (1992): Developments in the Management of Human Resources, Oxford 1992

Suchman, Mark C. (1995): Managing Legitimacy: Strategic and Institutional Approaches, in: The Academy of Management Review 20 (3/1995), S. 571-610

Süß, Stefan (2004): Weitere 10 Jahre später: Verhaltenswissenschaften und Ökonomik – Eine Chance für die Personalwirtschaftslehre, in: Zeitschrift für Personalforschung 18 (2/2004), S. 222-242

Süß, Stefan (2009): Die Institutionalisierung von Managementkonzepten, München und Mering 2009

Süß, Stefan (2010): Quo vadis Diversity-Management: Legitimationsfassade oder professionelles Management personeller Vielfalt? In: Zeitschrift für Management 5 (3/2010), S. 283-304

Sullivan, Bilian Ni (2010): Competition and Beyond: Problems and Attention Allocation in the Organizational Rulemaking Process, in: Organization Science 21 (2/2010), S. 432-450

Thompson, James D. (1967): Organizations in Action. Social Science Bases of Administrative Theory, New York u. a. 1967

Thompson, Paul (2011): The trouble with HRM, in: Human Resource Management Journal 21 (4/2011), S. 355-367

Tjosvold, Dean (1990): Power in Cooperative and Competitive Organizational Contexts, in: Journal of Social Psychology 130 (2/1990), S. 249-258

Tolbert, Pamela S. (1985): Institutional Environments and Resource Dependence: Sources of Administrative Structure in Institutions of Higher Education, in: Administrative Science Quarterly 30 (1/1985), S. 1-13

Tolbert, Pamela S./Zucker, Lynne G. (1996): The Institutionalization of Institutional Theory, in: Clegg, Stewart R./Hardy, Cynthia/Nord, Walter R. (Hrsg.): Handbook of Organization Studies, London u. a. 1996, S. 175-190

Tolksdorf, Guido (1995): Personal-Controlling passé, es lebe ...? In: Personal: Zeitschrift für Human Resource Management 47 (12/1995), S. 649-653

Tootell, Beth/Blackler, Meredith/Toulson, Paul/Dewe, Philip (2009): Metrics: HRM's Holy Grail? A New Zealand Case Study, in: Human Resource Management Journal 19 (4/2009), S. 375-392

Torrington, Derek/Hall, Laura/Taylor, Stephen/Atkinson, Carol (2011): Human Resource Management, 8. Aufl., London u. a. 2011

Toulson, Paul K./Dewe, Philip (2004): HR Accounting as a Measurement Tool, in: Human Resource Management Journal 14 (2/2004), S. 75-90

Townley, Barbara (1993): Foucault, Power/Knowledge, and Its Relevance for Human Resource Management, in: The Academy of Management Review 18 (3/1993), S. 518-545

Truss, Catherine/Gratton, Lynda/Hope-Hailey, Veronica/Stiles, Philip/Zaleska, Joanna (2002): Paying the Piper: Choice and Constraint in Changing HR Functional Roles, in: Human Resource Management Journal 12 (2/2002), S. 39-63

Tsui, Anne S. (1990): A Multiple-Constituency Model of Effectiveness: An Empirical Examination at the Human Resource Subunit Level, in: Administrative Science Quarterly 35 (3/1990), S. 458-483

Tsui, Anne S./Milkovich, George T. (1987): Personnel Department Activities: Constituency Perspective and Preferences, in: Personnel Psychology 40 (3/1987), S. 519-537

Tuschke, Anja (2005): Legitimität und Effizienz administrativer Innovationen, Wiesbaden 2005

Tyson, Shaun (1999): How HR Knowledge Contributes to Organisational Performance, in: Human Resource Management Journal 9 (3/1999), S. 42-52

Tyson, Shaun/Fell, Alan (1986): Evaluating the Personnel Function, London u. a. 1986

Ulrich, Dave (1997a): Human Resource Champions. The Next Agenda for Adding Value and Delivering Results, Boston 1997

Ulrich, Dave (1997b): Measuring Human Resources: An Overview of Practice and a Prescription for Results, in: Human Resource Management 36 (3/1997), S. 303-320

Ulrich, Dave (1998): A New Mandate for Human Resources, in: Harvard Business Review 76 (1-2/1998), S. 124-134

Ulrich, Dave/Brockbank, Wayne (2005): The HR Value Proposition, Boston 2005

Vaivio, Juhani (2004): Mobilizing Local Knowledge with 'Provocative' Non-financial Measures, in: European Accounting Review 13 (1/2004), S. 39-71

Verbruggen, Sandra/Christiaens, Johan/Milis, Koen (2011): Can Resource Dependence and Coercive Isomorphism Explain Nonprofit Organizations' Compliance With Reporting Standards? In: Nonprofit and Voluntary Sector Quarterly 40 (1/2011), S. 5-21

Verma, Shradda/Dewe, Philip (2008): Valuing Human Resources: Perceptions and Practices in UK Organisations, in: Journal of Human Resource Costing & Accounting 12 (2/2008), S. 102-123

Verwaal, Ernst/Commandeur, Harry/Verbeke, Willem (2009): Value Creation and Value Claiming in Strategic Outsourcing Decisions: A Resource Contingency Perspective, in: Journal of Management 35 (2/2009), S. 420-444

Vigoda, Eran (2003): Developments in Organizational Politics. How Political Dynamics Affect Employee Performance in Modern Work Sites, Cheltenham u. a. 2003

Walgenbach, Peter (1998): Personalpolitik aus der Perspektive des Institutionalistischen Ansatzes, in: Martin, Albert/Nienhüser, Werner (Hrsg.): Personalpolitik: Wissenschaftliche Erklärung der Personalpraxis, München und Mering 1998, S. 267-290

Walgenbach, Peter (2002): Neoinstitutionalistische Organisationstheorie – State of the Art und Entwicklungslinien, in: Schreyögg, Georg/Conrad, Peter (Hrsg.): Theorien des Managements. Managementforschung 12, Wiesbaden 2002, S. 155-202

Walgenbach, Peter (2006): Neoinstitutionalistische Ansätze in der Organisationstheorie, in: Kieser, Alfred/Ebers, Mark (Hrsg.): Organisationstheorien, 6. Aufl., Stuttgart 2006, S. 353-401

Walgenbach, Peter/Beck, Nikolaus (2003): Effizienz und Anpassung. Das Erklärungspotenzial der neoinstitutionalistischen Organisationstheorie am Beispiel ISO 9000, in: Die Betriebswirtschaft 63 (5/2003), S. 497-515

Walgenbach, Peter/Meyer, Renate E. (2008): Neoinstitutionalistische Organisationstheorie, Stuttgart 2008

Walter-Busch, Emil (1996): Organisationstheorien von Weber bis Weick, Amsterdam 1996

Wambach, Bernd H. (2005): Personalcontrolling, in: Boden, Martina (Hrsg.): Handbuch Personal, Landsberg am Lech 2005, S. 305-326

Ward, Edward A. (1998): Managerial Power Bases and Subordinates' Manifest Needs as Influence on Psychological Climate, in: Journal of Business and Psychology 12 (3/1998), S. 361-378

Weber, Max (1972): Wirtschaft und Gesellschaft. Grundriss der verstehenden Soziologie, 5. Aufl., Tübingen 1972

Weber, Max (2010): Wirtschaft und Gesellschaft. Grundriss der verstehenden Soziologie, Frankfurt a. M. 2010

Weber, Wolfgang (1990): Personal-Controlling, in: Zeitschrift für Personalforschung 4 (1/1990), S. 61-64

Weber, Wolfgang/Kabst, Rüdiger (2009): Einführung in die Betriebswirtschaftslehre, 7. Aufl., Wiesbaden 2009

Wehner, Marius Claus/Kabst, Rüdiger/Meifert, Matthias/Cunz, Lisa Marie (2012): Der Personalverantwortliche als strategischer Partner. Persönliche Einstellung oder subjektive Norm? In: Zeitschrift für Betriebswirtschaft 82 (9/2012), S. 913-933

Weißenberger, Barbara E./Wolf, Sebastian/Neumann-Giesen, Axel/Elbers, Gunnar (2012): Controller als Business Partner: Ansatzpunkte für eine erfolgreiche Umsetzung des Rollenwandels, in: Zeitschrift für Controlling und Management 56 (5/2012), S. 330-335

Welpe, Isabell/Lutz, Stephan/Barthel, Erich (2007): The Theory of Real Options as Theoretical Foundation for the Assessment of Human Capital in Organizations, in: Zeitschrift für Personalforschung 21 (3/2007), S. 274-294

Wernerfelt, Birger (1984): A Resource-Based View of the Firm, in: Strategic Management Journal 5 (2/1984), S. 171-180

Wickel-Kirsch, Silke (2009): Personalcontrolling, in: Rosenstiel, Lutz von/Regnet, Erika/Domsch, Michel E. (Hrsg.): Führung von Mitarbeitern. Handbuch für ein erfolgreiches Personalmanagement, 6. Aufl., Stuttgart 2009, S. 529-538

Wickel-Kirsch, Silke (2013): Hohe Ziele noch nicht erreicht, in: Personalmagazin 15 (2/2013), S. 42-43

Wilkens, Uta/Lang, Rainhart/Winkler, Ingo (2003): Institutionensoziologische Ansätze, in: Lang, Rainhart/Weik, Elke (Hrsg.): Moderne Organisationstheorien. 2. Strukturorientierte Ansätze, Wiesbaden 2003, S. 189-242

Wimmer, Peter/Neuberger, Oswald (1998): Personalwesen 2, Personalplanung, Beschäftigungssysteme, Personalkosten, Personalcontrolling, Stuttgart 1998

Winkler, Silvan/König, Cornelius J./Kleinmann, Martin (2013): What Makes Human Resource Information Successful? Managers' Perceptions of Attributes for Successful Human Resource Information, in: The International Journal of Human Resource Management 24 (2/2013), S. 227-242

Wolf, Joachim (2011): Organisation, Management, Unternehmensführung. Theorien, Praxisbeispiele und Kritik, 4. Aufl., Wiesbaden 2011

Wolfe, Rebecca J./McGinn, Kathleen L. (2005): Perceived Relative Power and its Influence on Negotiations, in: Group Decision and Negotiation 14 (1/2005), S. 3-20

Wright, Christopher (2008): Reinventing Human Resource Management: Business Partners, Internal Consultants and the Limits to Professionalization, in: Human Relations 6 (8/2008), S. 1063-1086

Wright, Patrick M./Dunford, Benjamin B./Snell, Scott A. (2001): Human Resources and the Resource Based View of the Firm, in: Journal of Management 27 (6/2001), S. 701-721

Wright, Patrick M./McMahan, Gary C. (1992): Theoretical Perspectives for Strategic Human Resource Management, in: Journal of Management 18 (2/1992), S. 295-320

Wright, Patrick M./McMahan, Gary C. (2011): Exploring Human Capital: Putting Human Back into Strategic Human Resource Management, in: Human Resource Management Journal 21 (2/2011), S. 93-104

Wright, Patrick M./McMahan, Gary C./McCormick, Blaine/Sherman, W. Scott (1997): Strategy, Core Competence and HR Involvement as Determinants of HR Effectiveness and Refinery Performance (CAHRS Working Paper #97-16), http://digitalcommons.ilr.cornell.edu/cahrswp/157, 16.10.2013

Wright, Patrick M./McMahan, Gary C./McWilliams, Abagail (1994): Human Resources and Sustained Competitive Advantage: A Resource-Based Perspective, in: International Journal of Human Resource Management 5 (2/1994), S. 301-326

Wright, Patrick M./Rowland, Kendrith M./Ferris, Gerald R. (1994): Perspectives on Human Resource Management, in: Zeitschrift für Personalforschung 10 (3/1994), S. 336-352

Wry, Tyler/Cobb, J. Adam/Aldrich, Howard E. (2013): More than a Metaphor: Assessing the Historical Legacy of Resource Dependence and its Contemporary Promise as a Theory of Environmental Complexity, in: The Academy of Management Annals 7 (1/2013), S. 439-486

Wucknitz, Uwe D. (2009): Handbuch Personalbewertung. Messgrößen – Anwendungsfelder – Fallstudien für das Human Capital Management, 2. Aufl., Stuttgart 2009

Wucknitz, Uwe D./Barlet, Stephan (2004): HRM messen und steuern, in: Personalführung 37 (6/2004), S. 32-43

Wunderer, Rolf (1989): Personal-Controlling, in: Seidel, Eberhard/Wagner, Dieter (Hrsg.): Organisation. Evolutionäre Interdependenzen von Kultur und Struktur der Unternehmung, Wiesbaden 1989, S. 243-257

Wunderer, Rolf (1990): Personal-Controlling, in: Personalführung 23 (8/1990), S. 507-532

Wunderer, Rolf (1992): Von der Personaladministration zum Wertschöpfungs-Center, in: Die Betriebswirtschaft 52 (2/1992), S. 201-215

Wunderer, Rolf (2000): Entwicklungstendenzen im Personal-Controlling und der Wertschöpfungsmessung, in: Personal: Zeitschrift für Human Resource Management 52 (6/2000), S. 298-304

Wunderer, Rolf/Jaritz, André (2007): Unternehmerisches Personalcontrolling: Evaluation der Wertschöpfung im Personalmanagement, 4. Aufl., Köln 2007

Wunderer, Rolf/Sailer, Martin (1987a): Personal-Controlling – eine vernachlässigte Aufgabe des Unternehmenscontrolling, in: Controller Magazin 12 (5/1987), S. 223-228

Wunderer, Rolf/Sailer, Martin (1987b): Die Controlling-Funktion im Personalwesen. Teil 1, in: Personalführung 20 (7/1987), S. 505-509

Wunderer, Rolf/Schlagenhaufer, Peter (1994): Personal-Controlling. Funktionen – Instrumente – Praxisbeispiele, Stuttgart 1994

Yukl, Gary/Falbe, Cecilia M. (1990): Influence Tactics on Objectives in Upward, Downward, and Laterial Influence Attempts, in: Journal of Applied Psychology 75 (2/1990), S. 132-140

Zald, Mayer N. (1969): The Power and Functions of Boards of Directors: A Theoretical Synthesis, in: American Journal of Sociology 75 (1/1969), S. 97-111

Zdrowomyslaw, Norbert (2007): Personalcontrolling – Der Mensch im Mittelpunkt. Erfahrungsberichte, Funktionen und Instrumente, Gemsbach 2007

Zimmerman, Monica A./Zeitz, Gerald J. (2002): Beyond Survival: Achieving New Venture Growth by Building Legitimacy, in: The Academy of Management Review 27 (3/2002), S. 414-431

Zinn, Jacqueline/Weech, Robert J./Brannon, Diane (1998): Resource Dependence and Institutional Elements in Nursing Home TQM Adoption, in: Health Services Research 33 (2/1998), S. 263-271

Zott, Christoph/Huy, Quy Nguyen (2007): How Entrepreneurs Use Symbolic Management to Acquire Resources, in: Administrative Science Quarterly 52 (1/2007), S. 70-105

Zucker, Lynne G. (1977): The Role of Institutionalization in Cultural Persistence, in: American Sociological Review 42 (5/1977), S. 726-743

Zucker, Lynne G. (1987): Institutional Theories of Organization, in: Annual Review of Sociology 13 (1/1987), S. 443-464